民國建築工程期刊匯編

MINGUO JIANZHU GONGCHENG QIKAN HUIBIAN

70

《民國建築工程期刊匯編》編寫組 編

廣西師范大學出版社
GUANGXI NORMAL UNIVERSITY PRESS
·桂林·

第七十册目録

中國營造學社彙刊

中國營造學社彙刊

婉漪題

第五卷 第三期

易縣清西陵

劉敦楨

一　導言

清代陵寢，依其分布狀態，可別爲四區。一爲興京陵，在今遼寧省新賓縣，有太祖開基前肇祖興祖二帝之陵，順治十五年，自瀋陽積慶山遷景祖顯祖祔葬於此，改稱永陵。一在瀋陽附近，卽太祖福陵（俗稱東陵）與太宗昭陵（俗稱北陵）。入關後，別爲東西二陵。東陵在今河北省興隆縣昌瑞山，位於北平東北約百二十公里，有世祖（順治）孝陵，聖祖（康熙）景陵，高宗（乾隆）裕陵，文宗（咸豐）定陵，穆宗（同治）惠陵，及太宗后孝莊皇后昭西陵，以下諸后妃之陵，皆在焉。西陵在北平西南百四十公里，河北省易縣永寧山下，自世宗（雍正）泰陵以次，有仁宗（嘉慶）昌陵，宣宗（道光）慕陵，德宗（光緒）崇陵，及諸后妃之陵。茲摘錄會典所載，表列如次：

圖版壹

(甲) 泰陵石牌坊

(乙) 泰陵大紅門前石獸

35055

圖版貳

(甲) 泰陵大紅門

(乙) 泰陵具服殿

圖版叁

(甲) 泰陵聖德神功碑亭

(乙) 泰陵望柱

（甲）泰陵石獅

（乙）泰陵石人

圖版伍

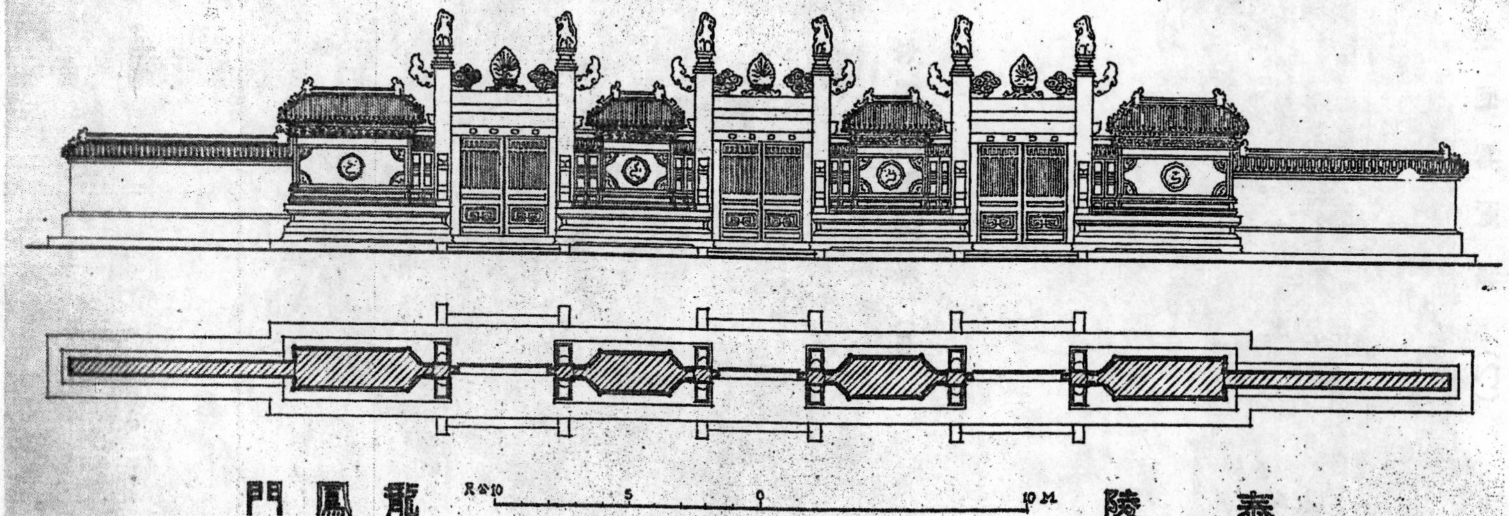

泰陵龍鳳門

圖版陸

(甲) 泰陵神道碑亭

(乙) 泰陵神厨庫

圖版柒

（甲）泰陵神廚庫詳部

（乙）泰陵井亭

(甲)泰陵西朝房

(乙)泰陵隆恩門側面

圖版玖

（甲）泰陵配殿

（乙）泰陵配殿詳部

圖版拾

（甲）泰陵隆恩殿

（乙）泰陵隆恩殿內部

圖版拾壹

泰陵隆恩殿梢間梁架（甲）

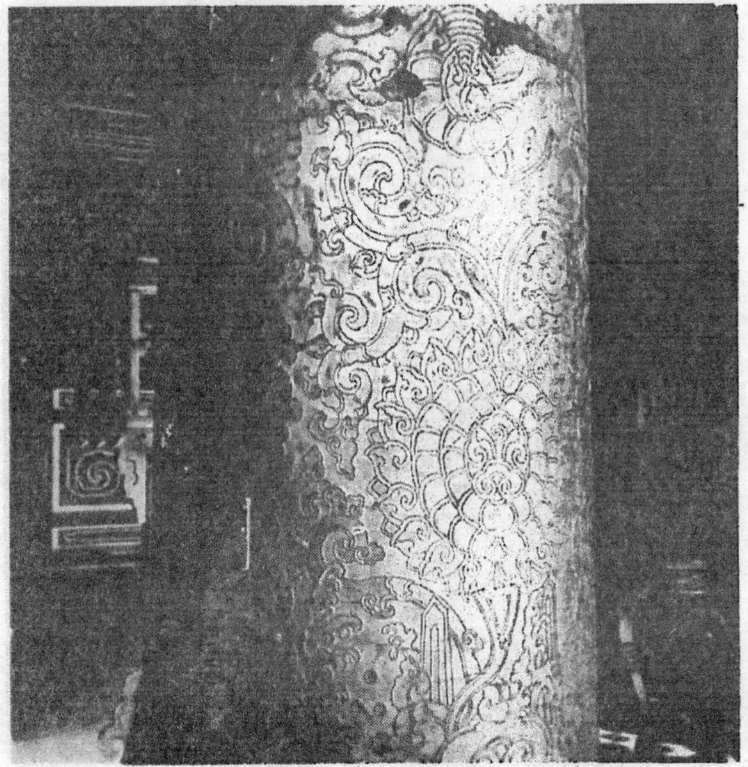

泰陵隆恩殿金柱彩畫（乙）

35065

圖版拾貳

（甲）泰陵琉璃花門

（乙）泰陵二柱門

圖版拾叁

（乙）泰陵月牙城

（甲）泰陵方城明樓

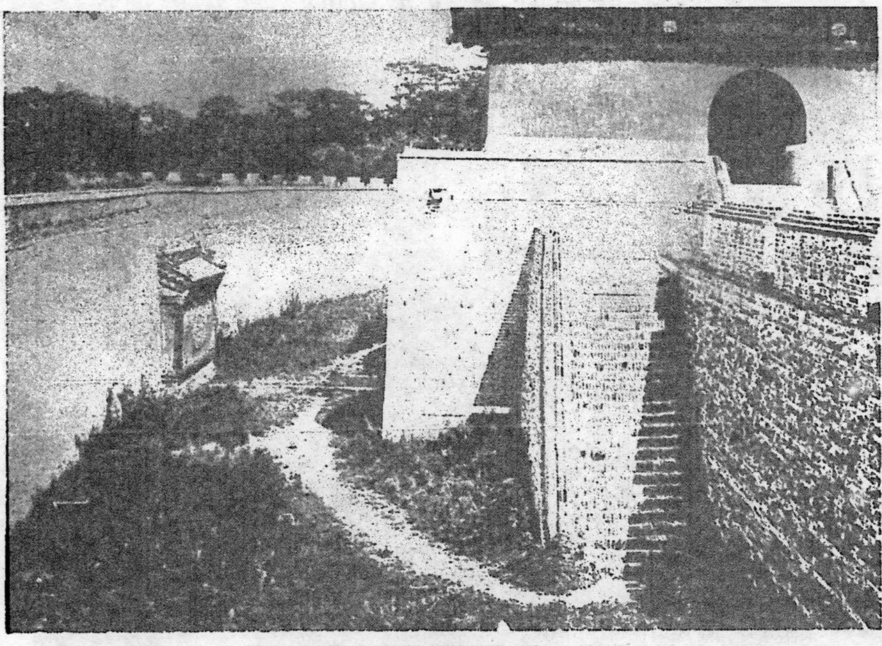

自奉天昭陵圖譜轉載

（丙）瀋陽昭陵月牙城

圖版拾肆

(甲) 泰陵寶城泊岸

(乙) 昌陵聖德神功碑亭

圖版拾伍

(甲)昌陵龍鳳門詳部(其一)

(乙)昌陵龍鳳門詳部(其二)

圖版拾陸

(甲) 昌陵外觀

(乙) 昌陵隆恩殿

圖版拾柒

(甲)昌陵二柱門及方城明樓

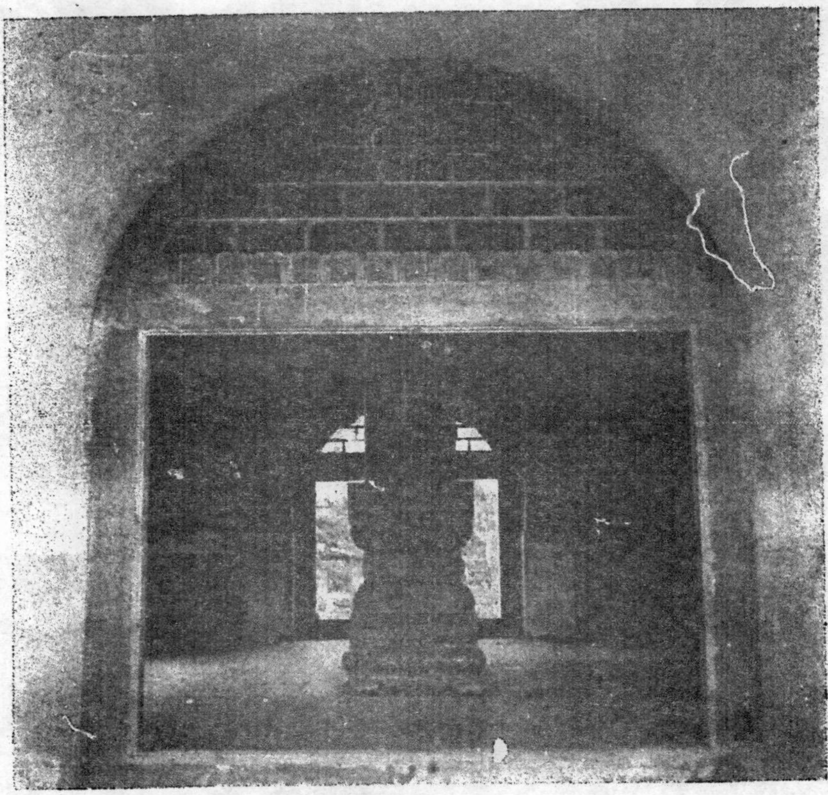

(乙) 昌陵明樓券門

圖版拾捌

(甲) 慕陵龍鳳門及碑亭

(乙) 慕陵隆恩門

(丙) 慕陵東配殿

圖版拾玖

（甲）慕陵隆恩殿

自奉天昭陵圖譜轉載

（乙）瀋陽昭陵隆恩殿

圖版貳拾

（甲）慕陵隆恩殿內部

（乙）慕陵隆恩殿天花

圖版貳拾壹

(甲) 慕陵隆恩殿華版

(乙) 慕陵隆恩殿雀替

圖版貳拾貳

(甲) 慕陵石牌坊

(乙) 慕陵寶城及石祭臺

圖版貳拾叁

（甲）崇陵牌坊

（乙）崇陵焚帛爐

圖版貳拾肆

(甲) 崇陵隆恩殿

(乙) 崇陵隆恩殿暖閣

圖版貳拾伍

(甲)崇陵隆恩殿梢間梁架

(乙)崇陵側面

(甲) 崇陵月牙城

(乙) 崇陵寶城宇牆及石柵欄門

圖版貳拾柒

（甲）崇陵地宮金券門

（乙）崇陵寶牀金井

圖版貳拾捌

(甲) 東陵昭西陵全景

(乙) 泰東陵隆恩殿

圖版貳拾玖

(甲) 泰東陵方城扒道出口

(乙) 昌西陵隆恩門

35083

圖版叁拾

（甲）昌西陵隆恩殿

（乙）昌西殿石祭臺及寶城

圖版叁拾壹

(甲) 慕東陵配殿及焚帛爐

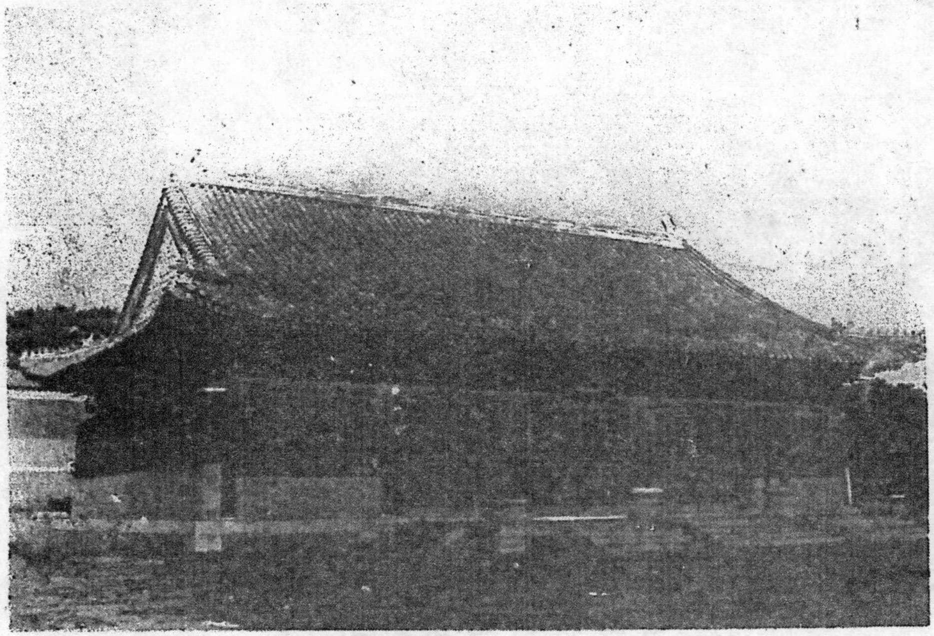

(乙) 慕東陵隆恩殿

35085

圖版叁拾貳

(甲) 東陵裕妃園寢全景

(乙) 崇妃園寢鳥瞰

圖版叁拾叁

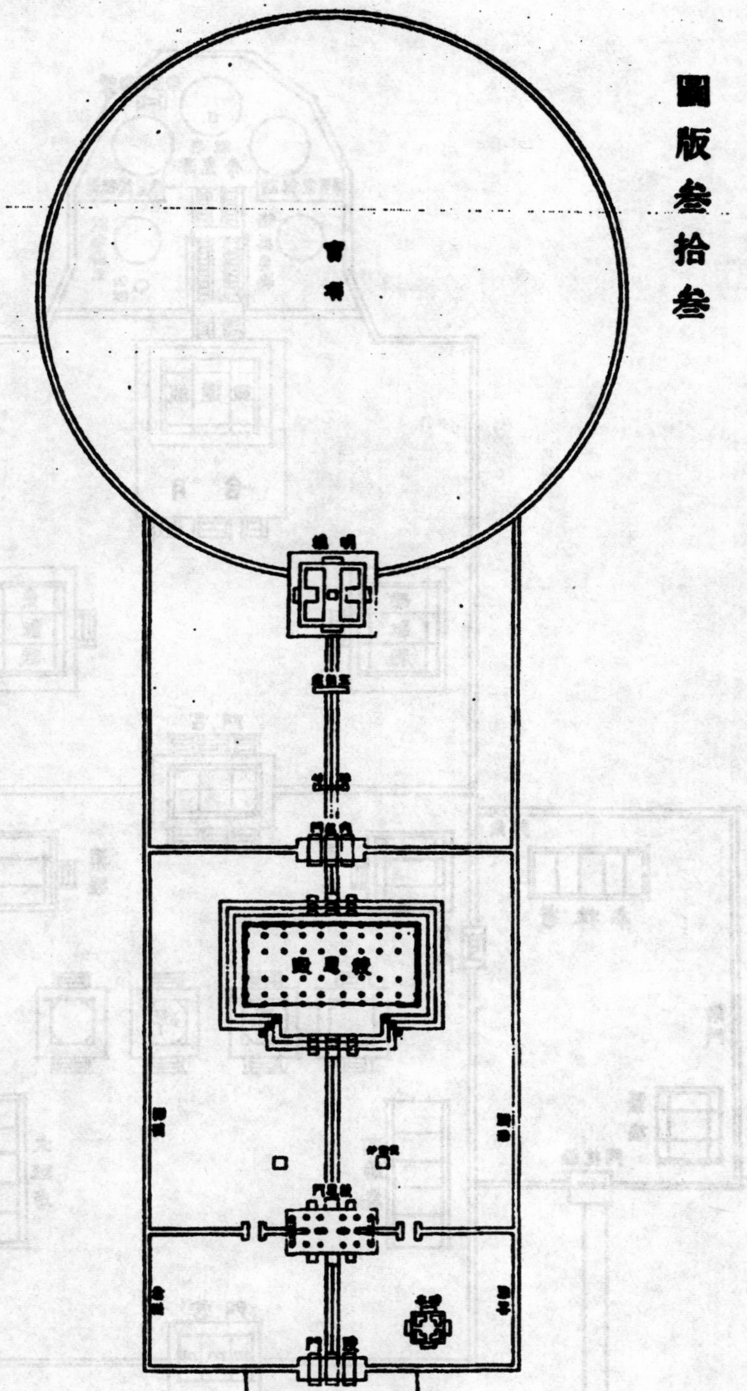

(甲) 明長陵平面圖

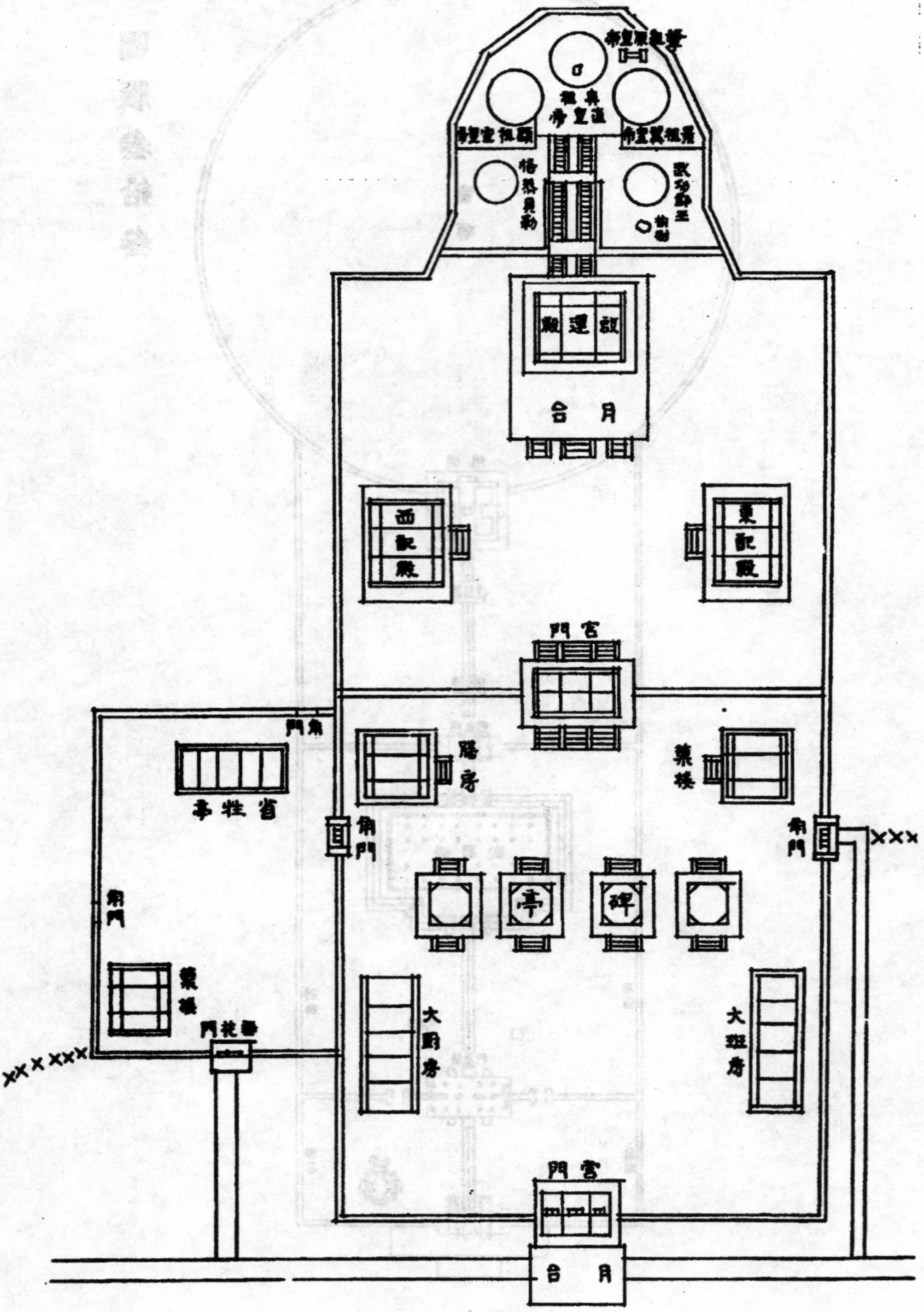

自國立北平圖書館藏雷氏圖畫摹

(乙) 清永陵平面圖

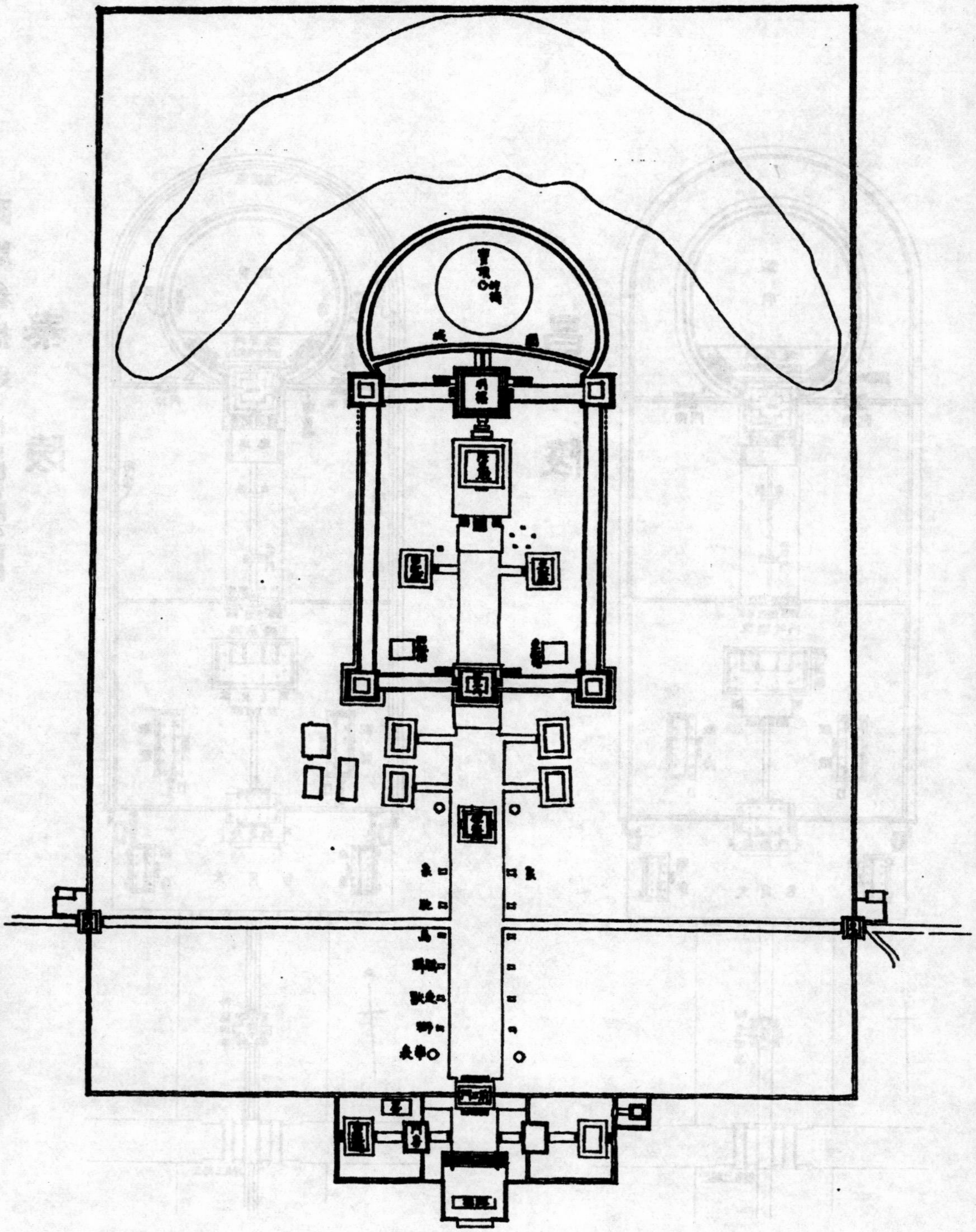

自奉天昭陵圖譜重摹

(丙) 清昭陵平面圖

圖版叁拾肆　清西陵帝陵平面圖

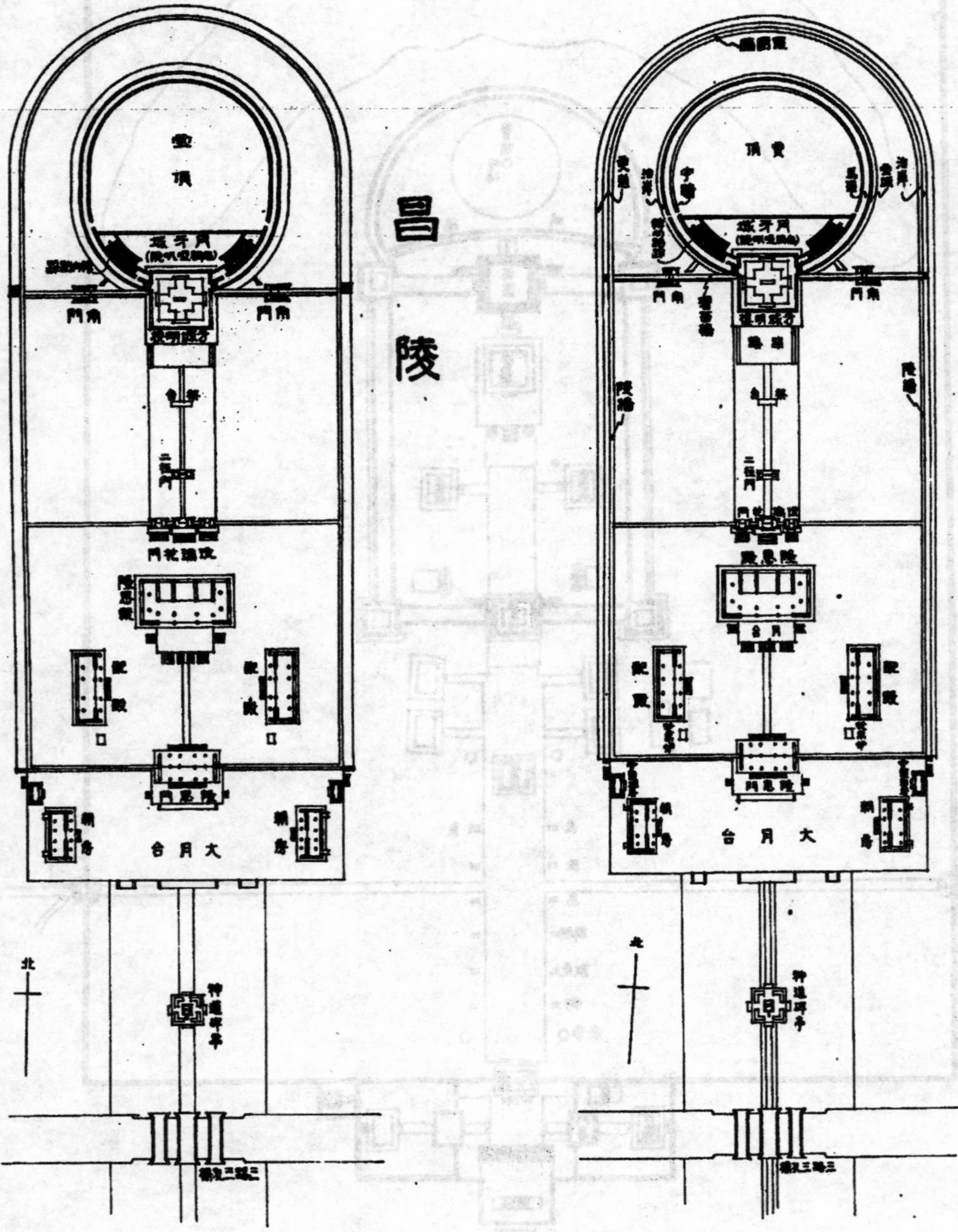

崇陵

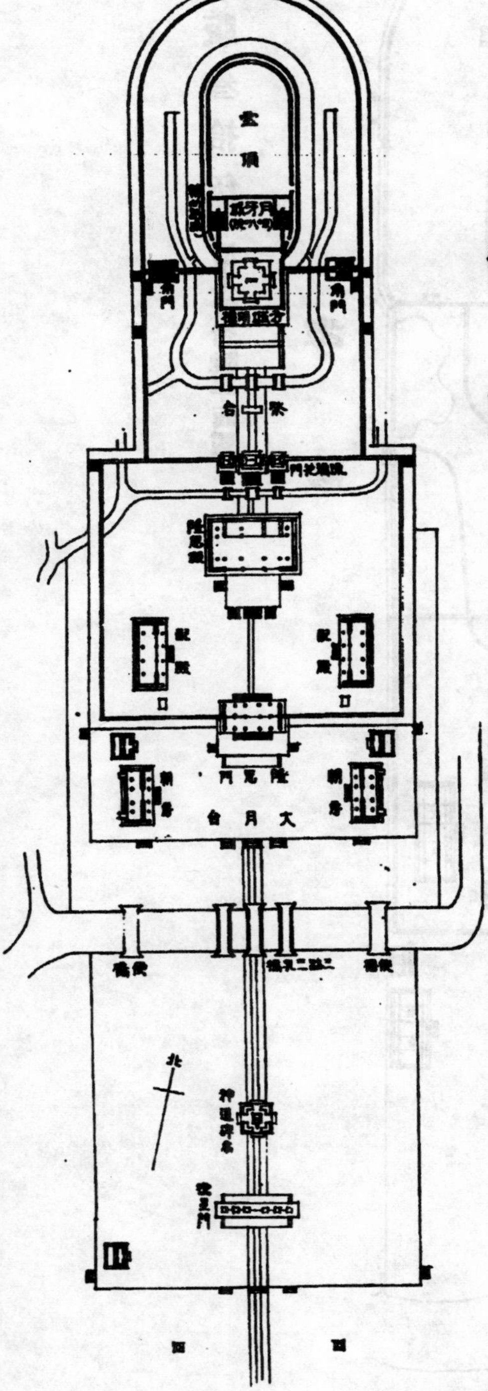
寶頂
隆恩殿
配殿
配殿
朝房
朝房
隆恩門
大月台
便橋
便橋
北
神道碑亭

慕陵

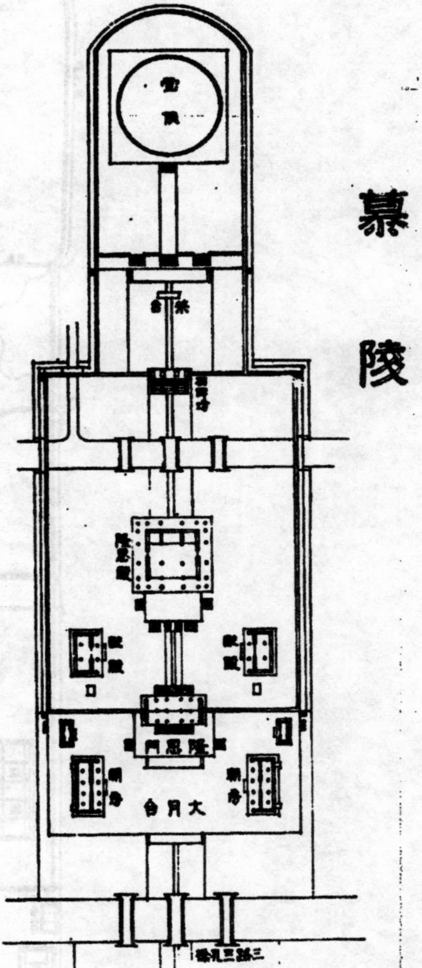
寶頂
隆恩殿
配殿
配殿
朝房
朝房
隆恩門
大月台
北
神道碑亭

35091

圖版参拾伍

清東陵帝陵平面圖

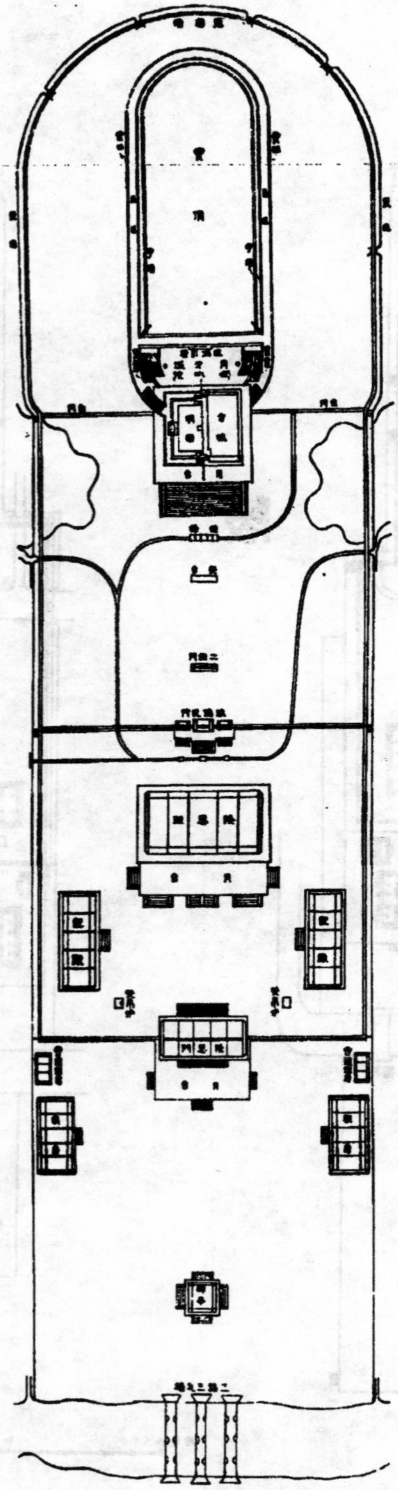

孝陵

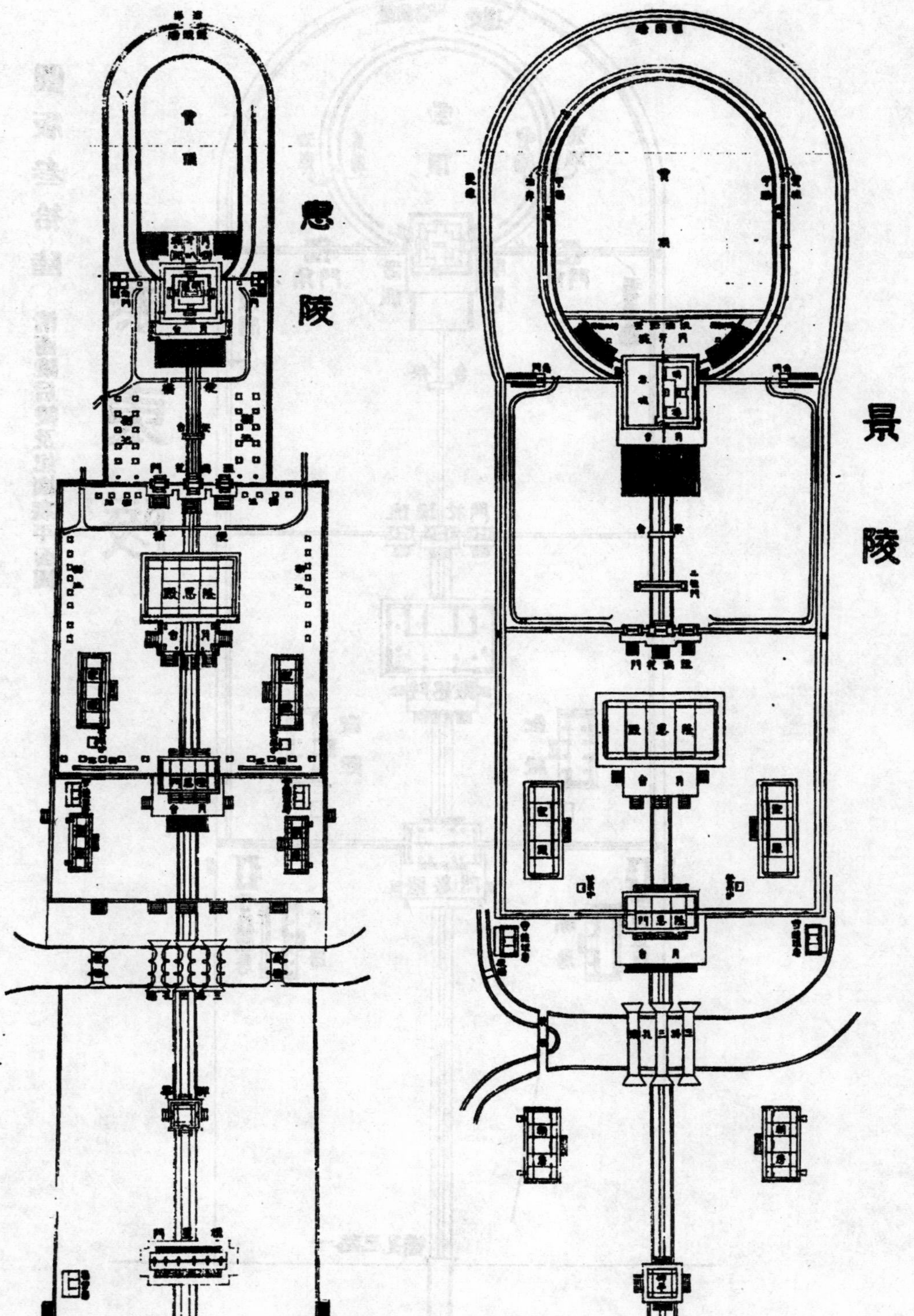

自國立北平圖書館藏雷氏圖直摹

圖版叁拾陸

清西陵后陵及妃園寢平面圖

泰東陵

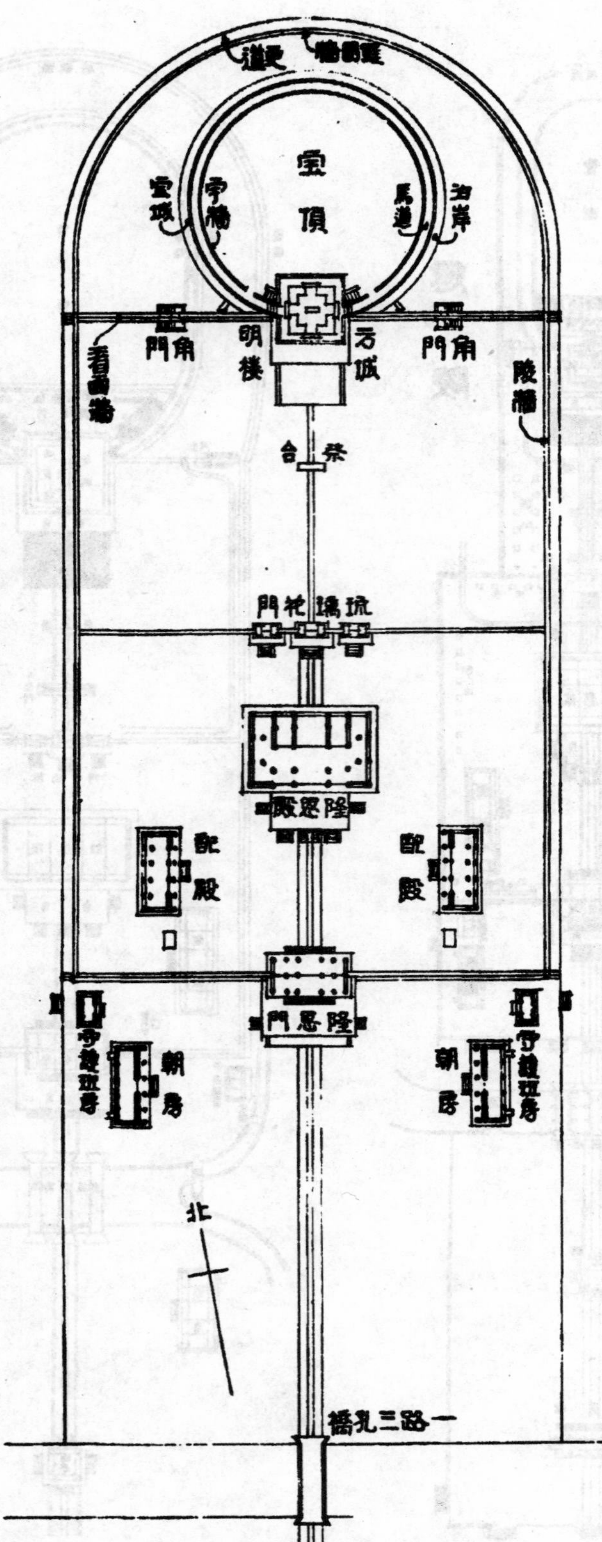

35094

昌西陵

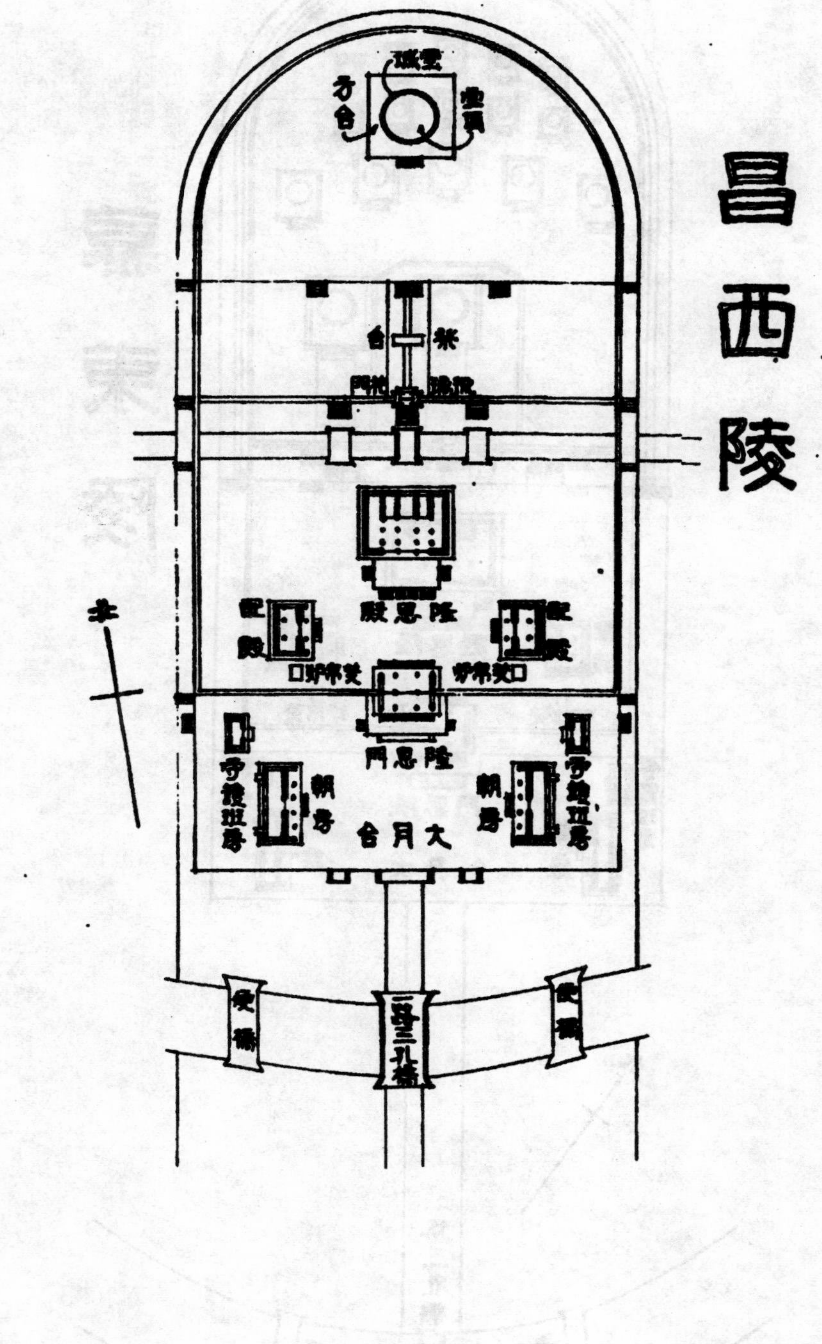
方台
寶頂
祭台
隆恩殿
配殿
配殿
焚帛炉
焚帛炉
隆恩門
朝房
朝房
守護班房
守護班房
大月台
便橋
便橋
三路三孔橋
北
公尺 50
0
50
100M.

35095

慕東陵

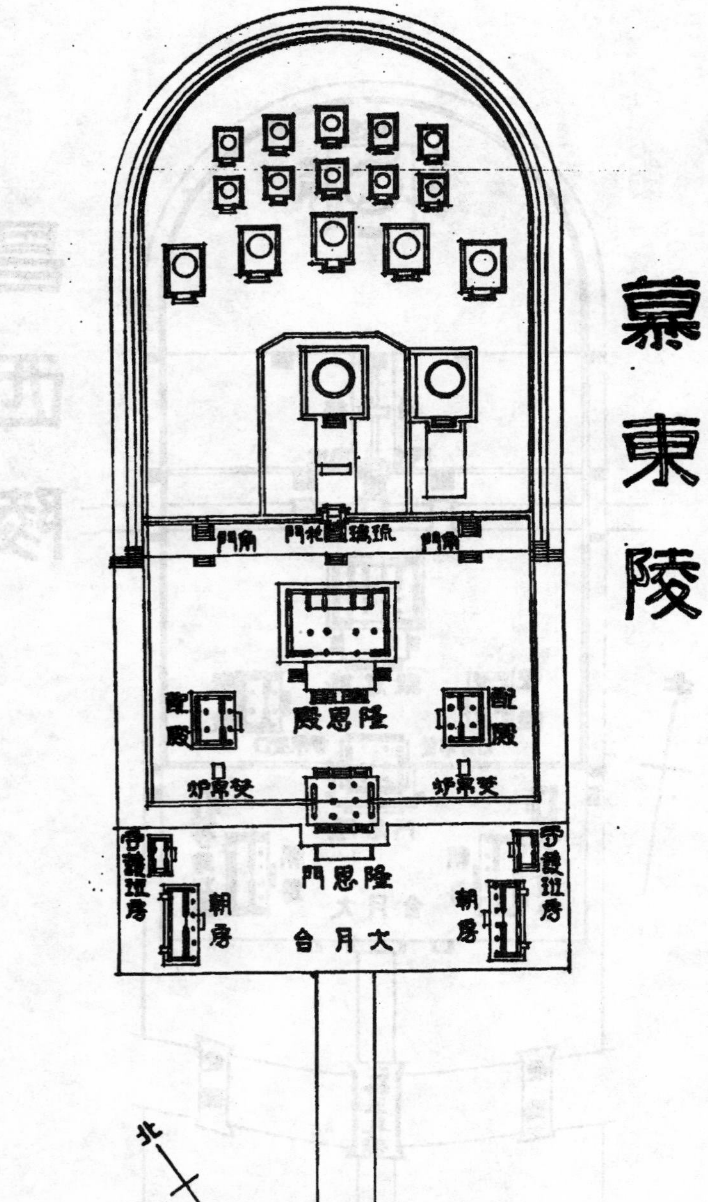

35096

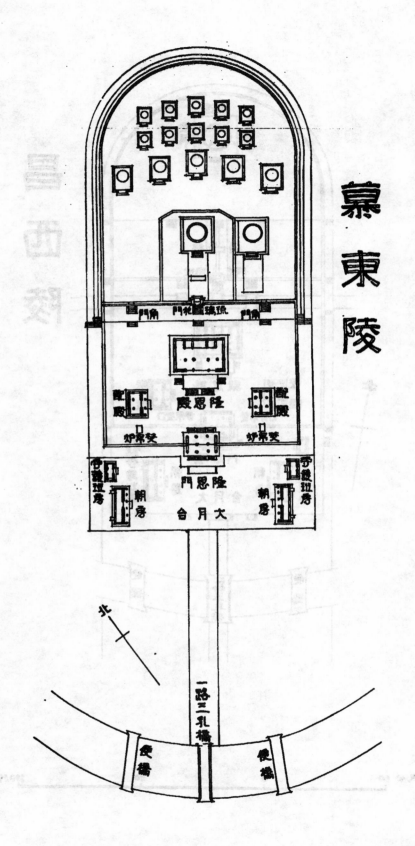

崇妃園寝

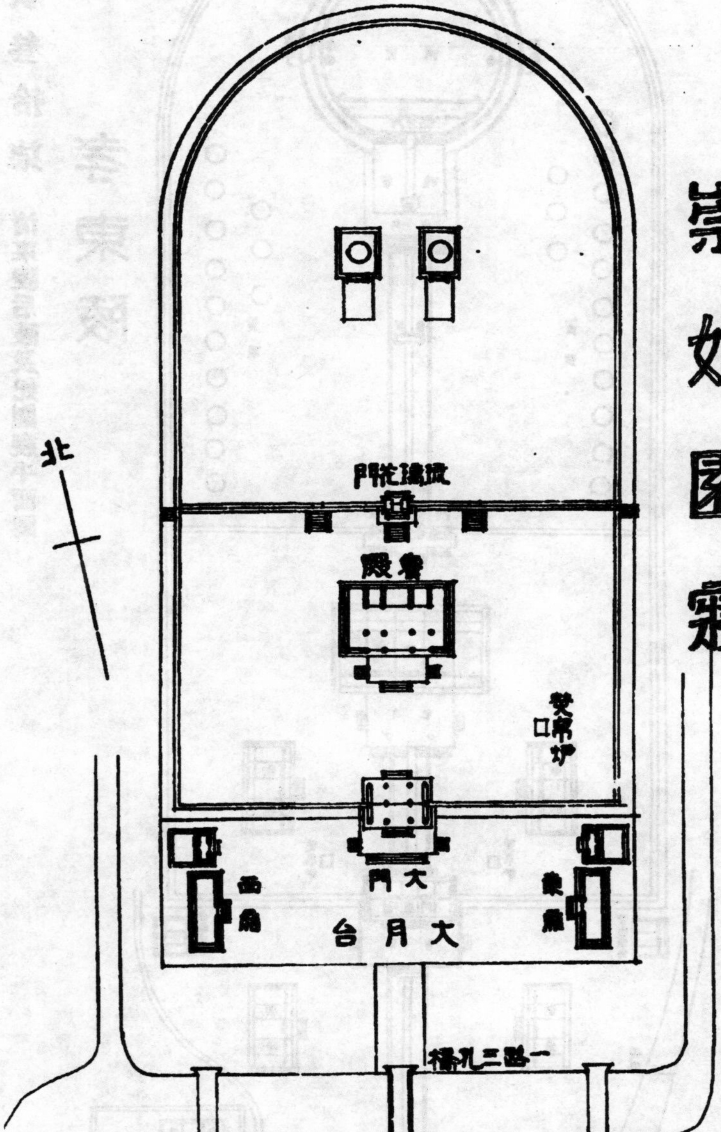

35097

圖版叁拾柒

清東陵后陵及妃園寢平面圖

孝東陵

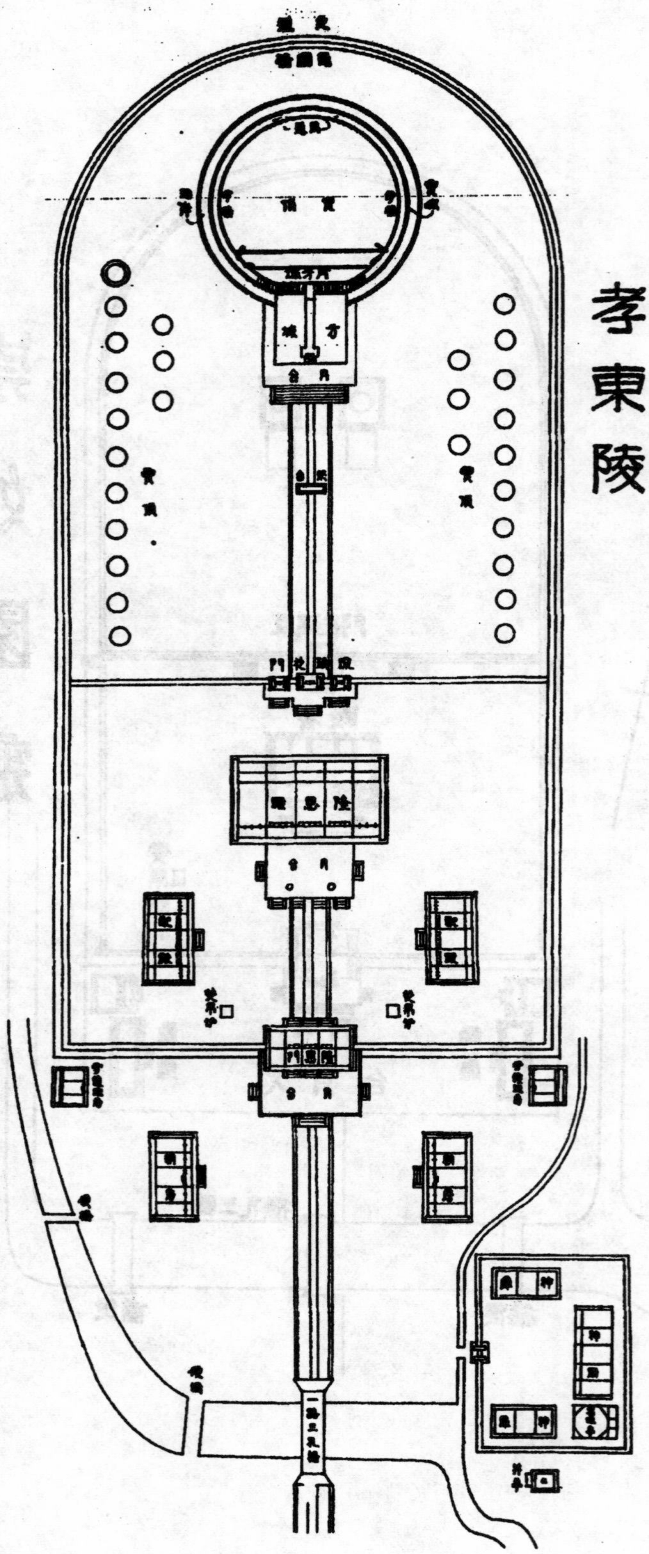

35098

景妃園寝

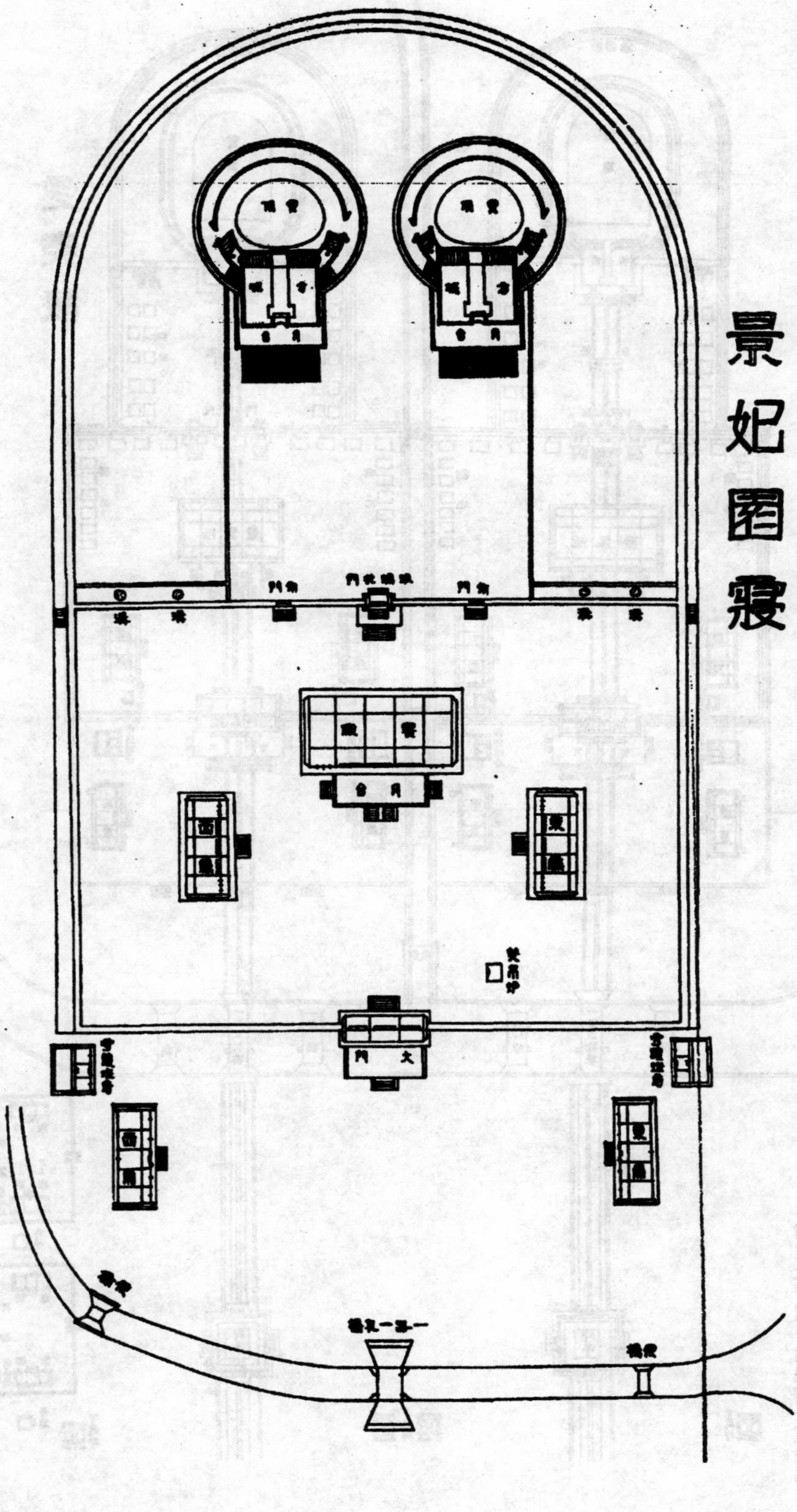

35099

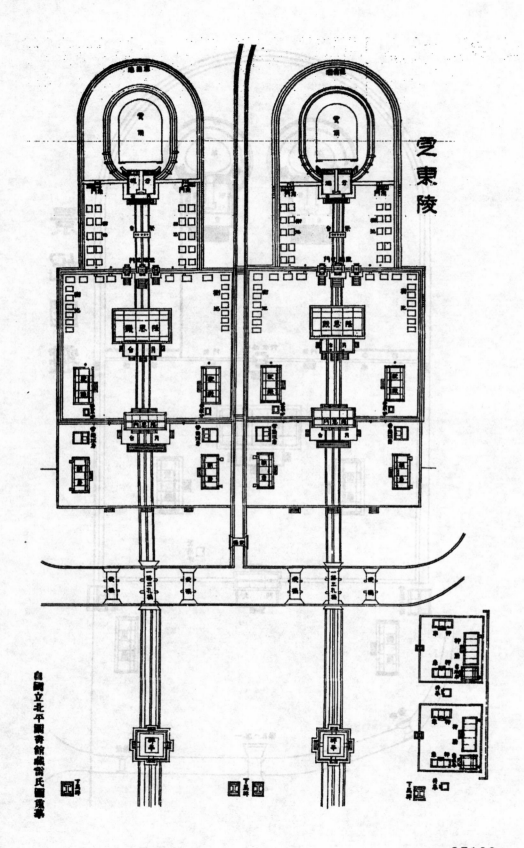

定東陵

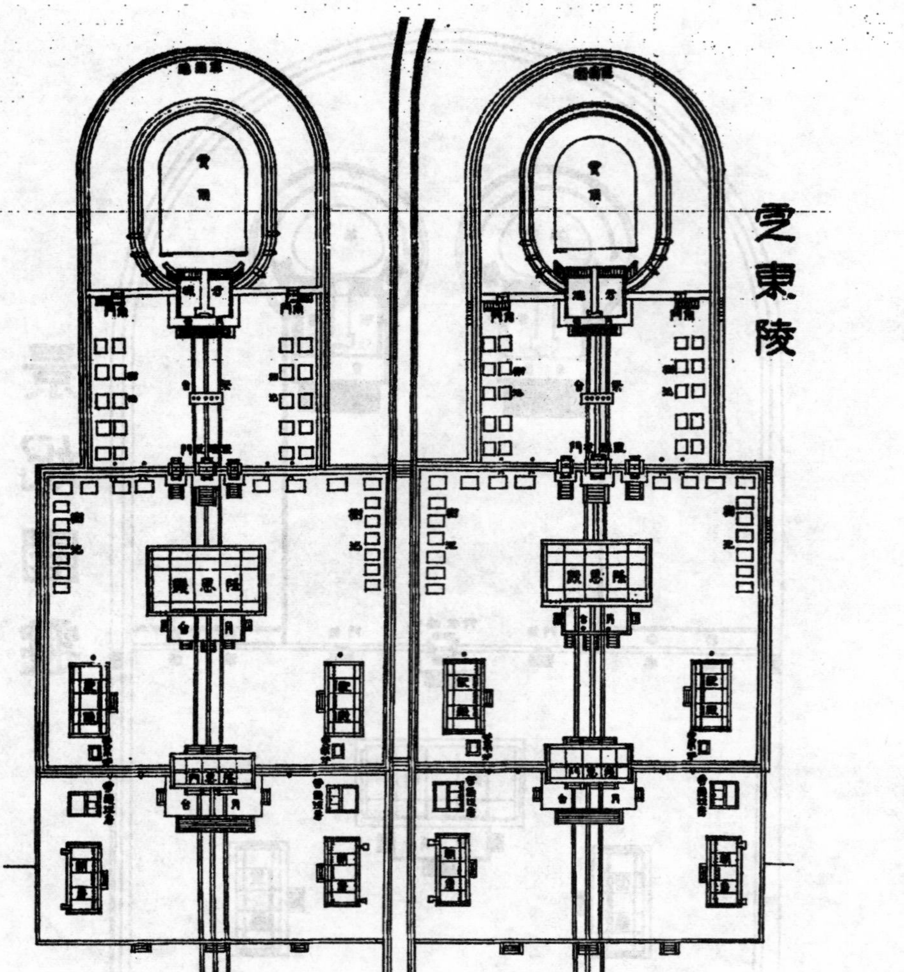

自國立北平圖書館藏雷氏圖重摹

35100

圖版叁拾捌

泰陵神厨庫平面圖

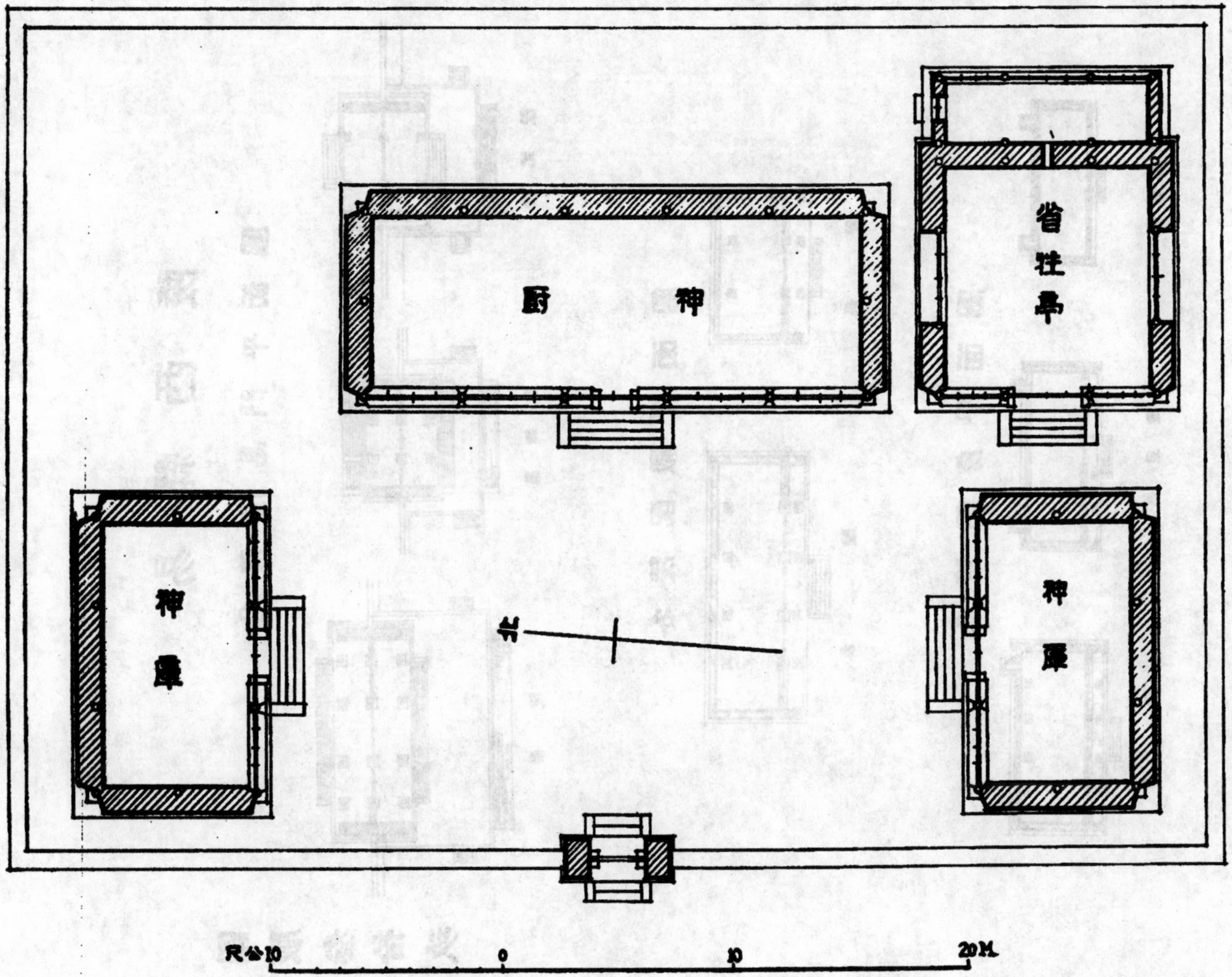

35101

易縣西陵

各陵隆恩門平面圖

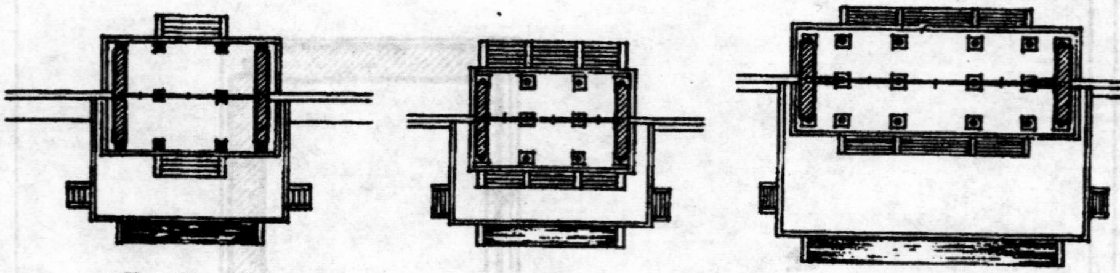

各陵配殿平面圖

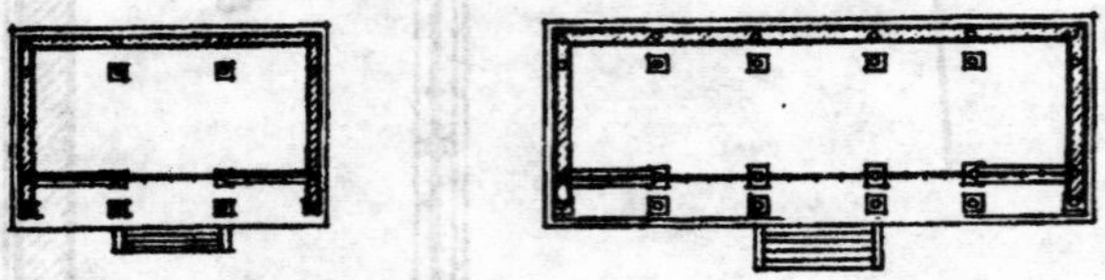

各陵朝房平面圖

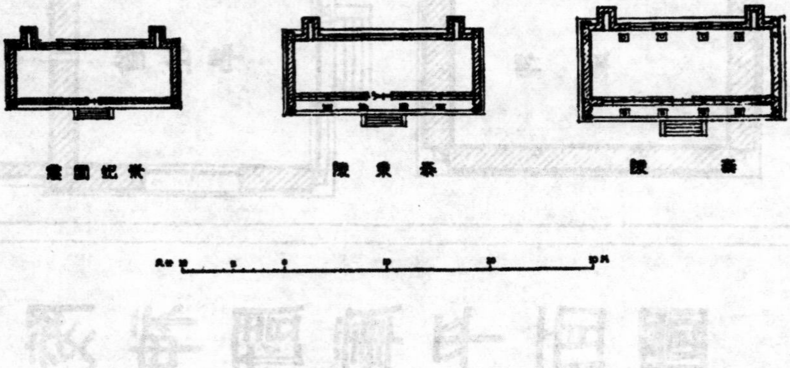

圖版叁拾玖

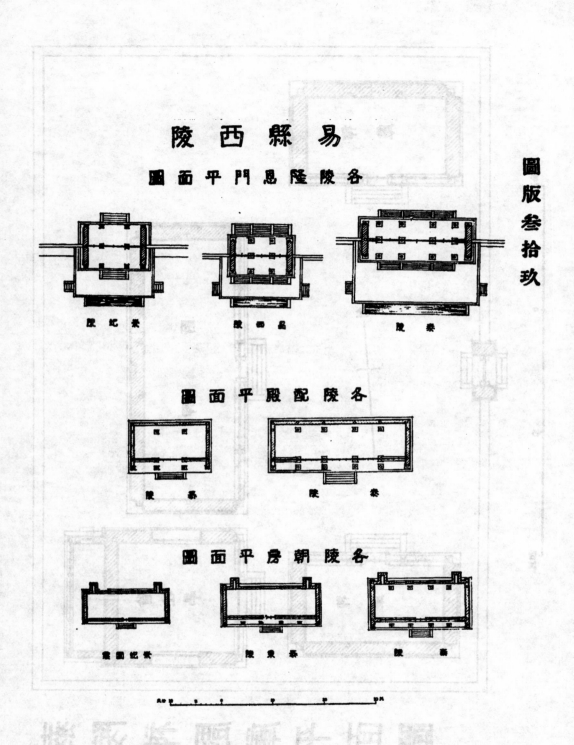

圖版肆拾

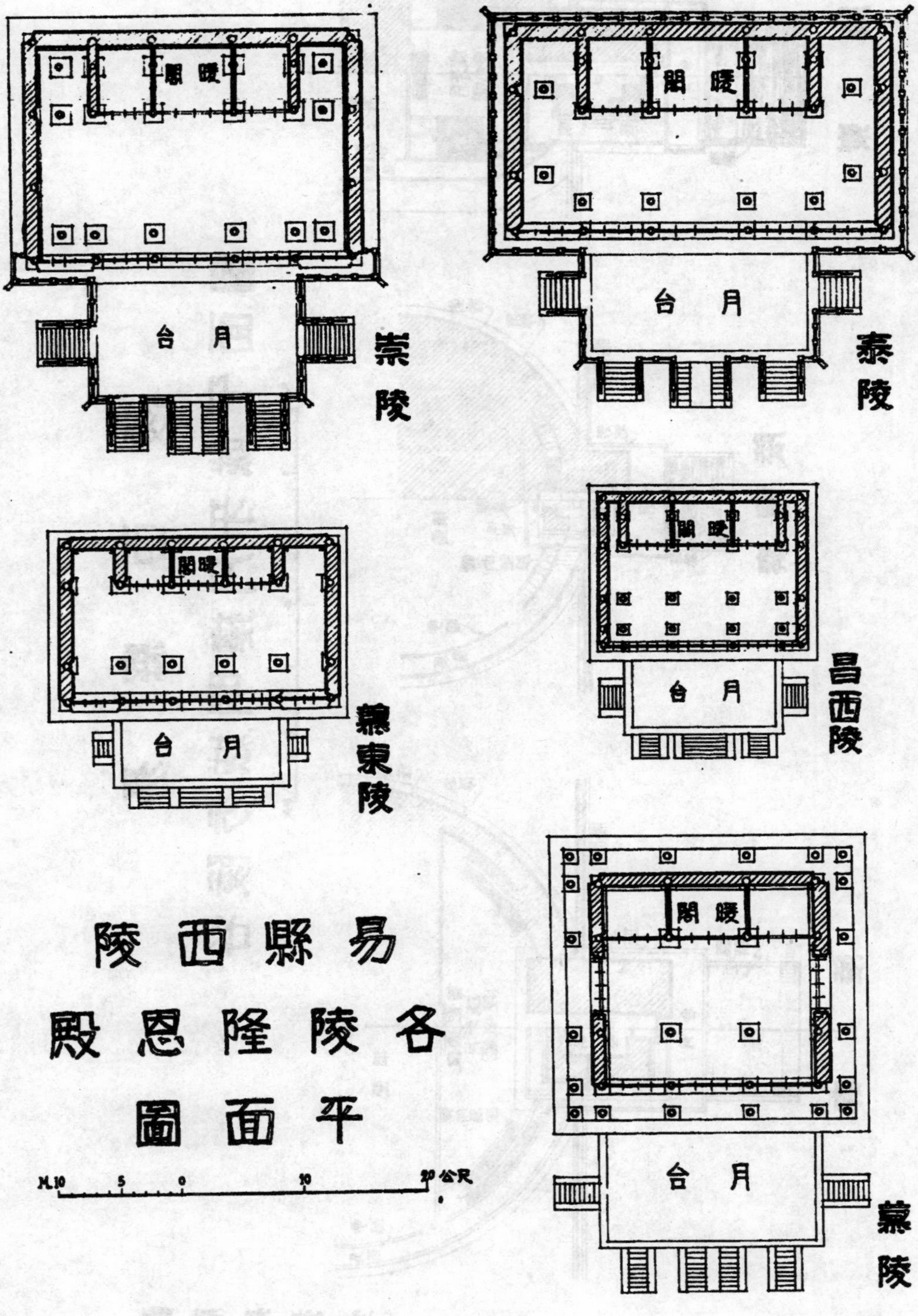

易縣西陵
各陵隆恩殿
平面圖

35103

圖版肆拾壹

易縣西陵

各陵方城.明樓.月牙城.平面圖

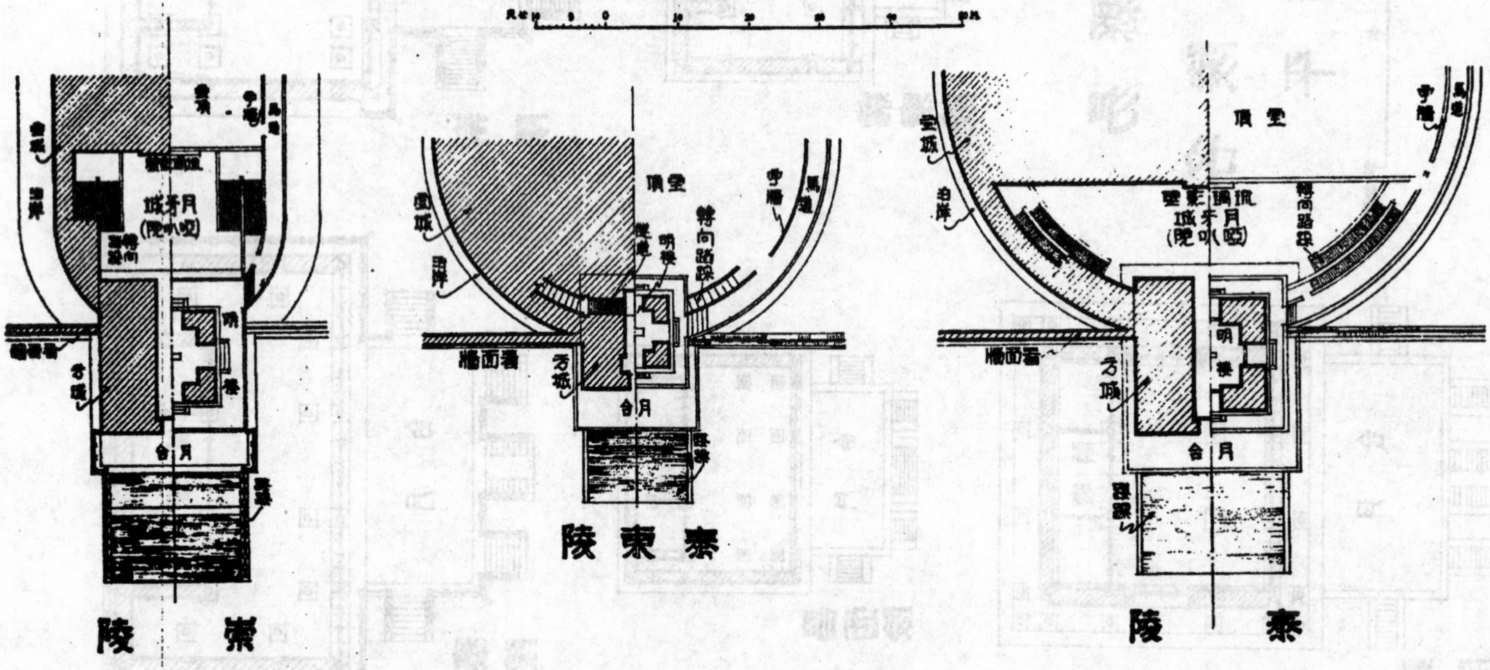

35104

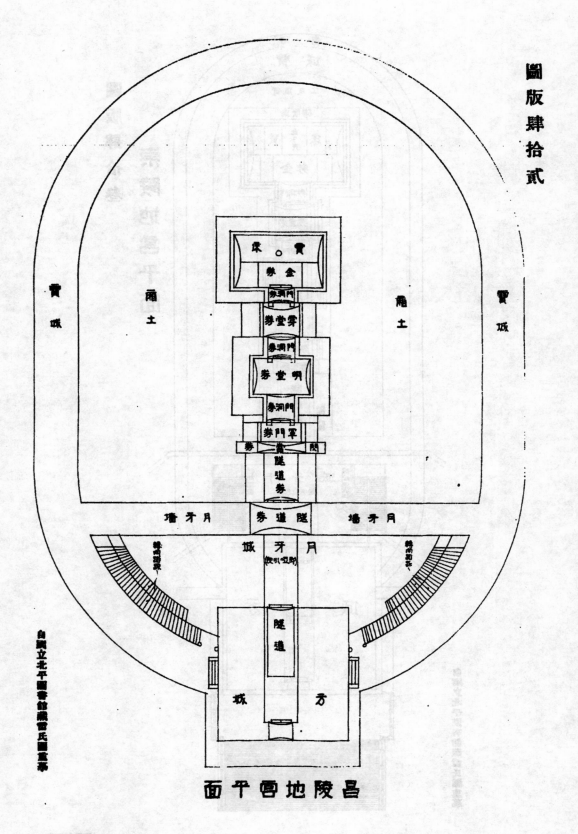

圖版肆拾貳

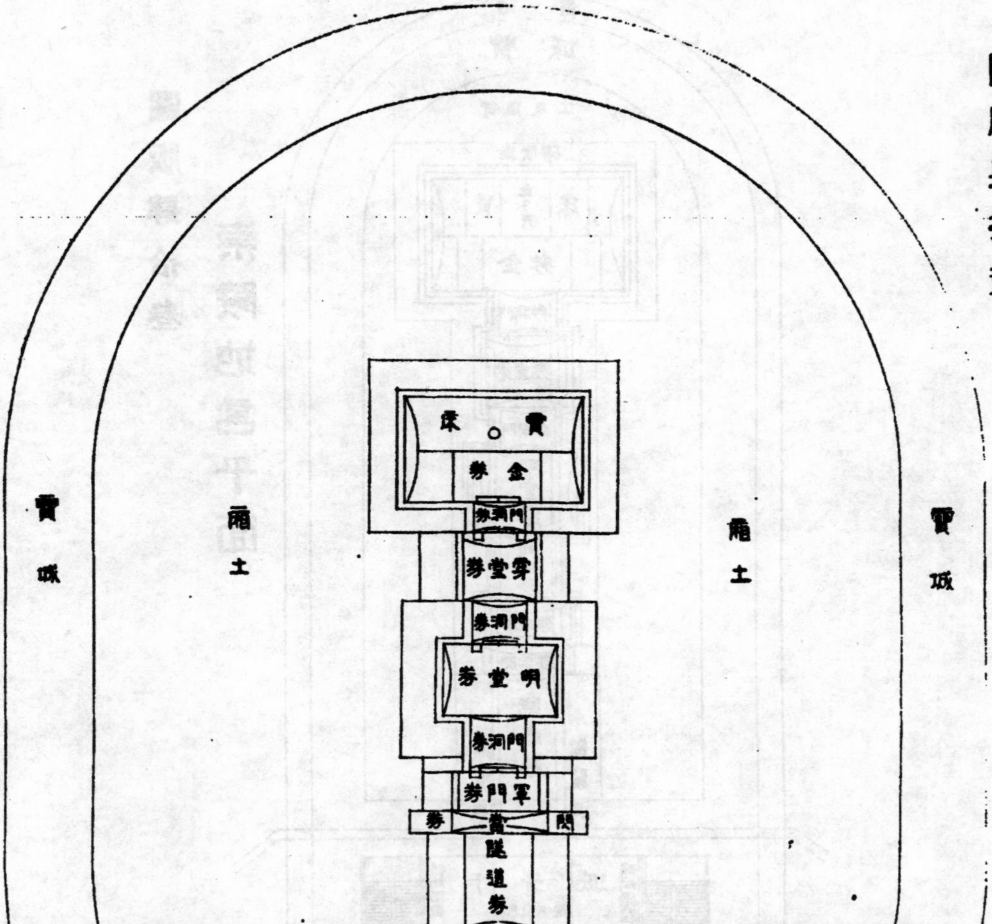

自國立北平圖書館藏雷氏圖重摹

昌陵地宮平面

圖版肆拾叁

崇陵地宮平面

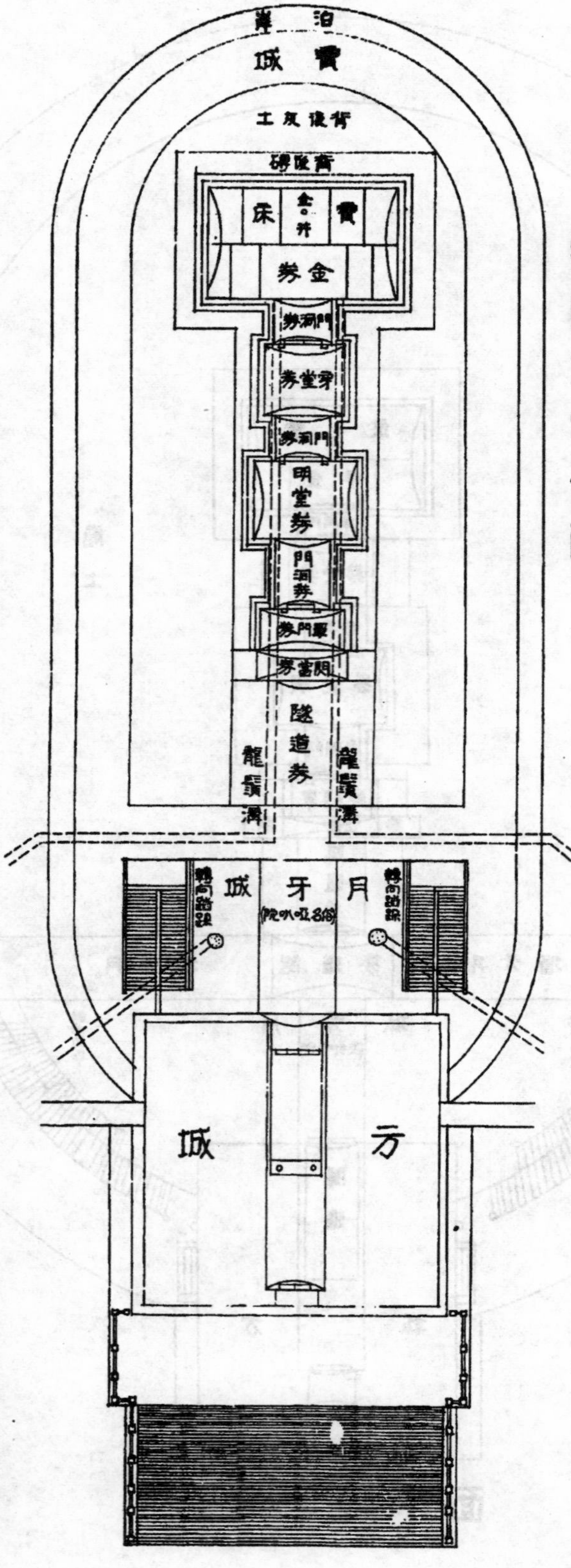

圖版肆拾肆

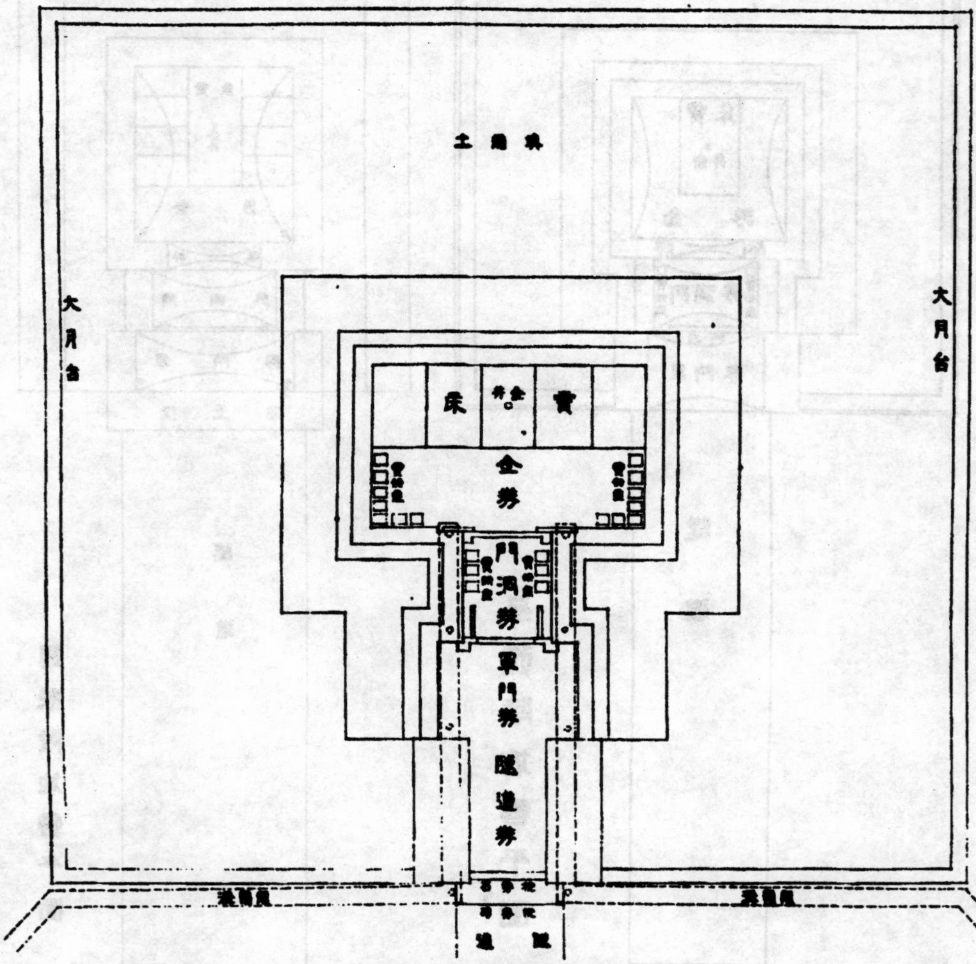

泰陵地宮平面

自國立北平圖書館藏雷氏圖畫摹

35107

圖版肆拾伍

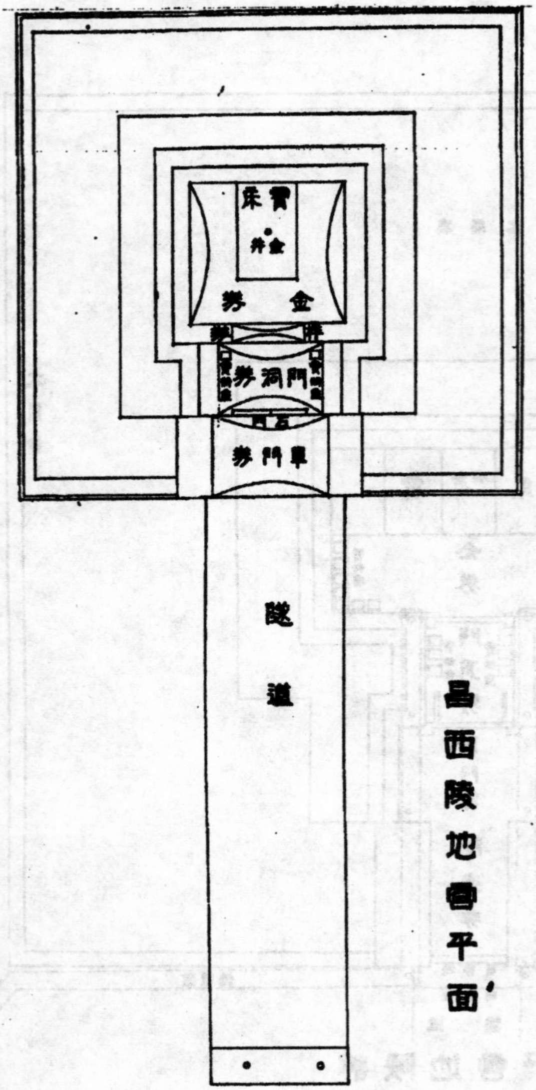

昌西陵地宮平面

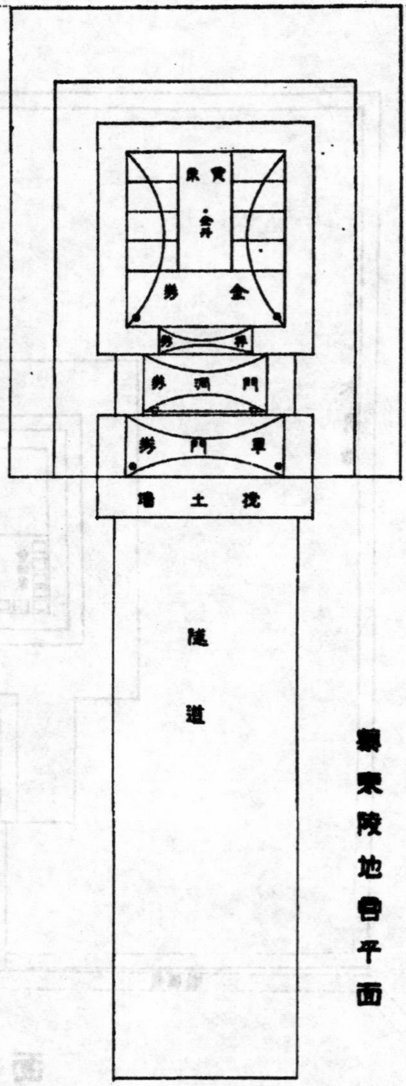

慕東陵地宮平面

自國立北平圖書館藏雷氏圖畫摹

圖版肆拾陸

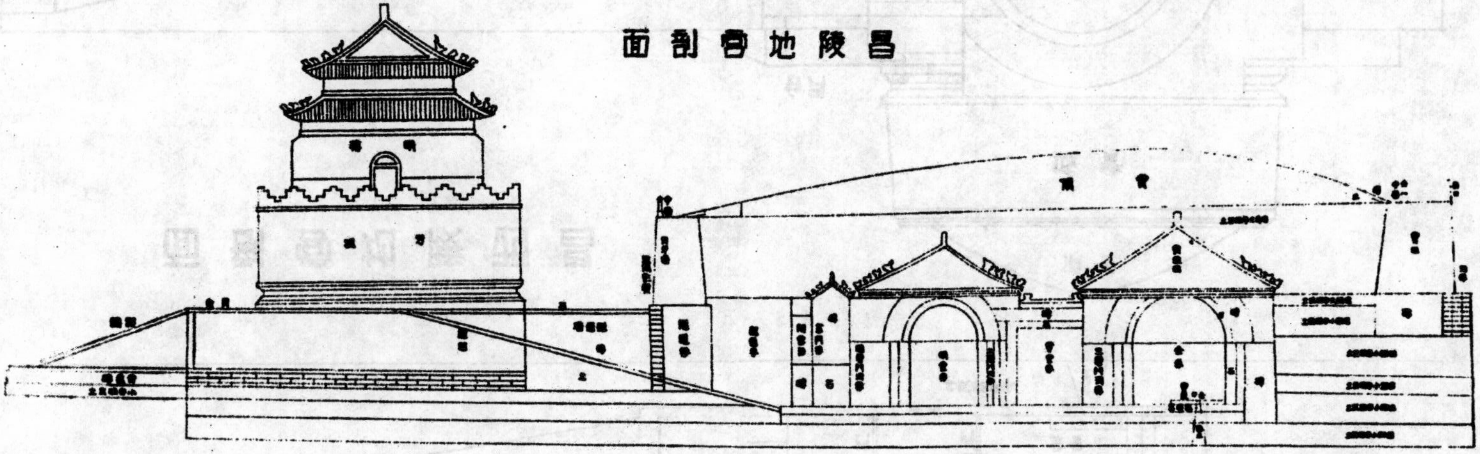

昌陵地宮剖面

自國立北平圖書館藏雷氏圖稿摹

圖版肆拾柒

泰陵地宮剖面

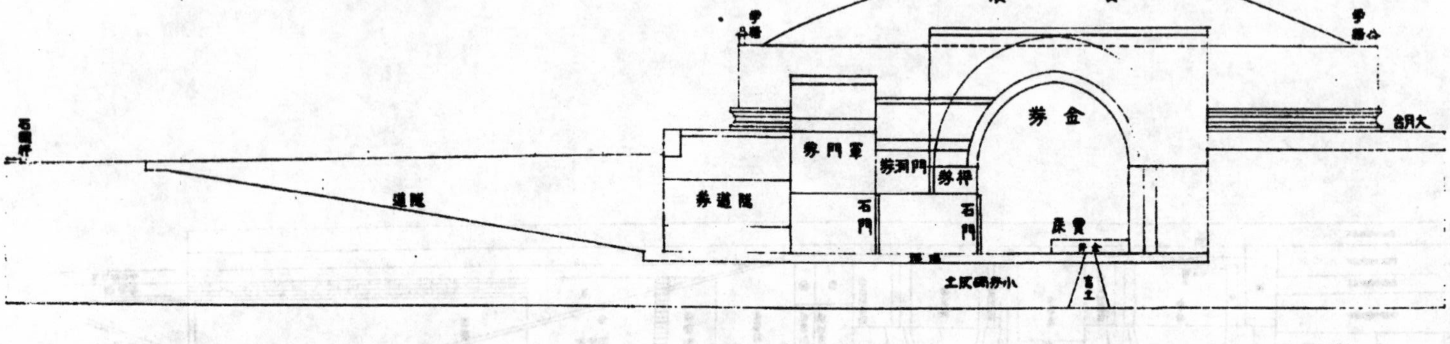

昌西陵地宮剖面

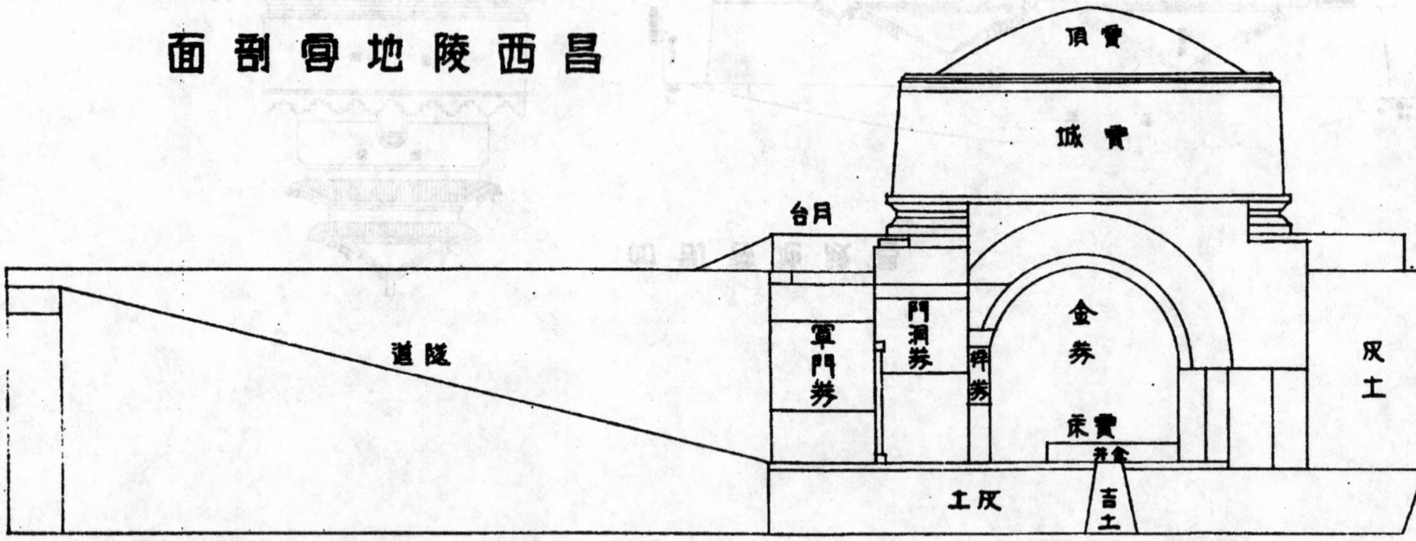

自國立北平圖書館藏雷氏圖樣摹

35110

圖版肆拾捌

慕東陵地宮剖面

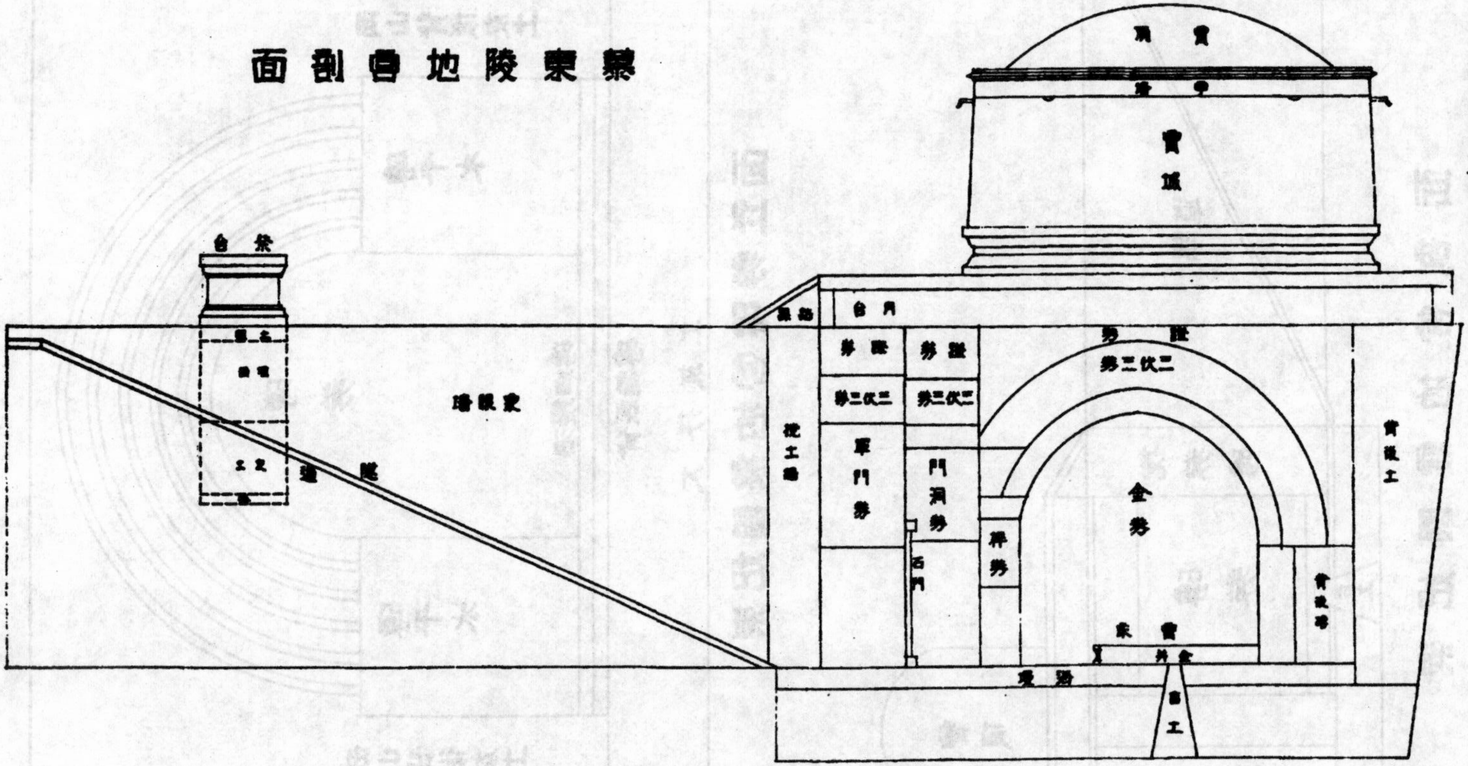

財團法人北平圖書館藏雷氏圖摹

35111

圖版肆拾玖

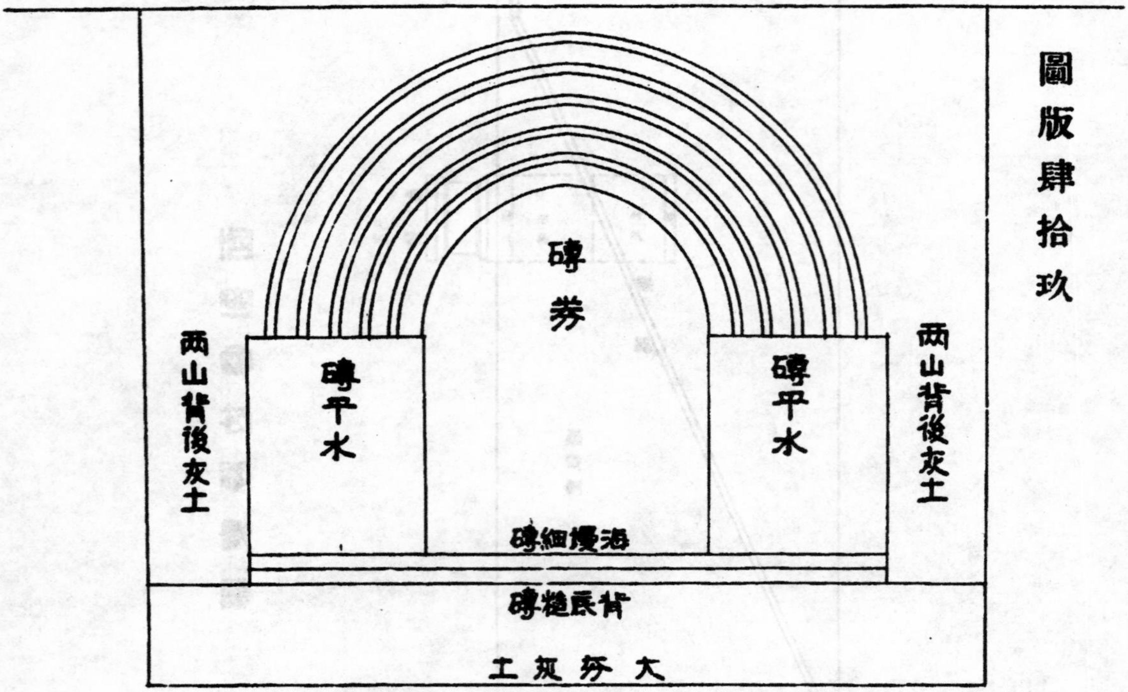

崇妃園寢地宮磚券立面

自國立北平圖書館藏雷氏圖重摹

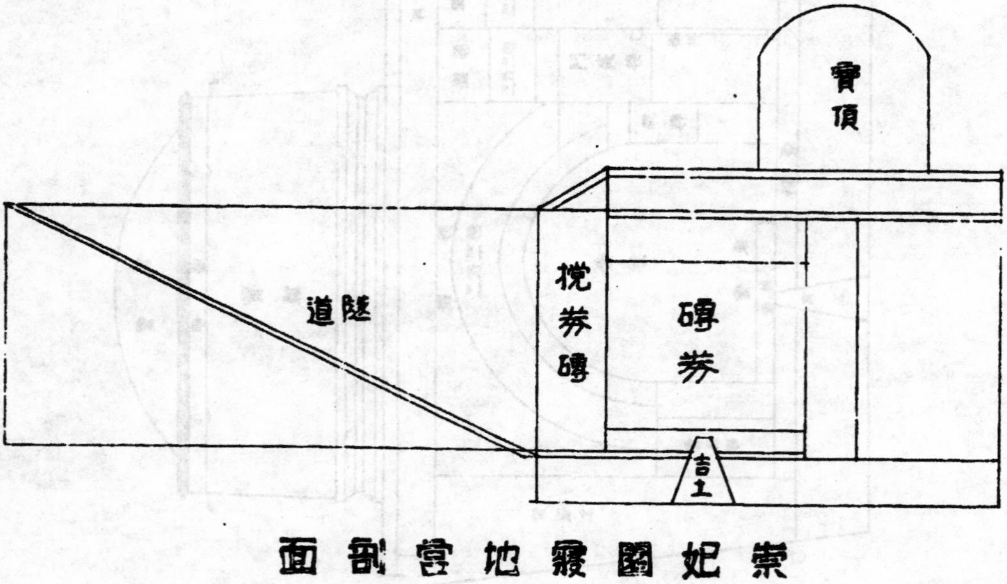

崇妃園寢地宮剖面

〔甲〕永陵（在今遼寧省新賓縣即清盛京省興京府）

〔一〕肇祖（在新賓縣西北十里啟運山）

〔二〕興祖（同前）

〔三〕景祖（同前）

〔四〕顯祖（同前）

〔乙〕福陵昭陵（在今遼寧省瀋陽即清盛京省奉天府）

〔一〕太祖福陵（在瀋陽東北二十里天柱山）

〔二〕太宗昭陵（在瀋陽西北十里隆業山）

〔丙〕東陵（在今河北省興隆縣即清直隸省遵化州）

〔一〕孝莊皇后昭西陵（在孝陵東南）

〔二〕世祖（順治）孝陵（在興隆縣昌瑞山原名鳳臺山）

〔三〕孝惠皇后孝東陵（在孝陵東）

〔四〕聖祖（康熙）景陵（在孝陵東）

〔五〕高宗（乾隆）裕陵（在孝陵西聖水峪）

〔六〕文宗（咸豐）定陵（在裕陵西平安峪）

〔七〕孝貞皇后定東陵（在定陵東普祥峪）

〔八〕孝欽皇后定東陵（在定陵東普陀峪）

(九)穆宗(同治)惠陵(在景陵東南雙山峪)

(丁)西陵(在今河北省易縣即清直隸省易州)

(一)世宗(雍正)泰陵(在易縣西三十里永寧山太平峪)
(二)孝聖皇后泰東陵(在泰陵東北)
(三)仁宗(嘉慶)昌陵(在泰陵西)
(四)孝和皇后昌西陵(在昌陵西)
(五)宣宗(道光)慕陵(在昌陵西南龍泉峪)
(六)孝靜皇后慕東陵(在慕陵東雙峯岫)
(七)德宗(光緒)崇陵(在泰東陵東北金龍峪)

清制凡皇后先帝而崩，或稍後而梓宮未葬者，例與帝合葬一陵。惟玄宮既閉，不忍復啟，故后之後死者，除昭西陵相距較遠外，大都於帝陵附近別營佳城；如前表中孝東泰東諸陵，數量之衆，爲前代所未有。此殆因清代地宮結構自琉璃影壁經隧道明堂穿堂至安置金棺之寶牀，皆南北一貫相承，無明陵數壙異隧，隨時啟閉之便，致不得不另爲營建者歟？注一

注一　明史卷一百十三英宗孝莊皇后傳『成化四年九月合葬裕陵，異隧，距英宗玄堂數丈許，中窒之，虛右壙以待周太后』。

西陵之建，始於雍正末年所建之泰陵。其時清庭適纂修欽定工部工程做法則例一書，故

諸陵殿座大都不出是書範圍以外，在結構上裝飾上幾無特徵可言也。然可注意者亦有二事：曰平面配置，曰地宮結構。

歷代山陵之制，除唐陵因山爲墳，漢與北宋皆採用方形之墳，故其時有「方上」之稱。自明太祖孝陵改方爲圓，復併唐宋上下二宮爲稜恩門稜恩殿，於是陵之平面配置爲之一變注二。清關內諸陵配列之法，就大體言，蹈襲明陵舊規，毫無疑義。然諸陵寶頂平面除圓形一種外，復有兩側用平行直線，至前後兩端，連以半圓形，與寶城方城之間增設月牙城，俱非明代所有。此外瀋陽昭陵福陵，於陵垣上施垛堞，建角樓，尤爲罕覯。故明清二代之陵，雖屬於同系統之內，而局部施設，不乏異同，此可注意者一也。

注二 見本刊四卷二期拙箸明長陵第五十四，五十五，五十七頁。

歷代地宮結構，史籍略而不言，其片言隻字散見羣書者，又無圖說參證，靡由窮其究竟。惟清代宮闕陵寢，自康熙中葉以來，由樣式房雷氏一族承繪圖樣，鼎革後，其家藏圖稿售於國立北平圖書館及中法大學，內有陵寢地宮平面剖面諸圖，標注尺寸材料，大體完備，而社藏惠陵工程全案，與崇陵崇妃園寢工程做法册，及故宮文獻館所藏崇陵施工像片多種，皆極重要之史料，由此推測清代地宮情狀，略能得其梗概，此可注意者二也。

職是之故，箸者於民國二十三年九月偕研究生莫宗江陳明達二君調查西陵，即以測繪平面配置爲主要工作。並以雷氏諸圖所載尺寸換算公尺與實狀核校，於是諸圖中何爲初稿，何爲實施之圖，亦得以證實。本文根據以上各項材料，對於清西陵營建年代與平面變遷，地宮結構等，在可能範圍內作詳細之叙述，供研究我國建築史者之采摭。其餘大木架構裝修彩畫雕刻等純屬清官式做法，爲人所習知，悉從省略。

此行承河北省高級農業職業學校王國光王伯寅王蔭圃諸先生及西陵陵寢古蹟保管委員會祥泰先生，興隆莊小學梅翼庭先生熱心贊助，予以各種便利，至深感紉；又荷國立北平圖書館袁守和先生，故宮文獻館沈兼士先生許可，引用本文有關之圖籍多種，謹誌篇首用表謝忱。

二　諸陵概狀

自北平赴西陵，可自正陽門西車站搭平漢車至高碑店，換乘高易支線至終點梁格莊下車。其地在易縣西北十五里。光緒二十九年春，孝欽后與德宗謁陵，特自高碑店建鐵道至此，俾與平漢路銜接，惟平日客貨收入甚微，一切設備皆極簡陋。車站北有行宮一區，民十後數年內，被駐

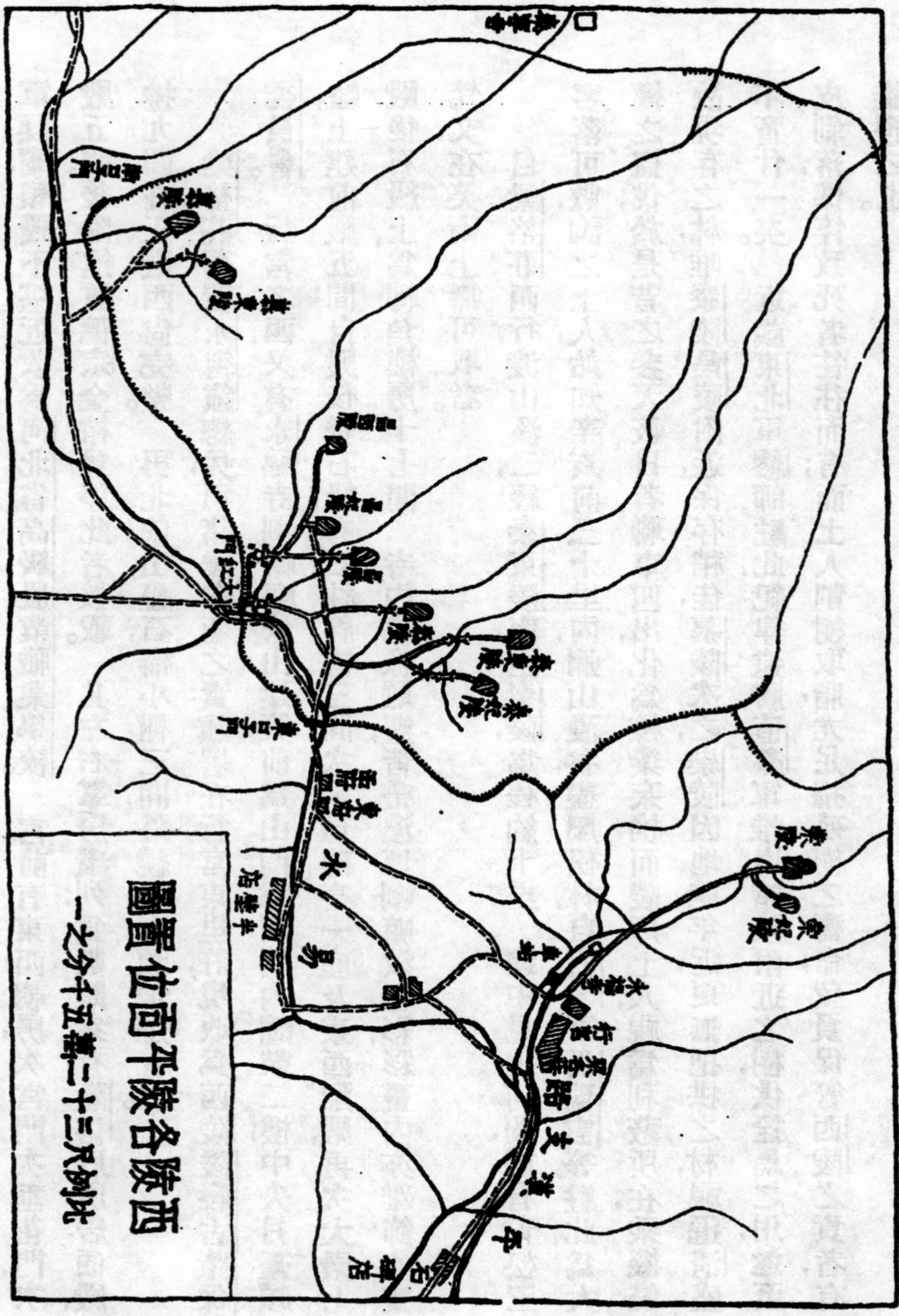

西陵各陵平面位置圖

比例尺二十三萬五千分之一

軍蹂躪，頹毀不堪近改爲河北省高級農業職業學校。　宮前有東西朝房，次宮門，次垂花門，次正殿五間，後附抱厦德宗金棺曾停此者數載。　其左右羣房環列，爲數頗衆有隆裕后所居便殿三捲九間，在正殿西，尚完整。　再北依山疊石，構小榭三間，外繞以廊，頗楚楚有致。梁格莊舊置永寧鎮總兵司諸陵守衞之責；鎮署在行宮東里許，現改爲西陵陵寢古蹟保管委員會。　行宮之西，又有永福寺喇嘛廟，依山建築，前爲山門五間；門內鐘鼓二樓，中央月臺頗高峻，上建前殿五間；自殿後登石級，有石柱牌樓三間，次重簷碑亭一座，及東西配殿；再次大殿七間；殿後石級上爲轉角樓房十七間。　寺內佛像雕塑，皆帶濃厚喇嘛教色彩，彩畫內亦雜飾八寶及梵文，在美術上無可取者。

自梁格莊西行，渡山溪二，經泰東陵，南至泰陵，爲程約十里。　途中見山阿間，偶有青松三五，寥落可數，詢之土人，始知辛亥前三十里內，彌山漫谷，盡屬松林，自直魯軍馬瑞雲等駐此，爲大規模之盜伐，於是昔之參天蔽日者，聯車四出，化爲棟梁榱桷，而陵戶土人，視爲利藪，所在乘機侵盜，故現存之林，唯泰陵昌陵附近保存稍佳，慕陵次之，崇陵因地确年近，更無把拱之材，視遜清盛時，不啻什一矣。　近歲東北軍繆師駐此，紀律遠勝直魯軍，惟以諸陵附近之樹，供拴馬之用，遂至木皮剝落，憔悴致死者往往而有；而土人削樹取脂，尤足摧殘樹之壽命；望負保管西陵之責者，有以維護之也。

西陵自世宗泰陵至德宗崇陵，共有帝陵四，后陵三，妃園寢三，及公主親王之墓數處。以規模言，當推帝陵爲最巨，后陵次之，妃園寢又次之。本文以介紹帝后陵爲主旨，其餘概從省略，惟德宗瑾珍二妃園寢建造未久，保存尚佳，特附於後，以供參考。

帝陵

泰陵

泰陵爲西陵之主體。最前端有五孔石橋一座。次石牌坊三座（圖版壹（甲））一居正中，二稍後，分列左右，皆五間六柱十一樓，以青花石締構，氣概極雄偉。惟坊之比例及花紋雕琢，非特不逮明長陵遠甚，卽視清東陵石坊，亦爲拙劣。稍北下馬碑二，石獸二（圖版壹（乙））。其後大紅門三洞（圖版貳（甲）），單簷四注，覆黃色琉璃瓦，簷端承以梟混曲線，俱同明陵，惜出簷過巨，不與梟混相稱，殊損美觀。門之兩脇，綴以丹垣，設東西便門各一。

大紅門內稍東，有具服殿三間，單簷歇山，外繞短垣，闢三門，門與殿皆西向。殿之門窗現被宵小竊掠一空，甚至平板枋額枋亦被鋸去，致上部斗栱虛懸簷下，爲狀甚慘（圖版貳（乙））。案庚子之亂，法軍駐西陵，祭器陳設，間有遺亡，而此殿大體無恙，見陳璧望嵓堂奏稿勘修西陵諸摺，則殿之摧毀，必在民國後無疑矣。

自大紅門北渡小橋三空，有神道西駛昌陵。　其在橋正北者，爲泰陵聖德神功碑亭圖版叄（甲）。　亭平面方形，建於石臺上，須彌座與門券雕刻，支離漫亂，較石坊尤甚。　亭內爲十字穹窿相貫，中列豐碑二，滿漢文各一，皆以青花石雕製。　亭下層面闊五間，上層三間，均用單翹重昂斗拱，上覆十字檩（據雷氏圖）歇山頂。　亭外仿明長陵之制，建白石華表四，分据四隅。　亭北有七孔橋一座。　次石望柱二圖版叄（乙）。　次石象生圖版肆。　象生中獅象馬及文武臣各二，皆立像。　後者衣冠介冑，純係清式圖版肆（乙）與獅象等體積咸極矮小，視明陵諸像，瞠乎後矣。　神道至此爲小山所阻，山爲人工堆積，俗稱蜘蛛山，自此折東轉北，有龍鳳門三，比列南向圖版伍。　門之柱梁皆石製，若單間火焰牌樓，惟梓框之內裝木扉爲稍異耳。　各門之間設石座，上建琉璃壁，兩端更翼以朱垣，俱仿明陵規制。　門北有三孔橋一座。　次過小坡有河一道，自西往東，亦係人工開掘，中央架三孔石橋三，左右石平橋各一。　逾橋而北，爲泰陵神道碑亭圖版陸（甲）。　自大紅門至此，凡二里許，神道兩側，喬松羅列，成行甚嚴整，卽會典所載「十株爲行，各間二丈」者是已。

碑亭方形，四向闢門，上爲重簷歇山，與聖德神功碑亭略同，但面闊進深，僅及前者五分之二。　亭內青花石碑，刻滿漢蒙三體文字，漢文爲「世宗敬天昌運建中表正文武英明寬仁信毅大孝至誠憲皇帝之陵」，下角刻「乾隆尊親之寶」。　亭東稍北，相距約九十公尺處，有神廚庫一區，外繚丹垣，門西向圖版陸(乙)；內爲神廚五間，亦西向，兩側神庫各三間，南北向；均係單簷挑山，金紅玉彩畫圖版柒(甲)。神廚之南有省牲亭一座，上爲重簷氣樓，垣外南側復有井亭一圖版柒(乙)，皆供歲時祭祀之用者。惟諸陵地勢廣狹不一，致神廚庫位置不盡相同，當於第四章「平面配置之比較」內論之。

碑亭北有廣臺，正面設踏垜三，居中者面闊較大。臺上東西朝房各五間，前闢走廊，單簷硬山，未施斗栱圖版捌(甲)，附設鍋灶烟突，故又稱爲餑餑房，殆尚存關外奶房菓房遺制也。朝房後稍北，有東西守護班房各三間。正中南向者，爲隆恩門圖版捌(乙)。

隆恩門卽明稜恩門，俗稱宮門，建於月臺上，其本身復有臺階，前後設踏垜，以垂帶石分爲三間，惟中央一間，有礤無平，與隆恩殿異。門面闊五間，闢三門，簷端用三彩單昂斗栱，上覆單簷歇山頂。門內廣場東西，有黃琉璃焚帛爐各一，會典稱爲燎爐。次東西配殿各五間，前附走廊，單簷歇山圖版玖(甲)。雀替之形狀圖版玖(乙)與乾隆中葉所建大內寧壽宮同一式樣，足徵其時風尙如此。斗栱則爲一斗二升交蔴葉雲。

隆恩殿明稱稜恩殿，在廣場北面，闊五間，兩山各顯三間，重簷歇山，爲陵內最巨之建築圖版拾(甲)，與配殿隆恩門，明樓碑亭等，俱覆以黃色琉璃瓦。殿之月臺正面陛三出，東西陛一出，繞以石欄，自此向後包殿於內，但殿本身東西北三面無階級可上下。臺上列銅鼎二，銅鶴銅鹿各二，現鹿鶴遺失，止存石座。

殿內明間置寶座二，前列長案，西側復有一座，東向，兩傍雜置朝燈多具。中央寶座後，就明次三間，設暖閣，閣之正面，施長槅及窗圖版拾(乙)。中央暖閣內置神主二，一世宗（雍正），一孝敬憲皇后。西暖閣祀孝肅皇貴妃，妃爲年羹堯之妹，告兄有異志，薨後未久，羹堯獲罪，祔葬於此者。殿內柱之排列，及梢間梁架圖版拾壹(甲)，稍異於淸宮諸建築，當於第四章內作詳細之比較。內外簷彩畫，除殿內金柱用混金立粉外圖版拾壹(乙)其餘梁枋均係金線大點金，無龍鳳裝飾，枋心亦僅用江山一統及普照乾坤，與北平太廟同。依規制言，太廟陵寢，爲郊祀與奉安之地，在帝制時代，不應與大內彩畫相差若是，附記於此，以質讀者。

殿後有丹垣，區隔南北，俗稱卡子牆，中央建踏跺三，闢三門，皆朱戶金釘，歇山黃瓦。就中以中央一門較高巨；門之兩側，於須彌座上施琉璃岔角花，中心花，簷端用琉璃製斗栱，均與左右二門異圖版拾貳(甲)，二門內爲二柱門一座；石柱上架額枋，上施斗栱，夾山頂，與單間木造牌樓無殊圖版拾貳(乙)。其北白石祭臺，列石五供。再北登踜蹸，爲方城明樓。

方城平面方形，中央構穹窿(Barrel Vanlt)貫通南北。城堞之上，建明樓，重簷歇山圖版拾叄(甲)，下爲十字穹窿，以承屋頂。正中立巨碑，髹朱漆，雜飾彩繪，題「世宗憲皇帝之陵」，下方刻「乾隆尊親之寶」，皆塗以金。據雷氏圖，諸陵碑下，置過梁石，長丈餘，以豆渣石墊底，非直接置於方城磚券之上也。方城兩脇有看面牆，自東迆西（雷氏圖中亦稱面闊橫牆），各闢角門一。寶城平面圓形，其前部與看面牆及方城兩側相交一點。在平面上，寶城又劃分爲前後二部。前部爲月牙城，雷氏諸圖謂爲啞叭院。院之進深約占寶城直徑三分之一，正中有琉璃壁與方城隧道相對，左右設轉向踏垛二，可由此上達明樓（圖版拾叁（乙））。後部於女牆上闢馬道，再內爲宇牆，荷葉溝及寶頂。寶頂之下，卽地宮。寶城外側下部，護以石泊岸（圖版拾肆（甲）），其外植松，再外爲羅鍋牆，胥與明陵異。

昌陵．

昌陵爲仁宗（嘉慶）與孝淑睿皇后（喜他臘氏）之陵，在泰陵西一里，與之並列南向。其神道自泰陵大紅門內三孔橋之北，轉西折北，卽爲昌陵聖德神功碑亭（圖版拾肆（乙））。自此北駛，經五孔橋，左右列石望柱，石象生。次龍鳳門（圖版拾伍）。次五孔橋。逾小坡，至陵前三路三孔橋，均行松林中。一橋施欄楯，惟左右無便橋，與泰陵異。其北爲神道碑亭（圖版拾陸（甲））。東側稍北爲神廚庫。再次月臺上，列東西朝房及東西守護班房，正中爲隆恩門。門內，經東西焚帛爐，東西配殿，至隆恩殿（圖版拾陸（乙））。殿內設暖閣三間，以黃石（俗稱黃豆瓣）甃地，視泰陵爲奢。次經琉璃門，二柱門，祭臺五供，方城明樓（圖版拾柒（甲）），啞叭院至寶城寶頂，配列層次，核之泰陵，胥皆符合。第昌陵寶頂，較泰陵高數尺，隆恩殿，聖德神功碑亭，亦特壯大，而配殿，隆恩門，朝房等面積高度，亦略有增益。時人遊此者，每先至泰陵，驚其壯麗，以爲諸陵無逾，於是然實非也。陵之寶城平面改圓形爲長圓形，另詳下文。

慕陵 慕陵在泰陵西南約十里。余輩自興隆莊西南行，過昌陵，昌妃園寢，松林漸稀。陵自昌西陵南渡河紆行小山中，道旁麥田鱗次相列，似係新墾者，約五里出山折北，即爲慕陵。陵前有五孔橋一座，無聖德神功碑亭及望柱象生。次龍鳳門三間。門內爲神道碑亭，較昌陵稍小（圖版拾捌(甲)），碑陰刻文宗(咸豐)所撰慕陵碑文。其東神廚庫爲地勢所限，距亭甚近。亭北有橋三座，僅中央一橋具欄楯，餘皆便橋。

橋北大月臺上建東西配殿，東西守護班房及隆恩門（圖版拾捌(乙)）俱如常制，惟陵垣改丹粟爲水磨磚，頗雅素。門內焚帛爐之北有東西配殿三間（圖版拾捌(丙)），視泰昌二陵稍陋，然簷端用單翹單昂斗栱，又非前者所有。中央隆恩殿臺基較低，周圍無欄，其前月臺上列銅鼎二，石幢一，石圖晷一，無鶴鹿（圖版拾玖(甲)）。殿之面闊進深各三間，平面略近方形，外繞走廊，上爲單簷歇山，證以道光二年上諭注三，其爲模倣瀋陽昭福二陵（圖版拾玖(乙)），殆無疑也。內設暖閣三間，置宣宗(道光)及孝穆孝成孝全三皇后神主。內外天花羣板，縧環板，雀替等（圖版貳拾(乙)，貳拾壹(甲)(乙)）皆楠木本色鏤雕龍雲，無彩繪之施。論者每以此陵規模較小，譽爲儉素無華，然觀隆恩殿配殿以香楠縮構，儉素云者，殆亦僅矣。

注三 東華續錄道光六「道光二年秋七月丙戌，諭緜課等……朕於嘉慶二十三年隨侍皇考仁宗睿皇帝巡幸盛京恭謁祖陵，瞻仰橋山規制，實可爲萬世法守。朕敬紹先型，謹遵前制。……是以節經降旨，槃從儉節。傳世世子孫仰體此意有減無增』。

殿後小河一道，架石平橋三。次於卡子牆中央建石級，其上易琉璃門爲白石牌坊一座，凡四柱三樓圖版貳拾貳(甲)。正面明間花板處，鐫滿漢文慕陵數字，背面題『敬瞻東北，永慕無窮，雲山密邇，嗚呼其慕歟慕也』，係文宗所書宣宗諭旨 注四。其北石祭臺列五供。次石泊岸正中設踐⿰足察一處。再次石疊落自東亘西，有石踏垜三，皆施欄干 圖版貳拾貳(乙)。惟光緒大清會典載祭臺在疊落之上 注五，不與實狀符合，不知當時纂述何疏忽乃爾。其北有方臺，正面設踏垜，上建圓墳，周以丹牆及須彌座，無方城明樓。

注四　王先謙東華續錄咸豐一：『道光三十年二月壬申諭內閣：朕恭讀大行皇帝祇謁西陵時留貯龍泉峪正殿存記，奉硃筆敬瞻東北，永慕無窮，雲山密邇，嗚呼其慕與慕也，欽此。仰見我皇考感念松楸，孝思不匱，用垂遺訓，昭示來茲。……所有龍泉峪陵名，應即敬稱慕陵。朕當和淚濡毫，敬謹書寫，命武英殿選工鐫刻』。同書咸豐十四咸豐二年三月壬子慕陵碑文『……歲在戊申春三月，上恭詣諸陵，至龍泉峪大殿，召子臣同恭親王奕訢至御座傍，命讀硃諭，藏於殿內東楹，蓋聖意深遠，默定陵名，見已恭鐫在石牌坊南北面，遵遺訓也……』。

注五　光緒欽定大清會典事例卷九百四十四工部陵寢：『慕陵……月臺前爲白石祭臺，廣二丈一寸五分，縱五尺五寸，高四尺七寸，上陳石五供一分。前爲疊落，護以石欄，欄前建石牌坊』。

慕陵制度，如前所述無方城明樓象生及聖德神功碑亭，而隆恩殿配殿寶城等亦較他陵卑狹，在清陵中最爲特別。然考東華續錄載宣宗遺詔，僅不許建聖德神功碑亭，令於明樓碑上鐫刻碑文注六，則方城明樓之廢，非宣宗本意可知。豈阿片戰役後，繼以紅羊之亂，清庭財用匱乏，達於極點，致不得不變更舊制，而文宗咸豐二年一諭注七，諱而不書歟。紀之以待後證。

注六　東華續錄道光六十：『道光三十年正月丁未午刻，帝崩於圓明園愼德堂苫次。……奉頒御書硃諭四條：……一……謹案各陵五孔橋南，均有聖德神功碑，清漢二通，覆以牌樓，制度恢宏，規模壯麗，在我列祖列宗之功德，自應若是尊崇，昭茲來許。在朕則曷敢上擬鴻規，妄稱顯號，而亦實無稱述之處，徒增後人之譏評，朕不取也。萬年後著於明樓碑上鐫刻大清某某皇帝清漢之文，碑陰即可鐫刻陵名，嗣皇帝即欲撰作碑文，用申追慕，即可鐫於宮門外之碑上，斷不可於五孔橋南別行建造石柱四根，亦不准樹立碑文，亦不可以聖德神功字樣，率行加稱。……』

注七　東華續錄咸豐十四：『咸豐二年三月壬子，大葬宣宗成皇帝於慕陵。……諭內閣：我朝列聖相承，山陵禮成，恭建聖德神功碑，用垂不朽。我皇考宣宗成皇帝……聖懷謙抑，遺訓淳淳，不得建立豐碑，頌揚功德。……茲當慕陵奉安大禮告成，祇承先志，不敢建立聖德神功碑，謹述感恩哀戀之忱，含淚濡毫，撰成慕陵碑文一篇，用誌孺慕，並當敬謹書寫，即鐫於隆恩門外碑石，以垂永久。……』

●崇陵●

崇陵在泰陵東北十二里，舊名魏家溝，距梁格莊車站五里。原在西陵界線外，清末營陵時，更名金龍峪，始劃入境內。自梁格莊西行過永福寺，渡山溪，折北入陵之外圍牆，再里許，涉小溪，沿東側山麓，經職校農場，轉西，至陵前五孔橋。橋兩側，復有五孔平橋各一。其北石望柱二，分列兩側。次六柱五牌樓一座，於石柱間施直欞扉及木梁斗栱，上覆夾山頂（圖版貳拾叁（甲））。次重簷神道碑亭一座。次石橋五，兩側者無欄。自五孔橋至此，野草沒脛，在諸陵中最爲荒涼；昔聞梁鼎芬結廬種樹於此，乃未逾廿載，蕩然無存，亦可傷已。次大月臺，臺上列東西朝房與東西守護班房，中央建隆恩門五間，彩畫油飾，燦然若新。其東爲神廚庫。

隆恩門內東西有黃琉璃焚帛爐（圖版貳拾叁（乙）），及配殿各五間。正中隆恩殿五間，南向，重簷歇山（圖版貳拾肆（甲）），與泰昌二陵類似，惟詳部結構不盡相同。（一）臺基周圍之披水坡長甚巨。（二）月臺上無銅鼎鹿鶴。（三）殿本身之臺東西北三面無石欄。（四）殿內金柱裹金柱，與梢間山金柱之位置不與兩山諸柱一致。（五）柱下增通風洞。

自殿後經琉璃花門至石祭臺，其間無二柱門。臺側植松數行，其北有[足長]䟿頗高，分爲上下二疊，左右翼以石欄與雷氏圖所載定陵同。再北方城明樓之後，附啞叭院（圖版貳拾陸（甲）），寶城，寶頂外繞羅鍋牆，胥如常制，惟寶城南北特長，亦與定陵惠陵髣髴相類也。

后陵

泰東陵　泰東陵爲乾隆生母孝聖憲皇后鈕祜祿氏之陵，在泰陵東北約三里，規模較泰陵稍小。陵前左右平橋已毀，止存中央三孔石橋一座。次東西朝房五間，前具走廊。次東西守護班房三間，其東爲神廚庫。朝房北建隆恩門五間。門內東西焚帛爐之北，東西配殿各五間。次隆恩殿五間兩山各顯三間，重簷歇山，月臺繞以石欄（圖版貳拾捌（乙）），與帝陵同，但面闊進深，較泰陵約殺三分之一。

殿後三座門，僅中央爲琉璃花門。門內松柏甚蒼蔚。中央有石祭臺。再北，登蹬跺，爲方城。城之中央闢穹隆斜上，至方城後壁，分爲左右隧道（俗稱扒道），內設石級，其出口圓羨（俗稱扒道券）之上，覆以雨搭（圖版貳拾玖（甲）），自此繞至明樓。樓後寶城平面作圓形，其間無啞叭院，極似明長陵結構，惟寶城直徑較小，其外又圍以羅鍋牆，仍未脫淸式窠臼也。

昌西陵　在昌陵西三里許，爲仁宗孝和睿皇后之陵。陵前列三孔橋及左右平橋各一。渡橋而北，歷朝房，守護班房，神廚庫，隆恩門，焚帛爐，至東西配殿，俱如泰東陵，惟門與配殿皆減爲三間（圖版貳拾玖（乙）），規模更爲狹小，而隆恩殿五間，改爲單簷，月臺亦無欄楯，尤爲樸素（圖版叁拾（甲））。又殿之平面配置，自面闊進深至柱之排列，極似慕陵隆恩殿，唯移東西山牆與背面簷牆於簷柱外側，致周圍無廊耳。

殿後有小河一道，架石平橋三，次三座門，門內爲祭臺（圖版叁拾（乙））。臺北有磚疊落，設踏跺三處無欄干。再北於方臺上建圓墳，後繞羅鍋牆，無方城明樓 圖版叁拾(乙)。按后崩於道光二十九年十二月，逾月而宣宗亦崩，故陵成於咸豐初年，與慕陵制度大體類似。其時紅羊戰事方興未艾，故又與慕東陵同為清后陵中之最簡陋者。

慕東陵　在慕陵東半里許，西南向。神道東側為神廚庫。次石平橋三座。其北自東西朝房至隆恩殿 圖版叁拾壹 各建築配列情狀與間數多寡，與昌西陵無別，僅隆恩殿平面改為長方形而已。殿後磚泊岸上建卡子牆闢三門。中央琉璃花門施氷盤沿，無斗栱，視常制微陋。門內為石五供及祭臺。次於方臺上建圓墳，卽孝靜成皇后博爾濟吉特氏之陵。后在宣宗時，稱靜皇貴妃，以撫育文宗(咸豐)恩，咸豐五年尊為康慈皇太后，未幾崩，改慕陵妃園寢為慕東陵，於寶城外圍以丹垣，俾與諸妃之墓隔絕 注八。東角門內，有德宗祖母莊順皇貴妃烏雅氏之墓。自此繞至孝靜陵牆後，復有妃嬪墳十五，列為三行，蓋后陵而兼妃園寢，如順治后孝東陵之制也 圖版叁拾柒。

注八　清史稿列傳一：「孝靜成皇后博爾濟吉特氏，刑部員外郞花良阿女。后事宣宗為靜貴人，累進靜皇貴妃。孝全皇后崩，文宗方十歲，妃撫育有恩。文宗即位，尊為皇考康慈皇貴太妃，居壽康宮。咸豐五年七月，太妃病篤，尊為康慈皇太后。越九日庚午崩，年四十四。上謚曰孝靜康慈弼天輔聖皇后，不繫宣宗謚，不祔廟，葬慕陵東，曰慕東陵。」

東華續錄：『咸豐五年七月丙戌諭軍機大臣等；……將來大行皇太后奉安，即擬以慕陵妃園寢作爲山陵。惟寶城之後，必須築牆一道，以崇體制，至圍牆亦須有路可通，應於何處開門以便出入，並著基溥慶祺會同相度，詳細覆奏』。

前書『咸豐五年八月戊戌諭內閣：朕仰承大行皇太后慈恩覆庇，體極尊崇，山陵大事，亟應敬諏吉壤。惟念慕陵妃園寢爲皇考欽定位次，即爲大行皇太后靈爽所憑，自應恪守成規，藉安慈馭。謹將慕陵妃園寢，恭定爲慕東陵。此次奉移大行皇太后梓宮，即暫安慕東陵正殿，所有應行添建工程，著派吏部尚書翁心存，兵部尚書阿靈阿，工部右侍郎基溥，會同前往，敬謹辦理』。

妃園寢

西陵境內有妃園寢三處。一爲泰陵妃園寢，在泰東陵之東南。一爲昌陵妃園寢，在昌陵與昌西陵之間。一爲崇陵妃園寢，在崇陵東。此三者皆無方城明樓，遠不及景陵（康熙）裕陵（乾隆）妃園寢之宏大，茲介紹保存最佳之崇妃園寢如次。

德宗瑾珍二妃園寢（圖版叁拾貳(乙)）在崇陵東半里許。前爲三孔橋一座及左右便橋各一。月臺上東西朝房各五間，無廊。次東西看護班房各三間。中央月臺上，建大門三間，內闢三門，上爲單簷歇山項（圖版叁拾貳(乙)）。門內東側有黃琉璃焚帛爐一。正北饗殿五間，單簷歇山，月臺無欄圖版叁拾貳(乙)。殿後卡子牆中央，設琉璃門一處，無岔角花中心花及斗栱等。兩側角門各一。門內二妃之墳，皆圓形，建於方臺上圖版叁拾貳(乙)。後部繞以羅鍋牆。據陵監云，清末營建地宮，因經費奇絀，僅甃以磚，其後瑾妃薨，妃父出貲改石室，而珍妃之墓仍舊。證以崇陵妃園寢工程做法冊，磚券之說，非虛構也。

三　營建年代

清世營造陵寢，在帝后崩御前者，謂之「萬年吉地」，然亦有崩後始擇地修造，如昌西陵，惠陵崇陵等，其例亦復不少。茲就見聞所及，考訂其年代如次。

泰陵。世宗陵寢，初卜地於九鳳朝陽山，嗣怡親王赴平西諸山相度，改建於易縣太寧山太平峪興隆莊注九，卽今泰陵是也。據易水志，陵工經始於雍正八年(公元一七三〇年)八月，董役者有恒親王弘晊及內大臣常明，尙書海望諸人注十。閱五年帝崩，乾隆二年(公元一七三七年)三月，葬於泰陵。

注九　東華錄雍正十六：『雍正八年五月丙戌諭內閣怡親王爲朕辦理大小諸務無不用心周到，而於營度將來吉地一事甚爲竭力殫心。從前在九鳳朝陽山經畫有年後因其地未爲全美復於易州太寧山太平峪周詳相度得一上吉之地。』

注十　易水志卷一統制『泰陵自雍正八年世宗憲皇帝欽命怡賢親王會同兩江總督高其倬在京師西南一脈山麓間往來探卜，至易州之西太平峪興隆莊……擇定萬年吉地。奏准特派恒親王內大臣常明尙書海望查克丹侍郎留保德爾敏續派侍講學士塞爾敎朝陽等先後總理郞中蘇爾泰羅丹蘇住安圖等監督是年八月十九日敬謹興工』。

泰東陵

世宗崩後，高宗（乾隆）生母孝聖皇太后尙健在其時辦理陵工之恒親王等，曾奏請地宮內應否預留太后奉安分位，抑如景陵（康熙）之例安設龍山石？ 高宗諭令遵照昭西陵孝東陵舊規另營陵寢 注十一，故有泰東陵之建。 乾隆四十二年（公元一七七七年）正月太后崩四月葬。據故宮文獻館藏高宗實錄有大葬時更換殿座椽望及修補牆垣階砌一諭 注十二，知此陵建造已非一日，惟興工與完工年代尙待查考耳。

注十一　東華錄乾隆四：『乾隆元年九月乙未諭王大臣等：據辦理泰陵事務恒親王弘晊內大臣戶部尙書海望奏稱，世宗憲皇帝梓宮安奉泰陵地宮，請照景陵之例安設龍山石其隨入地宮之分位，並萬年後應留之分位相應請旨等語。朕敬將萬年後應留分位之處奏請皇太后。懿旨：世宗憲皇帝梓宮奉安地宮之後以永遠肅靜爲是，若將來復行開動揆以尊卑之義，於心實有未安。况有我朝昭西陵孝東陵成憲可遵，泰陵地宮，不必豫留分位。朕伏承懿旨，仰見皇太后坤德恭謹，聖慮周詳，自當恪敬遵奉，倣照昭西陵孝東陵之例，另卜萬年吉壤，俟朕詳酌，再降諭旨。至皇考梓宮奉安地宮時，着照例安龍山石。其隨入地宮之皇妣孝敬憲皇后梓宮應居左，稍後；敦肅皇貴妃金棺應居右，比孝敬憲皇后梓宮稍後」。

注十二　高宗實錄卷一千二十五：「乾隆四十二年正月辛卯諭軍機大臣等：據弘暢等奏敬詣泰東陵查得宮殿俱皆整肅堅固，惟布瓦與琉璃瓦式樣不同，椽望等木有應更換之處，柱頂階條各項石料及牆垣甎塊，亦須添補修砌等語……」又「二月丁酉諭：泰東陵工程自宜上緊辦理，但地宮內有無積水，甚關緊要，急宜詳細查看……」

昌陵。　昌陵地點，據東華錄載嘉慶八年上諭（注十三），係高宗所指定，並令後世依昭穆順序，分葬東西二陵（注十七）。嘉慶二年（公元一七九七年）二月，孝淑皇后崩。八年（公元一八〇三年）十月葬后，於是留石門未閉，以待仁宗。足徵是陵地宮成於嘉慶八年以前。清史稿謂「後卽於此起昌陵」（注十四），不無語弊。

注十三　東華錄嘉慶三：「嘉慶八年七月壬寅諭：易州太平峪係皇考賜朕之吉地，自經始以來，至本年工程甫畢，而皇后在靜安莊暫安已七年之久，今地宮既成，敬倣孝賢純皇后乾隆十七年從靜安莊奉移至聖水峪之例，於十月內移至太平峪地宮，仍與從靜安莊奉安同一律。乃本日辦事王大臣具奏事儀摺內有掩閉石門大葬禮成八字，殊屬麤心疏忽不經之極。試思石門豈可閉，既閉不能復開，此吉地乃皇考賜朕之地，非賜皇后之地。今關閉石門，欲朕另卜吉地乎？朕遵皇考之旨，決不更易」。

注十四　清史稿后妃傳：『仁宗孝淑睿皇后喜他臘氏，副都統內務府總管和爾經額女。仁宗爲皇子，乾隆三十九年，高宗冊后爲嫡福晉。四十七年八月甲戌，宣宗生。仁宗受禪，冊爲皇后。嘉慶二年二月戊寅崩，謚曰孝淑皇后，葬太平峪。後即於此起昌陵焉』。

昌西陵　孝和睿皇后崩於道光二十九年（公元一八四九年）冬。咸豐元年（公元一八五一年）三月，命工部尚書阿靈阿等營陵注十五。三年（公元一八五三年）二月葬注十六。則此陵之建，當在咸豐元年至三年之間。

注十五　東華續錄咸豐八：『咸豐元年三月戊戌，命工部尚書阿靈阿恭辦昌西陵工程』。
同書咸豐十二：『咸豐元年七月丙午，賞已革吏部尚書文慶五品頂戴，命辦理昌西陵工程』。

注十六　東華續錄咸豐二十：『咸豐三年二月辛丑，大葬孝和睿皇后於昌西陵』。

慕陵　宣宗即位之初，遵高宗東西陵分葬之諭，於道光元年九月命莊親王緜課，大學士戴均元等營壽陵於東陵寶華峪注十七。一切施設力求省約注十八。七年九月，葬孝穆皇后。翌歲發見地宮內有浸水之患注十九，乃於道光十一年（公元一八三一年）另卜陵於西陵龍泉峪注二十。閱四年（公元一八三五年）陵成，葬孝穆，孝愼二后於是注二十一，即今慕陵是也。

注十七　東華續錄道光四：『道光元年九月己酉，諭國家定制，登基後即應選擇萬年吉地。嘉慶元年，奉皇祖高宗純皇帝敕諭，嗣後吉地各依昭穆次序，在東陵西陵界內分建。今朕紹登大寶，恪遵成憲，於東陵界內，選擇繞斗峪建立吉地，着派莊親王緜課，大學士戴均元，尚書英和，侍郎阿克當阿，敬謹辦理，諏吉於十月十六日卯時開工』。（案繞斗峪後改名寶華峪。）

注十八　前書道光六『道光二年七月丙戌諭繇課等……寶城內月臺碑亭等工程，酌量裁減地宮內之起脊琉璃黃甎頭停金券內之經文佛像及二柱門俱行裁撤。其石象生一項，量爲收小。井上石欄，無庸起建亭座。』

注十九　前書道光十八：『道光八年九月丁未諭：前據奕緒等奏孝穆皇后陵寢木門外牆根潮濕情形，當派敬徵前往會同寶興將地宮內外逐處履勘，務查明存水之由據實覆奏。玆據奏稱木門內罩門券兩邊馬蹄柱門枕石下往外浸水。明堂券穿堂券地平石縫金剛牆根俱有浸水處。三層門洞券門枕後及金券寶牀下三面石縫俱有浸水一二分。』

同前『九月己酉諭：寶華峪地宮積水情形，前據敬徵等節次查勘水痕旋拭旋浸。本日朕復親臨閱視。金券內北面石牆，全行濕淋。地面間段積水。細驗日前積水痕迹，竟逾寶牀而上。見在孝穆皇后梓宮徵濕之痕，約有二寸。計存水有一尺六七寸之多。與木門以內各券水痕尺寸相同。』

注二十　前書道光二十三：『道光十一年二月辛丑上啟鑾謁西陵。乙巳上閱視萬年吉地，賜名龍泉峪。』

注二十一　前書道光三十二：『道光十五年九月戊子，上謁泰陵泰東陵昌陵，詣龍泉峪閱視寶城以萬年吉地工程堅固整齊，晉監工大臣隆彰河太子太保賞紫韁……己丑孝穆皇后孝愼皇后梓宮至龍泉峪奉安於饗殿，上親臨奠酒。』

又『十二月乙丑孝穆皇后孝愼皇后梓宮奉安地宮。』

慕東陵　原名慕陵妃園寢。王先謙東華續錄，載道光十六年（公元一八三六年）九月，添設龍泉峪妃園寢內務府主事副內管領各一（注二十二），則其時必已竣工，似與前述慕陵同時興

35135

造者。咸豐五年葬康慈皇太后於此改名慕東陵注八，曾爲局部之改造，然其建築規模，介乎后陵與妃園寢之間，殆爲道光時舊物也。

注二十二　東華續錄道光三十四『道光十六年九月戊子，添設龍泉峪妃園寢內務府主事副內管領各一』。

崇陵　崇陵地點，係德宗崩御後，溥倫陳璧等所擇定注二十三。宣統元年（公元一九〇九年）二月興工注二十四，一切規模以穆宗（同治）惠陵爲範注二十五。據故宮文獻館藏清內務府事简檔載，宣統七年（即民國四年公元一九一五年）十一月葬德宗及隆裕后，前後工程共歷時七載云。

注二十三　宣統政紀卷一『光緒三十四年十月丙子，諭大行皇帝尚未擇有陵寢，著派溥倫陳璧帶領堪輿人員，馳往東西陵敬謹查勘地勢，繪圖貼說，奏明請旨辦理』；前書卷四『光緒三十四年十二月乙丑，諭內閣前經降旨派貝子溥倫等於東陵西陵附近地方敬謹相度皇考德宗景皇帝山陵，昨據溥倫等奏稱，謹看得附近西陵之金龍峪地勢寬平，係屬上吉之地等語。金龍峪謹定爲崇陵，即行擇吉興工』。

注二十四　前書卷七『宣統元年二月辛亥，諭軍機大臣等欽天監奏崇陵工程動工吉期二月初八日卯時吉一摺，著承修大臣謹遵辦理』。

注二十五　前書卷五『光緒三十四年十二月丙子，諭內閣載洵等奏請定崇陵規制一摺，著恭照惠陵規制敬謹興修』。

四　平面配置之比較

諸陵建築因時因地略有異同前已略述之矣玆再就全體平面配置與朝房隆恩門東西配殿隆恩殿方城寶城等作詳細之比較。

陵之總平面

淸陵之配置就大體言固與明陵無別然淸之后陵出自創制非明代所有故可分爲帝陵后陵三種而以妃園寢附之。

帝陵　帝陵建築依其分布情狀可以神道碑亭爲中心劃爲前後二部。後部自碑亭以北至寶城寶頂爲陵之本體雖各陵施設偶有異同而大端要不可易。惟碑亭以南者繁簡殊懸極不一律。玆以西陵爲標準與明十三陵及淸代其他諸陵比較如次。

淸陵之在關內者其前部自石牌坊大紅門聖德神功碑亭至龍鳳門一段唯首葬二陵規模

最爲宏闊，而石牌坊與大紅門二建築，亦唯首葬之陵有之：如東陵之世祖（順治）孝陵與西陵之世宗（雍正）泰陵是已。但興安永陵無此制度，瀋陽二陵雖有石坊而規模甚小，疑爲入關後模倣明長陵之結果也。

泰陵石牌坊三座，建於大紅門前，正南面與東西面各一。雖其細部雕刻繁縟傖俗，毫無足取，然三坊雄峙，氣象千萬，迥非東陵與明長陵所可侔擬，不能不謂爲西陵之特點也。大紅門之結構式樣與明陵如出一臼。所不可解者，清之東西陵正殿（隆恩殿）除東陵之昭西陵用四注外，餘皆爲歇山頂，而大紅門獨用四注，似與體制不符。豈蹈襲明長陵舊法而不知長陵正殿之爲四注耶？

大紅門內東側有具服殿，爲諸帝謁陵時更衣之所，殆倣明拂塵殿之制。然明之拂塵殿，據紀載所示，實兼行宮更衣爲一，故其規模閎大，有圍牆正殿二層，羣室六十餘楹，及左右槐樹正寢二殿，羣圍房各五百餘間也注二十六。

注二十六　見歷代陵寢備考引燕都游覽志。

其北聖德神功碑亭及華表四具，在昌平明陵中僅見於成祖長陵。清代則自世祖（順治）孝陵，至仁宗（嘉慶）昌陵，無不建立。自宣宗（道光）慕陵特旨廢止後注六，遂成絕響。故西陵中，惟泰陵昌陵二處而已。

亭北石望柱及石象生，明陵中唯南京太祖孝陵與昌平成祖長陵，有此制度。淸東西二陵，自慕陵惠陵崇陵外，幾無一不有象生。象生之數，以東陵世祖（順治）孝陵爲最衆；計臥立獅，狻猊，駱駝，象，麒麟，馬各二軀，文武臣立像各六軀，與明長陵無別。高宗（乾隆）以武功自詡，故裕陵象生，僅次於孝陵。聖祖（康熙）景陵，世宗（雍正）泰陵，仁宗（嘉慶）昌陵，文宗（咸豐）定陵，視裕陵約減半數。穆宗（同治）惠陵與德宗（光緒）崇陵，僅有望柱，缺象生。宣宗（道光）慕陵並望柱亦無，最爲儉約。玆依數目多寡，表列如次。

世祖孝陵	望柱二	立獅二 臥獅二	立狻猊二 臥狻猊二	立駱駝二 臥駱駝二	立象二 臥象二	立麒麟二 臥麒麟二	立馬二 臥馬二	文武臣立像六
高宗裕陵	望柱二	立獅二	立狻猊二	立駱駝二	立象二	立麒麟二	立馬二	文武臣立像四
聖祖景陵	望柱二	立獅二	無	無	立象二	無	立馬二	文武臣立像四
世宗泰陵	望柱二	立獅二	無	無	立象二	無	立馬二	文武臣立像四
仁宗昌陵	望柱二	立獅二	無	無	立象二	無	立馬二	文武臣立像四
文宗定陵	望柱二	立獅二	無	無	立象二	無	立馬二	文武臣立像四
穆宗惠陵	望柱二	無	無	無	無	無	無	無
德宗崇陵	望柱二	無	無	無	無	無	無	無
宣宗慕陵	無	無	無	無	無	無	無	無

泰陵神道在石象生以北者，因風水之故，故爲紆曲盤迴，非通則也。東陵中亦僅孝陵、景陵、裕陵與此約略相類。其餘東西各陵之神道無一不成直線。

西陵中如泰陵、昌陵、慕陵皆有龍鳳門，其制亦仿自明長陵，惟德宗崇陵則僅建石柱五牌樓一座（雷氏圖亦稱欞星門）。按木石混合結構之牌樓始用於聖祖（康熙）景陵與高宗（乾隆）裕陵，未見於明代，自文宗（咸豐）定陵以後，相繼沿用，遂成定法，無復更用龍鳳門矣。至崇陵五牌樓與神道碑亭之間相距甚近，係遵定陵與惠陵制度，而定陵規模又似以慕陵龍鳳門與碑亭之距離爲標準也。

玆將西陵四帝陵之前部施設表列如次，以供參考。

世宗泰陵	一路五孔橋	石牌坊	大紅門	具服殿	聖德神功碑亭	一路七孔橋	石望柱	石象生	龍鳳門	一路三孔橋
仁宗昌陵	無	無	無	無	聖德神功碑亭	一路五孔橋	石望柱	石象生	龍鳳門	無
宣宗慕陵	無	無	無	無	無	一路五孔橋	無	無	龍鳳門	無
德宗崇陵	無	無	無	無	無	三路五孔橋	石望柱	無	五牌樓	無

清陵後部，卽陵之本體，當以神道碑亭爲始（圖版叁拾肆，伍）。泰陵亭前有石橋五，昌陵石橋三，

惟慕陵三橋，崇陵五橋，則在亭之後部，與泰昌二陵適相反對。考碑亭位置，明長陵在稜恩門外東側，自明仁宗獻陵以降，始置於神道中央，而亭前之橋亦始於獻陵。英宗裕陵以後，增為三橋，或在亭前，或在其後，要皆一孔。洎清世祖（順治）孝陵，擴為三孔橋五座，而中央三橋施欄楯，益為壯麗。但聖祖（康熙）景陵則置於東西朝房與隆恩門之間，宣宗（道光）慕陵更移於碑亭之後，朝房之前。後世因之，或前或後，要皆不出孝景慕三陵範圍外也。

清關內諸陵，於神道碑亭之北，建東西朝房與東西守護班房各二座，遙遙相對，似較奉天昭陵雜置菓房膳房儀仗房等於隆恩門外，規制更為整齊。其配列方法有二種。（甲）東陵孝定惠三陵，及西陵泰昌慕崇四陵之朝房，皆建於陵前大月臺上圖版叁拾肆，伍。（乙）東陵景裕二陵於朝房與班房間，掘河一道，架石橋五，未銜接一氣圖版叁拾伍。

大月臺之東，清制神廚庫省牲亭自成一區，亦非明代所有。考顧炎武昌平山水記載明長陵宰牲亭在陵門外東側，神廚神庫則在陵門與稜恩門之間，東西對立，似不若清東西陵納於一廓之內，較為整嚴圖版叁拾捌。至於關外永陵，置省牲亭於碑亭之西圖版叁拾叁（乙），昭陵宰殺廳更遠在前三門之外圖版叁拾叁（丙），可覘其時創業未久，因地制宜，尚無後世劃一之法也。

自大月臺隆恩門歷東西焚帛爐、東西配殿，至隆恩殿，再自殿後經琉璃花門、二柱門、祭臺、方城、明樓，至寶城寶頂，其配列方法，東西諸陵大都一致，僅孝裕定惠崇五陵，於琉璃花門與方城之前各增小河一道而已（圖版叁拾肆伍）。今以諸陵平面與明長陵（圖版叁拾叁（甲））比較觀之，除寶城平面改圓形為長圓形，內設啞叭院，外繞羅鍋牆，不與長陵符合外，其餘門殿配置因襲相承，甚為明顯。次以諸陵與關外永陵昭陵（圖版叁拾叁（乙）（丙））比較之，則昭陵四周之牆施垛堞建角樓，而隆恩門亦建於城堞之上，與後部明樓遙相對稱，絕非關內諸陵所有。又昭陵隆恩殿後無琉璃花門及二柱門祭臺五供直接建方城明樓，尤為特殊。永陵則並方城明樓亦皆略去，東西陵中僅慕陵與之類似而已。由是而言，清陵之在關外者與關內諸陵相差甚巨，足證入關後所受明陵影響實較關外之陵為甚。

以建築年代言，東陵之孝景二陵遠在泰陵前，故西陵之配置係仿傚東陵，而東陵又以明長陵為規範也。茲歸納上述各項，並推論其與明陵及清初諸陵之關係如次。

（一）西陵中僅最初建造之泰陵有石牌坊大紅門具服殿，顯係模傚明長陵與清孝陵制度。所異者石牌坊之數增為三座。

（二）清東西陵之聖德神功碑亭，在宣宗（道光）慕陵以前，幾乎每陵皆有；石象生除慕惠景三陵外亦復如是，均較明陵更為奢靡。

（三）清東西陵自孝陵至慕陵，除景陵裕陵外，胥有龍鳳門，自文宗（咸豐）定陵以後，始皆用木石混合之牌樓。明陵中僅孝陵長陵有龍鳳門，無用木石牌樓者。

(四)神道碑亭前後之石橋，視明陵閎麗。

(五)東西陵之神廚庫省牲亭自成一廓，非明陵與清初關外諸陵所有也。其制似仿於孝景二陵，泰陵仍之，遂成定法。神廚庫之位置大抵位於石橋與神道碑亭之東北，惟慕陵與慕東陵為地勢所限，在石橋東南。

(六)東西朝房與東西守護班房，未見於明代紀載。清初諸陵之在關外者，排列位置，淩亂無序，似孝陵景陵以後，始成定制。

(七)東西陵自隆恩門至方城明樓一段，純係模倣明陵，惟明陵中除成祖長陵與世宗永陵神宗定陵外，平面尺寸皆不及清東西諸陵規模之雄闊。

(八)寶城平面之用長圓形，與羅鍋牆之增設，始於世祖(順治)孝陵。但寶城前部之啞叭院，實受關外諸陵之影響，另詳下文。

(九)慕陵隆恩殿之平面與外觀，極似瀋陽福昭二陵(圖版拾玖)，寶城前無方城明樓，亦與永陵一致，在東西陵中最為特別。據前引東華續錄(注三)，知為祖襲關外舊法也。

(十)西陵四帝陵之後部建築(圖版叁拾肆)，雖大體相同，然亦可別為三種。(甲)泰昌二陵，俱模倣孝陵。(乙)慕陵一部取法東陵，一部取法關外永陵。(丙)崇陵以惠陵為規臬。茲表列如後：

世宗泰陵	仁宗昌陵	宣宗慕陵	德宗崇陵
三孔石橋三座	三孔石橋三座	神道碑亭	神道碑亭
神道碑亭	神道碑亭	三孔石橋三座	三孔石橋五座
東西朝房各五間	東西朝房各五間	東西朝房各五間	東西朝房各五間
東西守護班房各三間	東西守護班房各三間	東西守護班房各三間	東西守護班房各三間
隆恩門五間	隆恩門五間	隆恩門五間	隆恩門五間
東西燎爐	東西燎爐	東西燎爐	東西燎爐
東西配殿各五間	東西配殿各五間	東西配殿各三間	東西配殿各五間
隆恩殿五間	隆恩殿五間	隆恩殿三間	隆恩殿五間
琉璃花門三座	琉璃花門三座	石牌坊一座	琉璃花門三座
二柱門	二柱門	無	無
石祭臺	石祭臺	石祭臺	石祭臺
方城明樓	方城明樓	無	方城明樓
啞叭院	啞叭院	無	啞叭院
寶城	寶城	寶城	寶城

（十一）清東西陵平面之外輪線有三種。（甲）孝景裕三陵東西兩側之陵牆，在方城左右看面牆以南者成一直線，以北者稍向外臌出與後部羅鍋牆聯接 圖版叁拾伍。（乙）泰陵昌陵東西陵牆自羅鍋牆交點起卽成直線最爲整齊 圖版叁拾肆。（丙）慕定惠崇四陵兩側之陵牆 圖版叁拾肆伍 在看面牆南者同前自看面牆以北部分向內收進，再與羅鍋牆相交故陵之平面前部較後部大。

羅鍋牆之形狀在平面上多數用半圓形，僅慕陵用弧線 圖版叁拾肆。

后陵 清代后陵之結構，大都以帝陵爲範惟殿座規模略爲狹小，其前亦無象生龍鳳門等。然如孝莊后昭西陵 圖版貳拾捌（甲） 及孝慈孝欽二后之定東陵 圖版叁拾柒 前列神道碑亭，重簷歇山，悉如帝陵制度，而昭西陵大殿重簷四注，且爲帝陵所未有，不能一概論也。 次爲孝東泰東二陵圖版叁拾陸柒，再次昌西慕東二陵圖版叁拾陸，無方城明樓，最爲簡陋。

后陵建築就其普通者言之，則陵前大都有小河一道，架石橋三座或一座。三座者僅中央一橋施欄干。其北爲東西朝房與東西守護班房。東爲神廚庫。正北經隆恩門，東西配殿至隆恩殿，胥依常法。但昌西慕東二陵之隆恩門與東西配殿皆三間圖版叁拾陸；隆恩殿月臺無欄陛；屋頂亦僅單簷圖版叁拾(甲)叁拾壹(乙)，視妃園寢略大而已。

隆恩殿北，唯昌西陵有河一道，架三橋，慕東陵有泊岸一層，餘皆直接建琉璃花門。門內石祭臺之南無二柱門，異於帝陵。其北寶城平面有四種不同式樣圖版叁拾陸柒。(甲)孝東陵寶城係圓形，前部有啞叭院與方城明樓連屬，院內設東西踏垜上達明樓。(乙)泰東陵寶城亦圓形，惟無啞叭院，而於方城後部建左右隧道，如明長陵。(丙)定東陵於方城後，建長圓形之寶城，前闢啞叭院及左右轉向踏垜，與定陵惠陵類似。(丁)昌西慕東二陵，用圓形寶城，甚小，無方城明樓及啞叭院。茲將西陵三后陵之配列層次表列如下。

泰東陵	石橋	東西朝房各五間	東西守護班房各三間	隆恩門五間	東西燎爐	東西配殿各五間	隆恩殿五間	無	琉璃花門	石祭臺	方城明樓	寶城
昌西陵	石橋	東西朝房各五間	東西守護班房各三間	隆恩門三間	東西燎爐	東西配殿各三間	隆恩殿五間	石橋	琉璃花門	石祭臺	無	寶城
慕東陵	石橋	東西朝房各五間	東西守護班房各三間	隆恩門三間	東西燎爐	東西配殿各三間	隆恩殿五間	石泊岸	琉璃花門	石祭臺	無	寶城

妃園寢　妃園寢規模較后陵更小，其建築物名稱亦稍異；如隆恩門稱大門，隆恩殿稱饗

殿，所以別於后陵也。園寢之前部無神廚庫。正面建石橋三內二便橋，或分列左右，或偏於一側，無定法圖版叁拾陸柒。其次東西廂各五間，守護班房各三間。再北大門三間，門內琉璃焚帛爐止東側一處，與后陵異。次東西廡各五間。正中饗殿五間，單簷歇山，月台無欄陛。其後橫牆闢琉璃花門一，角門二，然如裕陵妃園寢之橫牆，則與饗殿簷牆併為一體，祗有左右二門耳。門內月臺上建寶頂，視普通之墳稍巨，惟亦有設方城明樓，圖版叁拾貳(甲)較后陵尤為宏大者，非常制也。茲與崇陵妃園寢表列如次，以覘異同。

景陵妃園寢	石橋	東西廂各五間	東西守護班房各三間	大門三間	東燎爐	東西廡各五間	饗殿五間	琉璃花門一角門二	方城明樓	寶頂
裕陵妃園寢	石橋	東西廂各五間	東西守護班房各三間	大門三間	東燎爐	東西廡各五間	饗殿五間	琉璃花門二	方城明樓	寶頂
崇陵妃園寢	石橋	東西廂各五間	東西守護班房各三間	大門三間	東燎爐	無	饗殿五間	琉璃花門一角門二	無	寶頂

殿座平面

朝房　各陵殿座所用尺寸，除一二三例外，大都依尊卑為準繩。如朝房面闊圖版叁拾玖，帝后陵與妃園寢雖俱為五間，而帝陵朝房進深較大；除前部走廊外，室內復設後金柱，故其梁架結構，前後成對稱式。 后陵則有廊而無後金柱。 妃園寢最小，無廊與前後金柱。

隆恩門 帝陵后陵之隆恩門依定制皆面闊五間，進深顯二間，前後各設踏垜三；僅昌西慕東二陵面闊減爲三間耳圖版叁拾玖。 妃園寢大門面闊進深同昌西陵，惟前後踏垜減爲一間，稍示區別。

配殿 帝后陵東西配殿之平面除西陵之慕慕東昌西三陵用面闊三間外，其餘清東西諸陵皆爲面闊五間，前闢走廊，室內設後金柱，與朝房平面同圖版叁拾玖。

隆恩殿 西陵隆恩殿圖版肆拾，以泰昌二陵爲最巨。 其前部月臺正面陛三，出東西陛一，繞以石欄，包隆恩殿於內。 次爲泰東陵，一切施設悉準泰陵，而規模略小。 次德宗崇陵，石欄僅至殿臺基之前部爲止。 再次慕慕東昌西三陵月臺甚低，無欄。

殿本身平面可分爲三種。（甲）泰昌崇泰東四陵同爲面闊五間，進深顯三間圖版肆拾，但各間進深不盡相同，如崇陵山面明次三間之開間均相等，泰昌慕東三陵則明間稍大。 然最足注意者，無如殿內柱之位置隨宜變化，不與外側之柱一致，在清代建築中實爲特別之例。 茲比較諸陵異同如次：

（一）泰陵昌陵泰東陵內部之柱除梢間山金柱與山柱位置一致外，其餘中央四縫之前金柱，後金柱，皆延至上部副階，承受上簷重量，故其位置依副階之面闊進深而定。

35147

同時後裏金柱之位置取決於暖閣之進深，亦與山柱位置無涉（圖版肆拾）。至於上簷四隅童柱之下，承以雙步梁與雙步隨梁，梁之內端插入前後金柱內，外端置於山面平板枋之上（圖版拾壹（甲）），雖云結構方法不落常套，然雙步梁所受重量過大，往往發生彎曲之弊，乃其缺點。

（二）崇陵內部之後裏金柱，與山柱位置一致。惟前後金柱二行，亦因副階面闊進深而定，與前例同一情狀（圖版肆拾）。其稍異於泰昌泰東三陵者，即梢間前後金柱，自下直達副階（圖版貳拾伍（甲））不用童柱及雙步梁，在結構上較為穩固。

（乙）慕陵隆恩殿面闊進深俱係三間，略近方形（圖版肆拾），而殿正面三間，與東西兩側中央一間，各施槅扇，外繞走廊，實為關內清陵唯一之例。昌西陵梁柱排列，一如慕陵，惟移牆壁於簷柱之外側，故周圍無廊（圖版肆拾），然就大木結構言，仍屬於慕陵系統內也。

（丙）慕東陵大殿面闊五間，進深顯三間（圖版肆拾），因單簷之故，內部諸柱，胥與外側者一致，在結構上與妃園寢饗殿無別。

・方城寶城・　方城其制，剏於何代，今尚不明，就今日所知者言之，似以南京明孝陵為最早。惟孝陵之城東西長而南北狹，自成祖長陵以後，始改為方形，後世方城之稱，殆緣此而生也。孝陵之城，於中央闢穹窿，穿城而北，有道左右分馳，折至城東西兩側之踏道，上達明樓。長陵中央隧道，則止於方城北部之琉璃壁，自此分爲左右二道，折至明樓寶頂。其後憲宗茂陵，穆宗昭陵，皆於大葬後，塞中央隧道，另於方城左右緣城壁築蹬道，斜上惟方城寶城聯爲一體，仍與長陵無異。逮清之福陵昭陵，始於方城寶城間設啞叭院，移蹬道於院內圖版拾叁（丙），入關以後沿襲相承，遂成一代制度，僅泰東陵一處圖版肆拾壹，尚如明長陵耳。

明代寶城平面皆圓形，直徑甚大。圖版叁拾叁（甲）。清初昭陵則爲不規則之圓形圖版叁拾叁（丙）。入關後，有圓形與長圓形二種，而以長圓形者占大多數。同時城之面闊，皆較前部隆恩門兩側之橫牆略小，故其外復增羅鍋牆一層，俾與兩側陵牆成一直線圖版叁拾肆伍，明清陵寢之平面配置，當以此點相差最爲顯著也。其後文宗（咸豐）定陵至德宗（光緒）崇陵，寶城比例益趨狹長，於是羅鍋牆之直徑，視前部橫牆之面闊更小圖版叁拾肆伍，故同爲清陵，而此部之平面配置，又有前期後期之別。至於慕陵及昌西慕東三陵，廢方城明樓，寶城面積亦僅較妃嬪之墳稍巨，雖爲經濟能力所限，不得不爾，然在清陵中實可謂爲別樹一幟者矣圖版叁拾肆陸。

五　地宮結構

清陵地宮之結構見於雷氏諸圖者什九屬於嘉慶以後，故本文所引僅昌陵昌西陵慕陵慕東陵崇陵及崇妃園寢六處而已圖版肆拾貳至肆拾玖。　就中規模最巨者當推昌崇二陵，慕陵次之，慕東昌西又次之，崇妃園寢僅有一室在妃墳中，亦屬簡陋。　其昌崇二陵地宮平面圖版肆拾貳叁，自隧道券至金券共計九層，與東陵定惠定東諸陵完全符合，當爲清陵中最通行之式樣。　其次慕陵與慕東昌西二陵平面進深圖版肆拾肆伍，不及前者之半，然其門券結構仍用 Baral Vault 故知諸陵之異同在乎規模繁簡與所用材料之精麤，而與基本結構方法無關。　茲將前述西陵六處地宮之平面配置表列如後，以供參考。　再次就門券結構依雷氏諸圖與各陵工程册所載者，作概略之介紹。

昌陵	隧道	隧道券	閃當券	罩門券	頭層門洞券	明堂券	二層門洞券	穿堂券	三層門洞券	金券
崇陵	隧道	隧道券	閃當券	罩門券	頭層門洞券	明堂券	二層門洞券	穿堂券	三層門洞券	金券
慕陵	隧道	隧道券	無	罩門券	門洞券	無	無	無	梓券	金券
慕東陵	隧道	無	無	罩門券	門洞券	無	無	無	梓券	金券
昌西陵	隧道	無	無	罩門券	門洞券	無	無	無	梓券	金券
崇妃園寢	隧道	無	無	無	無	無	無	無	無	金券

地宮平面，如前表所示，以隧道爲始。昌崇二陵之隧道最長，其南端約在方城之中心圖版肆拾貳，叁，自此斜下，經啞叭院月牙牆至閃當券爲梓宮奉安之道。自月牙牆以北至閃當券之間，則覆以隧道券二段。大葬後，以欃土磚塞其外側，內建石影壁，上建琉璃影壁各一座圖版肆拾陸，而隧道之在啞叭院與方城內者，甃以磚石，不以地宮入口示人也。

自閃當券以北，始爲地宮本體圖版肆拾貳，叁。其第一道門在罩門券後，上覆門洞券。次爲安設寶冊之明堂。再次第二道門，亦有門洞券。次穿堂。次第三道門及門洞券。券後爲金券門，自罩門券至此，共計石門四重。門之兩側各有須彌座及馬蹶柱(亦作馬蹄柱)，內裝石門二扇，雕佛像圖版貳拾柒(甲)，門上施銅管扇，外側飾門簪，雨搭，脊獸等，悉如木建築情狀。金券之內，設寶床圖版貳拾柒(乙)，安置金棺。寶床中央有金井一處，大葬時將初掘之吉土塡入井內云。慕陵及慕東昌西二陵，自隧道券以北，僅有罩門券，門洞券，梓券，金券及石門二重，較昌陵崇陵幾減去二分之一圖版肆拾肆伍柒捌，故寶冊置於金券與門洞券之內。崇妃園寢祗有磚室一間，圖版肆拾玖。

以上就平面言，其切斷面之結構，則地宮牆壁之下，皆下柏木樁。樁長一丈至一丈五尺，徑五寸至七寸。樁頭露出五寸，空間塡碎石，謂之掐當石。石縫之間滿灌桃花漿，待陰乾後再築灰土。灰土成分爲石灰四，土六，每步厚五寸，分三次搗築，稱爲小夯灰土。大夯則每步厚七寸，僅用於地面及地宮上部之塡廂灰土，唯陵工始如是也。大小夯灰土之施工，在陵工中最稱重要，計分旱活水活二種手續。旱活先打流星拐夯分活，次加活，次衝活，次踩活，皆二十四夯。水活則於旱活後，洒渣子並灑水花於表面，打高夯，旋夯各三次。最後打橫碣，竪碣，踹碣各一次。每槽灰土以見方一丈爲度，各槽之間打馬連垛，使無裂縫。待第一步灰土築成後，表面潑糯米汁及水，再築次層。每步均須抽搓「樣土」進呈，以昭愼重。

灰土之上，砌墊底石及埋頭，皆用豆渣石灌漿。次砌壓面石一層。次平水牆，用順石與丁石合砌。其上所砌劵洞，皆爲極簡單之 Baral Vault，尚未發現用 Dome 之例，如遼興宗道宗諸陵者。凡砌石俱灌石灰漿，內加江米白礬，並嵌生鐵銀錠及熟鐵鋦椏，以資聯絡。對縫處則鑿淺溝，嵌塡桐油石灰。所用石料，在閃當劵以北部分，自壓面石以上至劵頂，龍門石俱以靑白石成做，海墁石料，門扇，寶床等亦然，惟裕陵享祚最久，物力殷阜，門扇牆壁，皆以旱白玉石精雕云。

平水牆外側，另砌背後磚牆保護之。然亦有二者之間再加豆渣石一層者。其在各劵洞之上，昌崇二陵皆加砌磚劵厚五劵五伏，慕東陵規模較小，則減爲三劵三伏。據雷氏昌陵地宮圖（圖版肆拾陸）地宮磚劵之上，再覆琉璃瓦脊，如普通宮殿情狀。證以道光二年停止地宮內起脊琉璃黃磚頭停一諭（注十八），似是圖所載，尙非虛妄。自道光以後，則皆改爲廡殿頂之簑衣磚，而慕東陵金劵及隧道劵上，覆以平頂磴劵，較簑衣磚尤爲簡陋（圖版肆拾捌）。

背後磚牆外側，與蓑衣磚之上，苫盤蹤五次，內加糯米汁攙合二次，攙灰泥背一層。 其自背後牆至寶城城壁之間滿築小夯塡廂灰土但亦有下層用小夯上層用大夯者。 寶城城壁約厚一丈，以鐵拉扯與內部灰土聯絡。

自蓑衣磚以上至寶頂築過河灰土，亦係小夯。 上苫盤蹤五次，內加糯米汁攙合二次，攙灰泥背三層表面刷土黃二遍，俗云『包金泥』 寶頂周圍，於宇牆內隨牆勢設荷葉溝，用挑頭溝嘴，流出寶城外側。 溝與溝嘴，均石製。

地宮內部之排水設備，係於金券內設左右龍鬚溝各一 圖版肆拾貳，叁肆，肆伍， 均以豆渣石成砌，上施過梁與琉璃門外之玉帶河相通；簡陋如崇妃園寢，亦有此項設備。 啞叭院內則設青白石七星溝漏二處，供院內排水之用。

明代營造史料(目錄)

天壇

明代之天壇

明初制度　洪武四年改制

大祀殿之制　北京之壇制

嘉靖九年復初制　崇雩壇之增設

建大享殿　名稱之區別

清代之天壇

順康雍時代之天壇　乾隆以後之天壇

光緒朝祈年殿之燒毀及重建

明清之比較

明清壇殿比較表　壇殿磚瓦比較表

圖版壹

明初圜丘圖

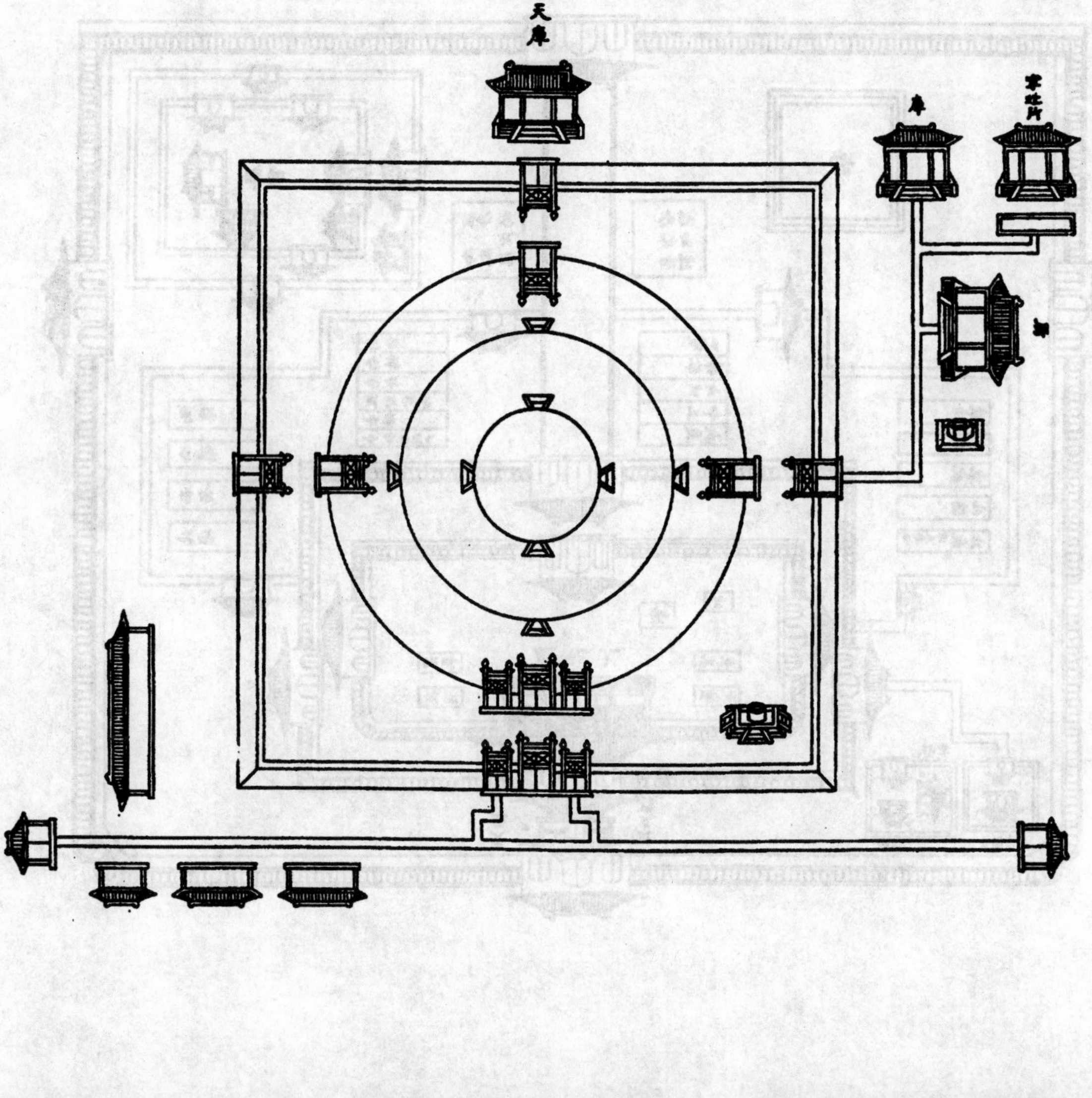

自大明集禮重摹

35155

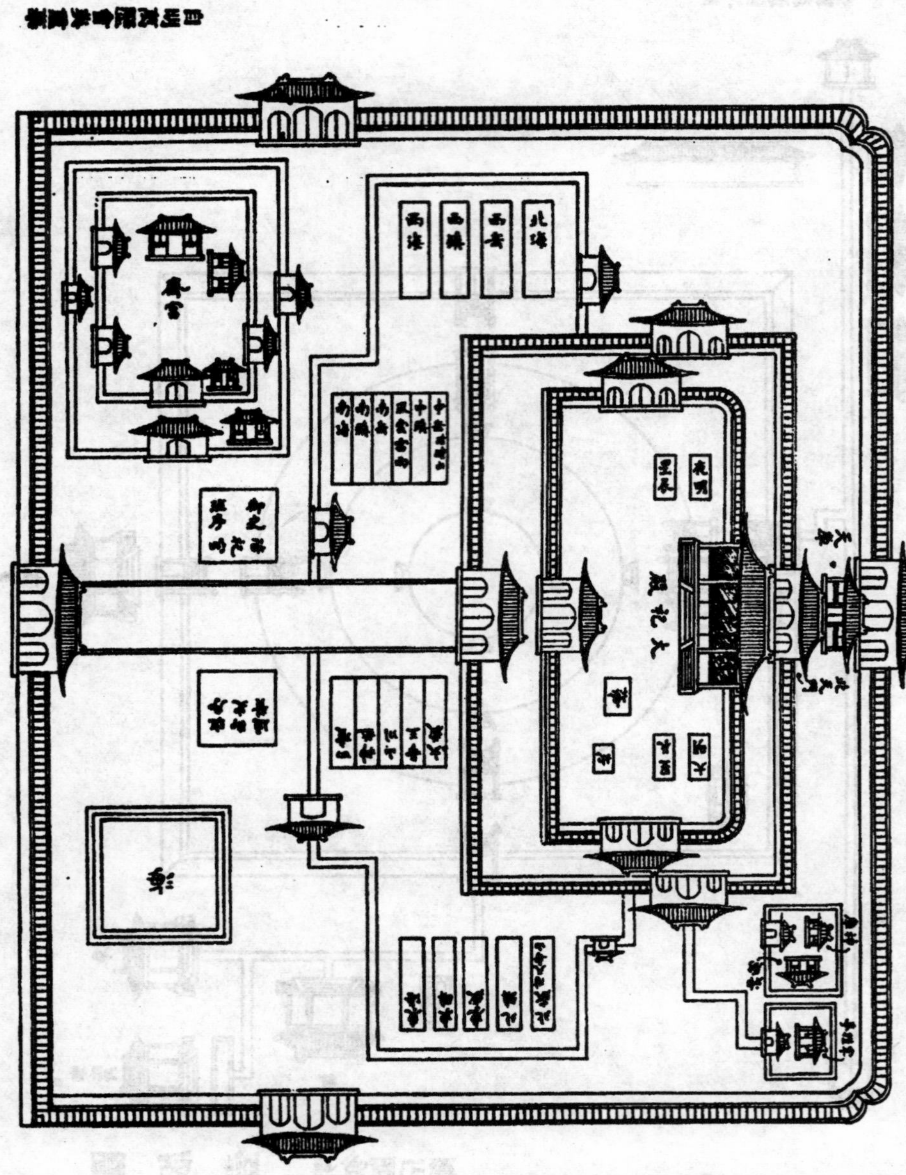

圖版貳

明大祀殿圖

圖版叁

明嘉靖改建之圜丘總圖

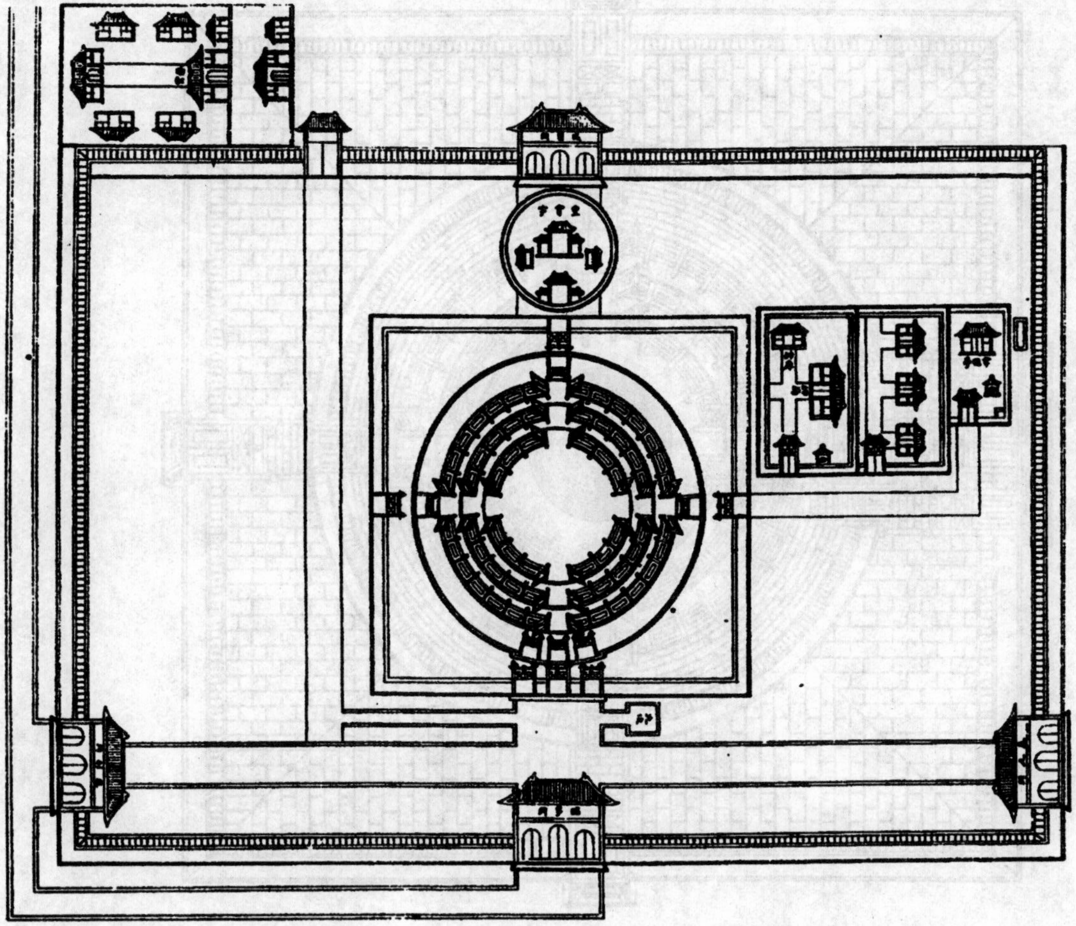

自明萬曆會典重摹

圖版肆

明嘉靖改建之圜丘圖

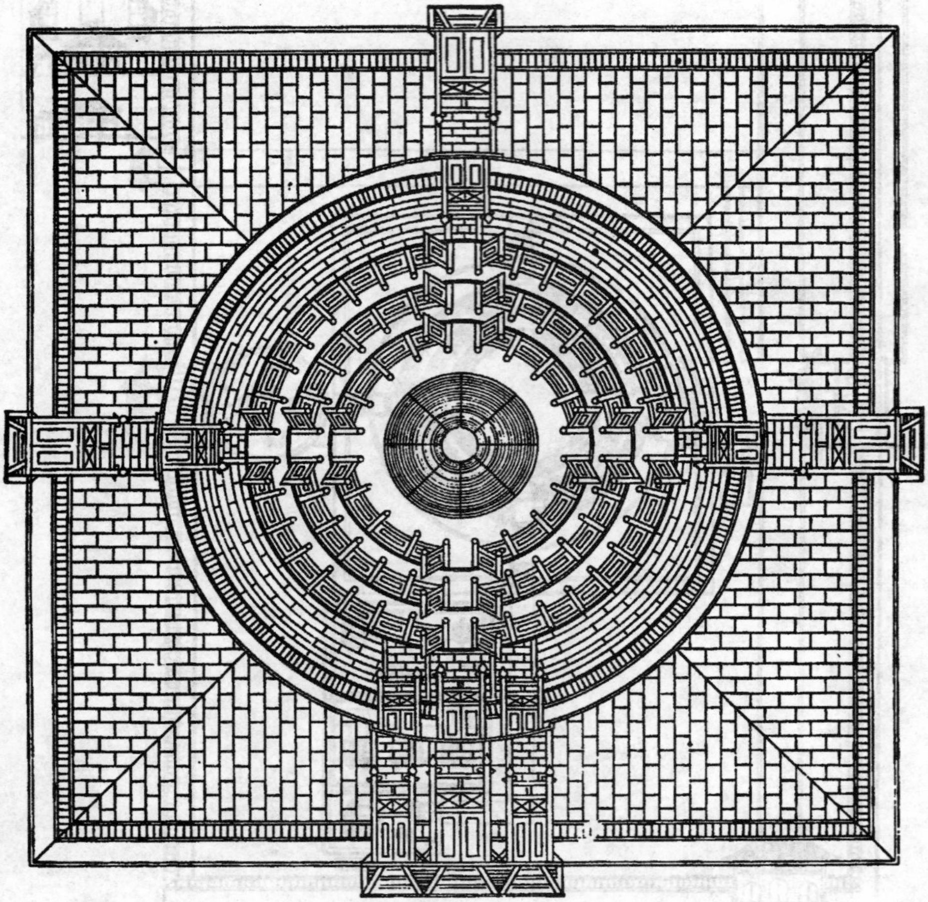

自明萬歷會典蠶事

圖版伍

明嘉靖建皇穹宇圖(舊名泰神殿)

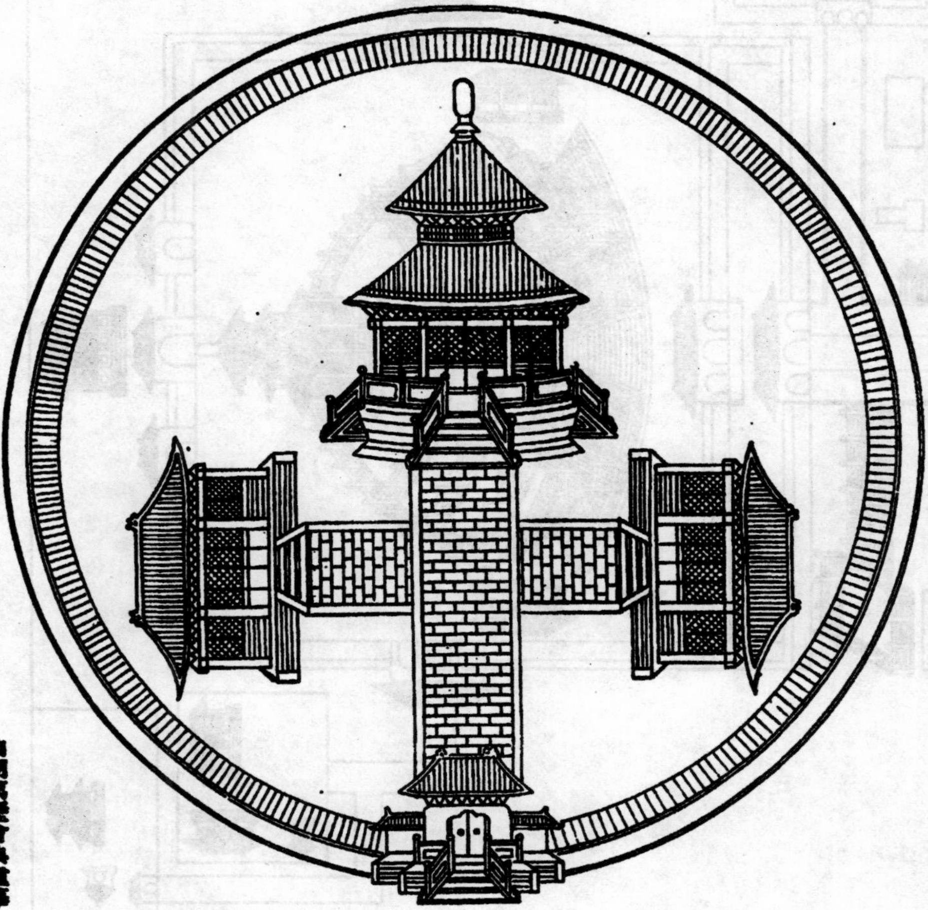

自明萬歷會典重摹

圖版陸

明嘉靖建大享殿圖

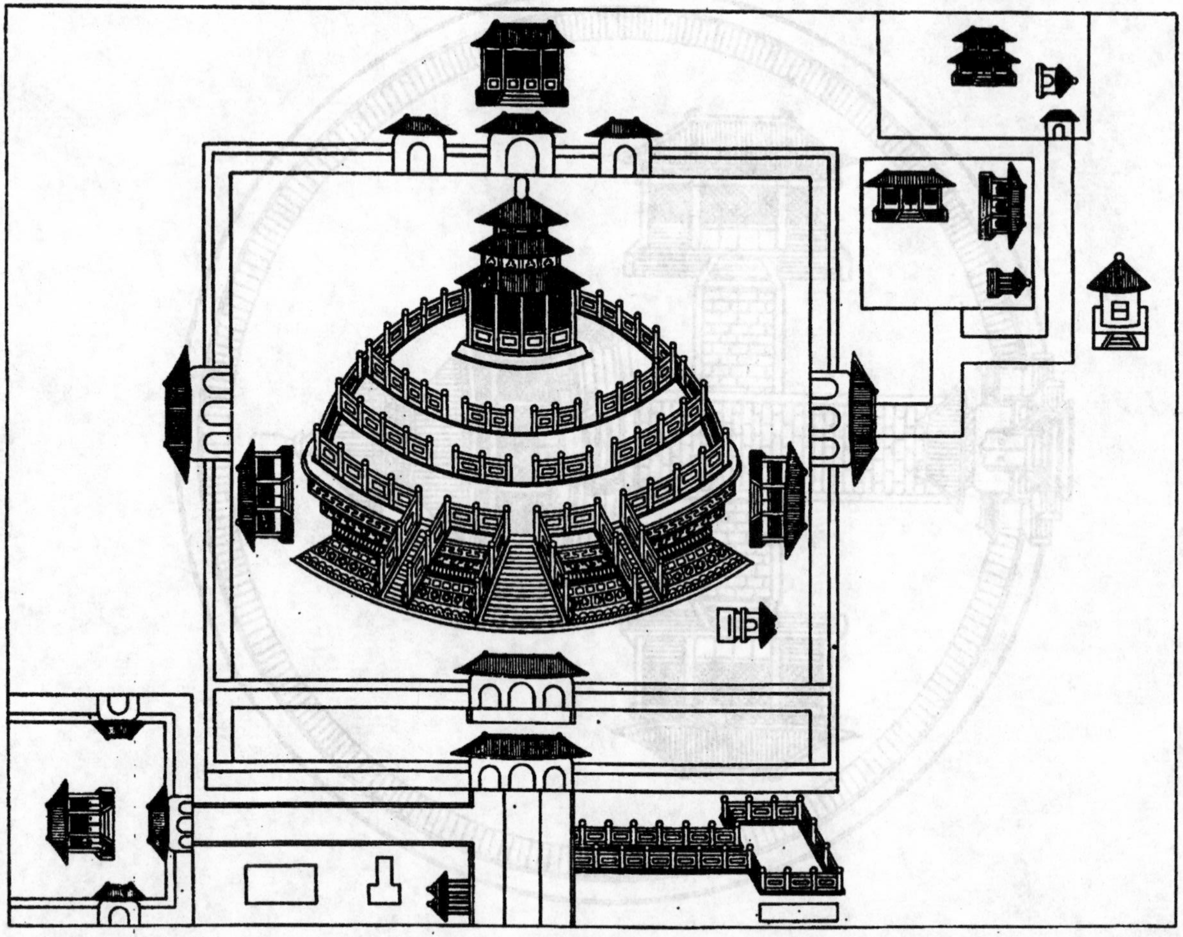

自明萬曆會典重摹

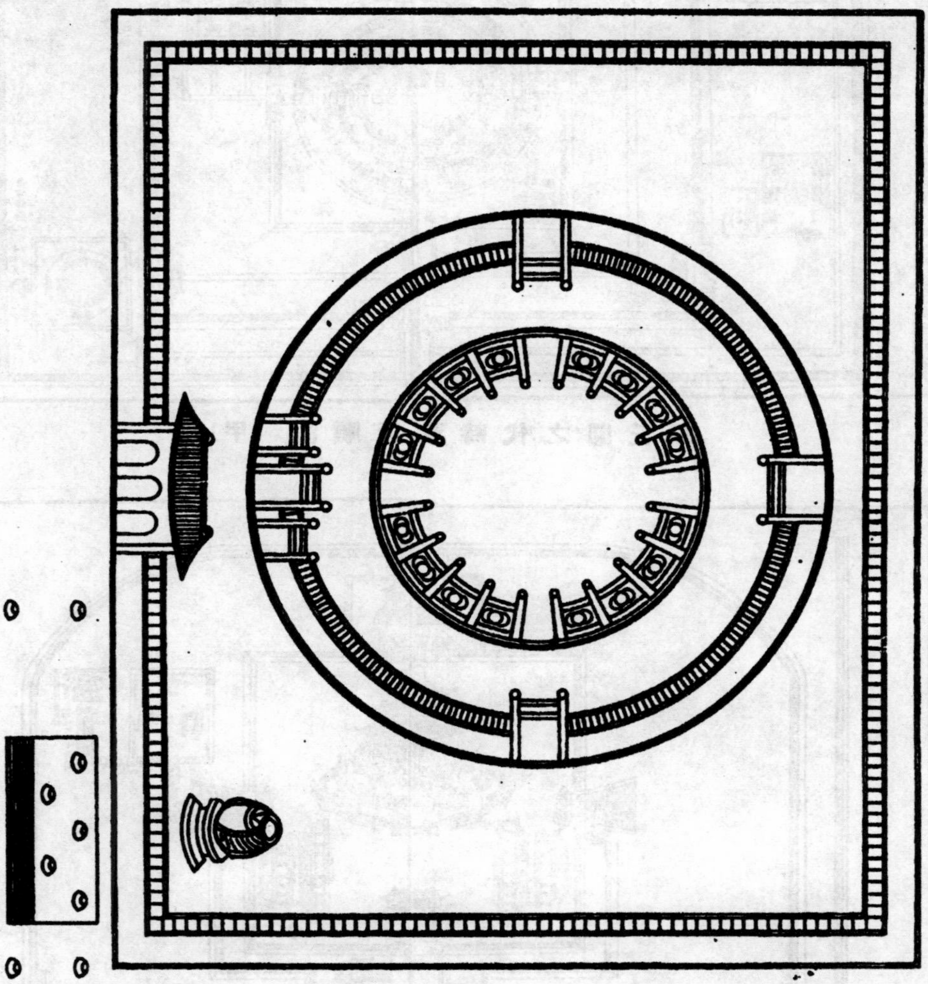

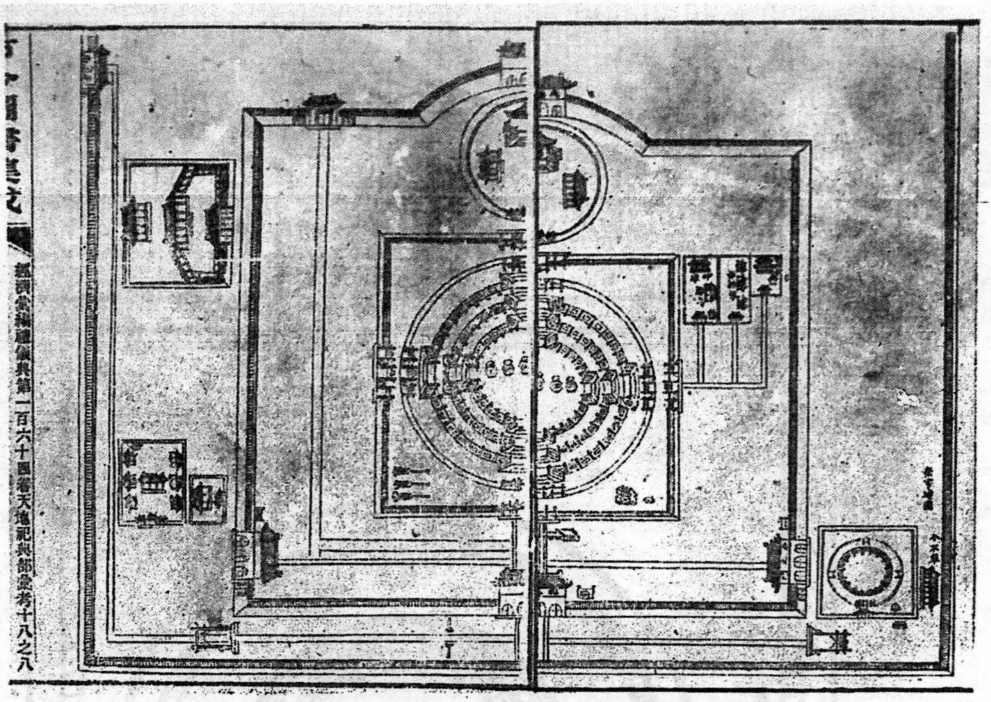

(甲) 清順康雍時代之圜丘圖

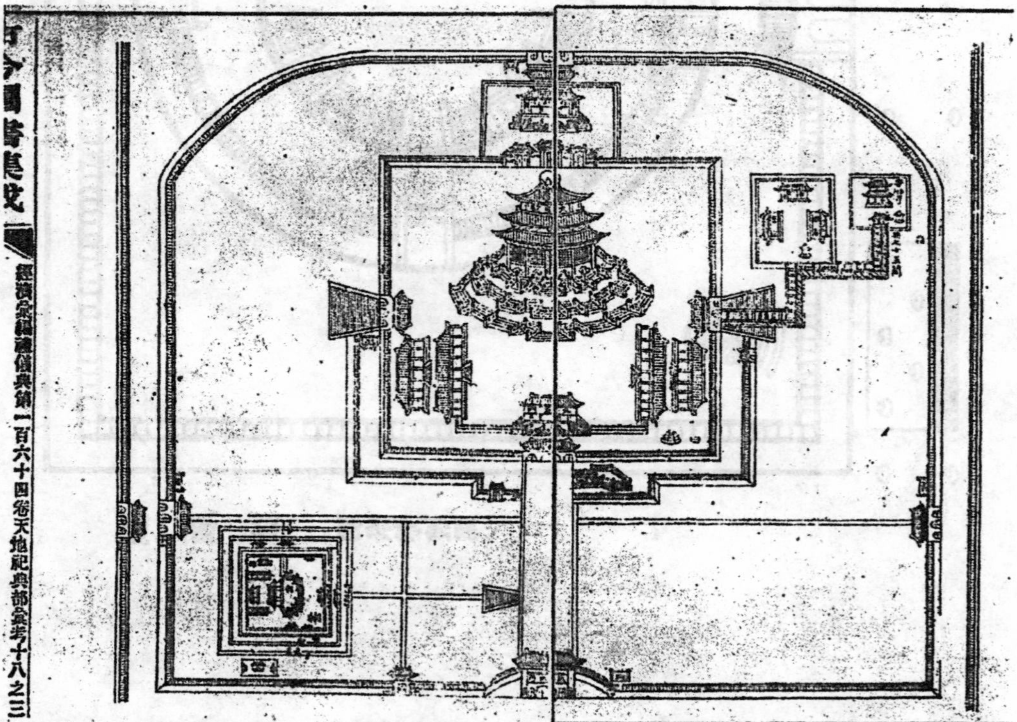

(乙) 清順康雍時代之大享殿圖

圖版玖

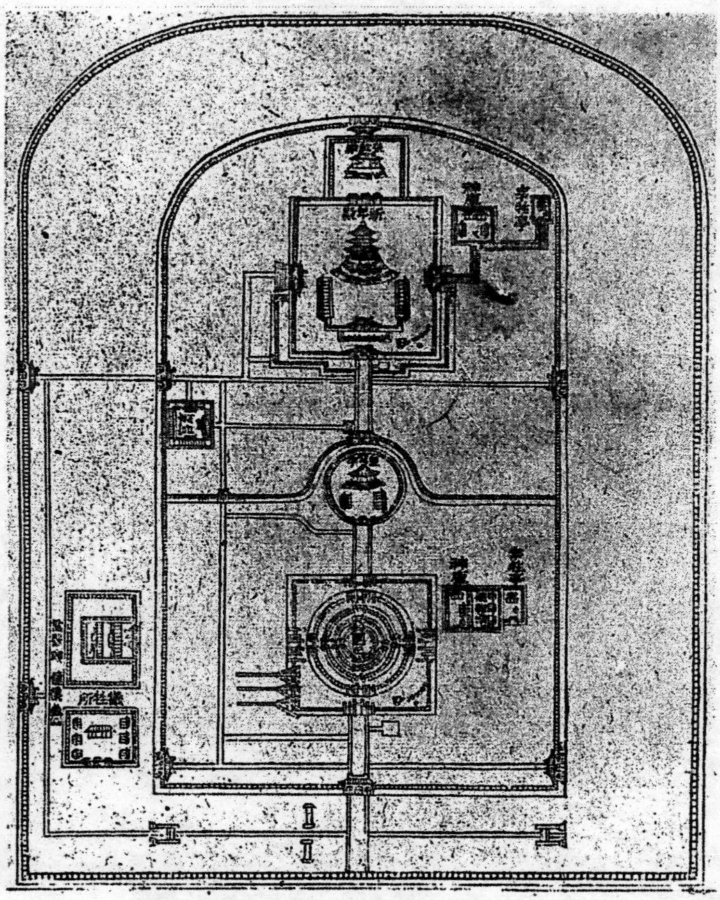

自清光緒會典轉載

清乾隆改易後之天壇總圖

明代營造史料

天壇

單士元

郊祀天地，爲古者最大之禮，具見經傳，漢唐以來，其禮愈重，故古人有言曰：「國之大者在祀，而祀之大者在郊。」祭天之禮，其來尙矣。以天象圓，以地象方，故祭天之壇曰圜丘，祭地之壇曰方澤，古人之說，固不合於近世之學，要亦研究歷史文化不能棄置者也。至其壇殿規制，有明一代，圜丘壇凡三易其制，首創於太祖吳元年，改制於洪武四年，再改於十年，至世宗嘉靖九年，又廓大改建，迄於明亡，遼而未改。下所錄各史料，於明代圜丘創置沿革，可知大概，幷附以清代制度，以供參考，蓋清人所習用者，皆明舊型，而明代制度，有待於清人載籍補充者亦正多也。

35165

明代之天壇

明初制度

明太祖在南京稱吳元年時，卽建設圜丘祀典定壇壝之制。見於明代載籍中者，首爲實錄。其記曰：「吳元年八月癸丑圜丘方丘及社稷壇成。圜丘在京城東南正陽門外鍾山之陽，倣漢制爲壇二成。第一成廣七丈，高八尺一寸，四出陛。正南陛九級，廣九尺五寸。東西北陛亦九級，皆廣八尺一寸。壇面及址甃以琉璃磚，四面琉璃欄杆環之。第二成周圍壇面皆廣二丈五尺，高八尺一寸。正南陛九級，廣一丈二尺五寸。東西北陛九級，皆廣一丈一尺九寸五分。壇面址及欄杆如上成之制。壝去壇一十五丈，高八尺一寸，甃以磚。四面爲靈星門。南爲門三；中門廣一丈四尺五寸，左門一丈一尺五寸五分，右門九尺五寸。東西北各爲門一，各廣九尺五寸。去壝（原書去壝上佚外垣二字）一十五丈，四面爲靈星門。南爲門三，中門廣一丈九尺五寸，左門一丈二尺五寸，右門一丈一尺九寸五分。東西北爲門各一，各廣一丈一尺九寸五分。四面直門外各爲甬道，其廣皆如門。爲天庫五間，在外牆靈星門外南。廚房五間西向，庫五間南向，宰牲房三間，天池一所，俱在外牆東靈星門外東北隅。牌樓二，在外牆靈星門外橫甬道東西。燎壇在內壝外東南丙地，高九尺，闊七尺，開上南出戶。」

明集禮載「國朝爲壇二成，下成闊七丈，高八尺一寸。四出陛。正南陛闊九尺五寸，九級。東西北陛，俱闊八尺一寸，九級。上成闊五丈，高八尺一寸。正南陛一丈二尺五寸，九級。東西北陛俱闊一丈一尺九寸五分，九級。壇上下甃以琉璃磚，四面作琉璃欄杆。壝去壇一十五丈，高八尺一寸，甃以磚，四面有靈星門。周圍外牆去壝一十五丈，四面亦有靈星門。天下神祇壇在東門外。天庫五間，在外垣北，南向。廚屋五間，在外壇東北，西向。庫房五間，南向。宰牲房三間，天池一所，又在外庫之東北。執事齋舍在壇外垣之東。牌樓二，在外門橫甬道之東西。』（圖版壹

明史禮志載：『壇壝之制，明初建圜丘於正陽門外鍾山之陽。……圜丘壇二成。上成廣七丈，高八尺一寸，四出陛，各九級，正南廣九尺五寸，東西北八尺一寸。下成周圍縱橫皆廣五丈，高視上成，陛皆九級，正南廣一丈二尺五寸，東西北殺五寸五分。甃磚欄楯，皆以琉璃爲之。壝去壇十五丈，高八尺一寸。四面靈星門，南三門，東西北各一。外垣去壝十五丈，門制同。』

續通典載：『明太祖洪武元年始建圜丘，定郊社宗廟禮，歲必親祀。先是中書省臣李善長等奉敕撰進郊祀議，……太祖從其議，建圜丘於鍾山之陽。壇二成。上成廣七丈，高八尺一寸，四出陛，各九級，正南廣九尺五寸，東西北廣八尺一寸。下成周圍壇面縱橫皆廣五丈，高視上成，陛皆九級，正南廣一丈二尺五寸，東西北殺五寸五分。甃磚欄楯，皆以琉璃爲之。壝去壇十五丈，高八尺一寸。四面靈星門，南三門，東西北各一。外垣去壝十五丈，門制同。神庫五楹，在外垣北，南向。廚房五楹，在外垣東北，西向。庫房五楹，南向。宰牲房三楹，天池一，又在外庫房之北。執事齋舍在壇外垣之東南。

坊二，在外門外橫甬道之東西。燎壇在內壝外東南丙地，高九尺，廣七尺，開上南出戶』。

續通考載：『明太祖吳元年八月圜丘成。先是丙午歲命有司營建廟社，至是告成。圜丘在京城東南正陽門外鍾山之陽，爲壇二成。上成廣七丈，高八尺一寸，四出陛各九級，正南廣九尺五寸，東西北廣八尺一寸。下成周圍壇面皆廣二丈五尺，高視上成，陛皆九級，正南廣一丈二尺五寸，東西北殺五寸五分。二成上下甃磚及四面闌干，皆琉璃爲之。壝去壇十五丈，高八尺一寸，甃以磚。四面爲靈星門，南三門，中廣一丈二尺五寸，左一丈一尺五寸五分，右九尺五寸；東西北各一，皆廣如右門。外垣去壝十五丈，門制同南三門，中廣一丈九尺五寸，左一丈二尺五寸，右一丈一尺九寸五分；東西北門各一，亦廣如右門。四面直外各爲甬道，其廣皆視門。天庫五間在外垣北南向，神廚五間西向，庫五間南向，宰牲房三間，天池一，俱在外垣東北隅。坊二，在外垣橫甬道東西。燎壇在內壝外東南丙地，高九尺，廣七尺，開上南出戶』。

上所引史料各書敘述方法略異，其壇殿配置則相同；惟所記壇之尺度未盡合。如實錄書一成二成，明史通典等皆書上成下成，但吾人已知實錄所謂之一成，即他書所謂之二成。蓋所記之廣度皆七丈也。（又明集禮雖亦書上成下成，但其所言尺度，與各書適相反，其所謂下成實爲上成，而上成則應爲下成，蓋集禮誤顛倒上下二字也。當世宗嘉靖建壇時，亦曾以此爲疑，而以存心錄所記爲證。（存心錄一書今未見）集禮之誤已無疑義，此事請閱後嘉靖改制時所引通典。）至於實錄所謂之二成，當卽他書之下成無疑矣。但有須研究者，則實錄書『周圍壇面皆廣二丈五尺』，而明史續通典書『周圍縱橫皆廣五丈』，相差適一倍。若從衆

35168

說，則當準廣五丈之言，但細譯實錄二丈五尺亦不誤，其所以互異者，算法不同故也。蓋實錄僅記一面，明史則將周圍二丈五尺對面相加，卽爲五丈，其差或在是也。吾人幷將上成面積所佔之七丈相加，則上下通徑應爲十一丈。

洪武四年改制

太祖改元洪武後，銳意修訂禮樂，四年改築郊壇，並親定祭祀冕服，圜丘則於三月改築。據太祖實錄載：「洪武四年三月丙戌，改築圜丘方丘壇。圜丘壇二成，上成面徑四丈五尺，高五尺二寸，下成周圍壇面皆廣一丈六尺五寸，高四尺九寸。上下二成通徑七丈八尺，高一丈一寸。壇址至內壝牆南北東西各九丈八尺五寸。內壝牆南十三丈九尺四寸，北十一丈，東西各十一丈七尺。內壝牆高五尺，外壝牆高三尺六寸。」

明史禮志載：「洪武四年改築圜丘。上成廣四丈五尺，高二尺五寸。下成每面廣一丈六尺五寸，高四尺九寸。二成通徑七丈八尺。壇至內壝牆四面各九丈八尺五寸。內壝牆至外壝牆南十三丈九尺四寸，北十一丈，東西各十一丈七尺。」

續通典載：「洪武四年三月改築圜丘。上成面徑廣四丈五尺，高二尺五寸。下成每面廣一丈六尺五寸，高四尺九寸。上下二成，通徑七丈八尺。壝至內壝牆，四面各九丈八尺五寸。內壝牆至外壝牆，南十三丈九尺四寸，北十一丈，東西各十一丈七尺。」

以上四年改制之史料，各書均合。圜丘壇壝較初制爲小；其通徑各書均爲七丈八尺，蓋下成一面一丈六尺五寸，對面加爲三丈三尺，再加上成之四丈五尺，適得七丈八尺。此點可以證明初制度一節所解釋不同之算法，已不誤矣。

大祀殿之制

明初分祀天地，圜丘制度，已見上輯各史料。洪武十年，太祖感齋居陰雨，覽京房災異之說，謂人君事天地猶事父母，不宜分處，遂改定爲合祀，卽圜丘舊址以屋覆之，名曰大祀殿。其事散見各書，惟實錄記之最詳。太祖實錄：「洪武十年八月庚戌，詔建圜丘於南郊。初圜丘在鍾山之陽，方丘在鍾山之陰，上以分祭天地，揆之人情有所未安，至是欲舉合祀之典，乃命卽圜丘之舊址爲壇，而以屋覆之，曰大祀殿，勅太師韓國公李善長等董之。」　至十一年十一月大祀殿成，實錄：「洪武十一年十月甲子，大祀殿成。初郊祀之制，冬至祭天於圜丘，在鍾山之陽，夏至祭地於方丘，在鍾山之陰。至是卽圜丘舊址，建大祀殿十二楹，中四楹飾以金，餘施三采，正中作石臺，設上帝皇祇神神座於其上，每歲正月中旬，擇日合祭，上具冕服行禮，奉祖淳皇帝配享。殿中前東西廡三十二楹。正南爲大祀門六楹，接以步廊與殿廡通，殿後爲庫六楹，以貯神御之物，名曰天庫，皆覆以黃琉璃瓦。設廚庫於殿東少北，設宰牲亭於廚東又少北，皆以步廊通殿兩廡，後繚以圍牆，至南爲石門三洞，以達大祀門內，謂之內壇。外圍垣九里三十步，石門三洞。南爲甬道三，中曰神道，左曰御道，右曰王道，道之兩旁稍低爲從官之道。齋宮在外垣內之西南，東向。於是勅太常曰：近命三公率工部役梓人於京師之南創大祀殿，以合祭皇天后土，冬十月告成。……其後大祀殿復易以青琉璃瓦云。」圖版貳

北京之壇制

前三節所述皆明南京之制。自永樂帝以燕王入承大統，升其舊封之北平爲北京；永樂十八年營建北京宮殿壇廟，其規制悉仿南京而高廣過之，具見載籍。如天順間刻本明一統志載：「天地壇在正陽門之南左，繚以垣牆，週迴十里。中爲大祀殿，丹墀東西四壇，以祀日月星辰。大祀門外東西列二十壇，以祀嶽鎮、海瀆、山川、太歲、風雲雷雨、歷代帝王、天下神祇。東壇末爲具服殿，西南爲齋宮。西南隅爲神樂觀、犧牲所。」春明夢餘錄載：「祈穀壇大享殿，即大祀殿也，永樂十八

年建合祀天地於此。其制十二楹，中四楹飾以金，餘施三采。正中作石臺，設上帝皇祇神座於其上。殿前爲東西廡三十二楹，正南爲大祀門六楹，接以步廡，與殿廡通。殿後爲庫六楹，以貯神御之物，名曰天庫，皆覆以黃琉璃。其後大祀殿易以青琉璃瓦。壇之後樹以松柏。外壝東南鑿池凡二十區，冬月伐冰藏凌陰，以供夏秋祭祀之用。悉如太祖舊制。」有此證文，則明北京之天地壇與南京無異，益覺信而有徵。但春明夢餘錄成於明末清初，所謂祈穀壇大享殿者，乃世宗復初制而分祀天地時所改易者也。其事迹見大享殿節。

嘉靖九年復初制

明史禮志載：「……嘉靖九年，世宗既定明倫大典，益覃思制作之事，郊廟百神，咸欲斟酌古法，釐正舊章。乃問大學士張璁：書稱燔柴祭天，又曰：類於上帝，孝經曰：郊祀后稷以配天，宗祀文王於明堂以配上帝。以形體主宰之異言也。朱子謂祭之於壇謂之天，祭之屋下謂之帝。今大祀有殿，是屋下之帝，未見有祭天之禮也。況上帝皇地祇合祭一處，亦非專祭上帝。璁言國初遵古禮，分祭天地，後又合祀。說者謂大祀殿下壇上屋，屋卽明堂，壇卽圜丘，列聖相承，亦孔子從周之意。帝復諭璁二至分祀，萬代不易之禮。今大祀殿擬周明堂或近矣，以爲卽圜丘，實無謂也。因是下羣臣議分祀合祀論者勢均。嘉靖帝乃毅然復太祖舊制，露祭於壇，分南北郊，命禮工二部建圜丘於大祀殿前。是年十月圜丘成，明年夏北郊及東西郊亦次告成，而分祀之制遂定。」其壇制，禮志壇壝之制載：「嘉靖九年復改分祀，建圜丘壇於正陽門外五里許，大祀殿之南。……圜丘二成，壇面及欄俱青琉璃，邊角用白玉石，高廣尺寸皆遵祖制，而神路轉遠。內門四；南門外燎爐毛血池西南望燈臺。外門亦四，南門外左具服臺，東門外神庫神廚祭器庫宰牲亭，北門外正北泰神殿，正殿以藏上帝太祖之主，配殿以藏從祀諸神之主。外建四天門。東曰泰元，南曰昭亨，西曰廣利。又西鑾駕庫，又西犧牲所，其北神樂觀。北曰成貞。北門外西北為齋宮，迤西為壇門，壇舊天地壇，卽大祀殿也」。

世宗所建之圜丘，明史書遵祖制，但未言明為吳元年制，抑係洪武四年制。且明史書二成，其他載籍皆書三成，此點不可不研究。蓋明天壇規制，自嘉靖改定，終明之世遵而不改，而清人所引以為法規者，亦嘉靖制也。茲綜合明會典，擬禮志（北平圖書館藏寫本），春明夢餘錄，續通考各書觀之，則嘉靖所改者應為三成，規模較舊制為大。明會典亦為三成。會典：「圜丘三成，壇一成面徑五丈九尺，高九尺。二成面徑九丈，高八尺一寸。三成面徑十二丈，高八尺一寸。各成面甎用一九七五陽數，及周圍欄版柱子皆青色琉璃。四出陛，各九級，白石為之。內壝圓牆九十七丈五寸，高八尺一寸，厚二尺七寸五分。靈星石門六，正南三，東西北各一。外壝方牆二百四丈八尺五寸，高九尺一寸，厚二尺七寸。靈星門如前（高用周尺，餘今尺，下同）又外圍方牆為門四，南曰昭亨，東曰泰元，西曰廣利，北曰成貞。

一　擬禮志記曰：「嘉靖九年上銳意太平，攷正禮樂，給事中夏言以分祀請，下廷臣議……遂作圜丘於舊天地壇，建於正陽門外五里許，爲制三成。祭時上帝南向，太祖西向，俱一成上。其從祀四壇，俱二成上。壇面幷週欄靑琉璃，東西南北階九級，俱白石。內靈星門四，南門外東南砌綠燎爐，燔柴焚祝帛，傍砌毛血池。西南築望燈臺，祭時懸大燈于竿末。外靈星門亦四，南門外左設具服臺，東門外建神庫，神廚，祭器庫，宰牲亭。北門外正北建泰神殿，後改爲皇穹宇，藏神版，翼以兩廡，藏從祀神牌。外建四天門，東曰泰元，南曰昭亨，左右石牌坊凡二座，西曰廣利，又西曰鑾駕庫，又西爲犧牲所，北爲神樂觀。北曰成貞，門外西北爲齋宮，迤西爲壇門，壇稍北，有壇在，卽大祀殿也。」

春明夢餘錄所記更詳：「……嘉靖九年從給事中夏言之議，遂於大祀殿之南建圜丘，爲制三成。祭時上帝南向，太祖西向，俱一成上。其從祀四壇，東一壇大明，西一壇夜明，東二壇二十八宿，西二壇風雲雷雨，俱二成上。別建地祇壇。壇制一成面徑五丈九尺，高九尺。二成面徑九丈，高八尺一寸。三成面徑十二丈，高八尺一寸。各成面甎用一九七五陽數，及周圍欄版柱子皆靑色琉璃。四出陛，各九級，白石爲之。內壝圓牆九十七丈七尺五寸，高八尺一寸，厚二尺七寸五分。欞星石門六，正南三，東西北各一。外壝方牆二百四丈八尺五寸，高九尺一寸，厚二尺七寸。欞星門如前。又外圍方牆爲門四，南曰昭亨，東曰泰元，西曰廣利，北曰成貞。內靈星門南門外東南砌綠磁燎爐，傍毛血池，西南望燈臺，長竿懸大燈。外欞星門南門外左設具服臺。東門外建神庫，神廚，祭品庫，宰牲亭。北門外正北建泰神殿，後改爲皇穹宇，藏上帝太祖之神版，翼以兩廡，藏從祀之神牌。又西爲鑾駕庫，又西爲犧牲所，北爲神樂觀。北曰成貞門，外爲齋宮，迤西爲壇門。壇稍北有舊天地壇，在焉，卽大祀殿也。嘉靖二十二年改爲大享殿。殿後爲皇乾殿，以藏神版。以歲孟春上辛日祀上帝於大享殿，舉祈穀禮。季秋行大享禮，以二祖並配。至郊祀專奉太祖配。十年改以啟蟄日行祈穀禮於圜丘，仍專奉太祖配。十七年改昊天上帝稱皇天上帝。是年欲倣明堂之制，宗祀皇考以配上帝，詔舉大享禮於元極寶殿，奉睿宗獻皇帝配。元極寶殿者，大內欽安殿也。殿在乾清宮垣後。隆慶元年罷大享祈穀禮，元極殿仍改爲欽安殿。圜丘泰元門東有崇雩壇，爲制一成，東爲神庫。嘉靖中時以孟夏後祭天禱雨祈穀，壇成未行而罷。」

當嘉靖議改分祀之先，集禮臣而議圜丘之制，以載籍所著舊壇尺度不一，無所適從，始詔定三成。續文獻通典著其事：『……嘉靖九年……命戶禮工三部偕夏言等詣南郊，相擇南天門外有自然之丘，僉謂舊丘地位偏東，不宜襲用。禮臣欲於具服殿少南爲圜丘。言復奏曰：圜丘祀天，宜卽高敞以展對越之敬；大祀殿享帝，宜卽清閟以盡昭事之誠。二祭時義不同，則壇殿相去亦宜有所區別。乞於具服殿稍南爲大祀殿，而圜丘更移於前，體勢峻極，可與大祀殿等。制曰可。於是圜丘是年十月工成。明年夏，北郊及東西郊亦以次告成，而分祀之制遂定。禮臣言：圜丘之制，大明集禮壇上成闊五丈，存心錄則第一層壇闊七丈；集禮二成闊七丈，存心錄則第二層壇面周圍俱闊二丈五尺，蓋集禮之二成，卽存心錄之第一層；存心錄之二層，卽集禮之一成矣。臣等無所適從，惟皇上裁定。詔圜丘第一層徑闊五丈九尺，高九尺，二層徑十丈五尺（禮志作九丈），三層徑二十二丈（禮志作十二丈），俱高八尺一寸，地面四方漸墊起五丈。又定祭時上帝南向，太祖西向，俱一成上。其從祀四壇，東大明，西夜明，次東二十八宿五星周天星辰，次西風雲雷雨，俱二成。各成面磚用一九七五陽數，及周圍欄板柱子，皆青色琉璃。四出陛，陛各九級，白石爲之。內壝圓牆九十七丈七尺五寸，高八尺一寸，厚二尺七寸五分。靈星門五：正南三，東西北各一。外壝方牆二百有四丈八尺五寸，高七尺一寸，厚二尺七寸。靈星門如前。又外圍方牆爲門四：南曰昭亨，東曰泰元，西曰廣利，北曰成貞。內靈星門南門外，東南砌綠磁燎爐，傍毛血池。西南望燈臺，長竿懸大燈。外靈星門南門外左設具服臺。東南門外建神庫，神廚，祭品庫，宰牲亭。北門外正北建泰神殿，後改爲皇穹宇，藏上帝太祖之神版，翼以兩廡，藏從祀之神版。又西爲鑾駕庫，又西爲犧牲所，少北爲神樂觀。成貞門外爲齋宮，迤西爲壇門，壇北舊天地壇，卽大祀殿也。」（圖版叁肆，伍）

崇雩壇之增設

明初定雩祭，爲水旱災傷及非常變異設，但不設壇，或露祭中或祭告郊廟陵寢，無常儀。至嘉靖九年，始於圜丘泰元東門外，建崇雩壇，載明史禮志。其制度載於會典：「壇在泰元門外，圜廣五丈，高七尺五寸，四出陛各九級。內壝圓墻徑二十七丈，高四尺九寸五分，厚二尺五寸。靈星門六，正南三，東西北各一。外圍方墻四十五丈，高八尺一寸，厚二尺七寸，正南三門曰崇雩門，共爲一區，在南郊之西。外圍墻東西闊八十一丈五尺，南北進深五十六丈九尺，厚三尺。」圖版柒

建大享殿

世宗既改分祀天地，別建圜丘與方澤，而大祀殿已廢，因從諸臣之請，遂以大祀殿爲祈穀壇，十七年撤之，十九年卽舊址建大享殿，圖版陸見明史禮志。大享之建，實錄記之較詳，列舉如左：

(一)「嘉靖十九年十月戊辰建南郊大享殿。」

(二)「嘉靖二十年四月暫止大享殿工。」

(三)「嘉靖二十四年六月已未禮部尚書費寀等奏大享殿工程將竣，大享殿三字原係欽定，及大享門字樣，合先期裝匾書寫。因言先年圜丘藏神位之所，初名泰神殿，續改爲皇穹宇，卽今神御版殿，亦係奉藏神位，合題請額名，准復仍舊。上曰：門名已定，殿名恭曰皇乾，俱書製如期。」

名稱之區別

當嘉靖以前祀天之壇，即名圜丘，及改分祀，始詔改圜丘爲天壇，後從禮部尚書夏言之議，二名並行，用異其時。世宗實錄：「嘉靖十三年二月己卯，詔更圜丘名爲天壇，方澤爲地壇。禮部尚書夏言奏：圜丘方澤，本法象定名，未可遽易，第稱圜丘壇省牲則於名義未協。今後冬至大報起蟄祈穀祀天，夏至祭地，祝文宜仍稱圜丘方澤。其省牲及一應公物有事壇所，稱天壇地壇。從之。」清代亦如是，蓋亦沿明舊章也。

清代之天壇

據清史稿禮志載：「壇壝之制，天聰十年度地盛京，建圜丘方澤壇，祭告天地，改元崇德。天壇制圜三成，上九九重，週一丈八尺，二成七重，三丈六尺，三成五重，週五丈四尺，俱高三丈，垣百有三丈。」此爲關外之制，但清代歷次所修會典，關外之制，皆未嘗述及，蓋清人亦以入都北京爲正統，清史稿述及者，不過示清代立國之淵源，而備掌故而已。清師自順治元年進關，即遣使告祭北京天壇，按北京當年雖經明賊李自成之蹂躪，但宮殿壇廟，未嘗大事摧燬，清初之宮室壇廟，以理推之，當多爲明人之舊，以文獻考之，益覺信而有徵。本文研究清代天壇規制，區爲二節：一順康雍時代之天壇，二乾隆以後之天壇，茲將所輯史料，分述於下。

順康雍時代之天壇

清世祖順治一朝，於天壇之營繕，極鮮紀載。雖清史稿禮志中有世祖奠鼎燕京，建圜丘於正陽門外南郊之語，（清史稿所叙關內制度與清會典同故不引）其意未肯直述襲明舊物耳。且禮志序又有「……祀典初循明舊」之言，則所謂世祖定燕設壇云云，爲史館之曲筆，非實錄也。清聖祖康熙二十三年纂修大清會典，其記天壇圜丘曰：「圜丘三成，壇南向。一成面徑五丈九尺，高九尺。二成面徑九尺，高八尺一寸。三成面徑十二丈，高八尺一寸。各成面磚用一九七五陽數，及周圍欄版柱子，皆青色琉璃。四出陛各九級，白石爲之。內壝圓牆九十七丈七尺五寸，高八尺一寸，厚二尺七寸五分。欞星石門四面各三。外壝方牆二百四丈八尺五寸，高九尺一寸，厚二尺七寸，欞星門如前。（高用周尺，餘今尺下同）壇之東有神庫，神廚，祭器庫，宰牲亭。壇之西有神樂觀，犧牲所，鑾駕庫。又外圍方牆爲門四，南曰昭亭，東曰泰元，西曰廣利，北曰成貞」圖版捌中。「皇穹宇在圜丘後制圓，象天，環轉八柱，圓頂重檐，覆以青瓦，中安寶頂，東西南三出陛，各十四級，檻牆欄柱俱用青色琉璃。左右兩廡各五間，亦覆青瓦。四圍圓墻，前設門三。」「大享殿在圜丘壇北殿以圓爲制，周圍共十二柱，內柱亦十有二，中龍井柱四。圓頂三層，上覆青瓦，中覆黃瓦，下覆綠瓦，中安寶頂，殿陛圜圓三級，白石爲之。殿臺三層，俱有石欄。前後各三出陛，上中各九級，下十級，東西一出陛，級同。左右兩廡各二座：前廡九間，後廡七間，俱覆綠瓦。四圍方墻，前爲大享門，東西北各有門。又外圍墻爲門四，南即成貞門，東西各有門，後爲皇乾殿五間，上覆青瓦，下繞石欄。墻之東有神庫，神廚，宰牲亭，西南爲齋宮」圖版捌乙。

清代初纂本會典所示吾人之天壇狀況如上文所載者，其圜丘規制與前所引明會典所記圜丘文字大體皆同。即所注用之尺如「高用周尺餘用今尺下同」等字樣亦同，可爲清人襲用明人舊物之强有力證據。惟自皇穹宇以下大享殿各處，明會典於其殿宇間數規制，皆約略不詳，清會典則著錄詳盡。按明會典凡三次纂修，現習見之本有四庫著錄之弘治本及流傳較多萬曆本，即最後續修本。本文所引文字及圖，皆爲萬曆本，其文簡略爲最大憾事。蓋自皇穹宇以下無從與清會典相互證也。至於圖則亦簡陋殊甚，如圜丘西應有鑾駕庫，犧牲所，神樂觀，而圖則無。關於此點，幾使吾人疑明代原無此制，而爲清初所創建者。幸有孫承澤春明夢餘錄可釋此疑。孫氏此書成於明清交替之際，其述明圜丘也，所據載籍所見實物，其爲明制無疑。如所述鑾駕庫等處之配置與清會典均合足補明會典之闕。明史禮志雖亦書爲廣利門外有鑾駕庫等但不及春明夢餘錄詳。現依據明末次纂修之會典，(萬曆本)與清初纂本之會典(康熙本)及春明夢餘錄三書相互引証所得結果爲清初天壇大體皆爲明舊而其顯著不同之點有圜丘內外壝星門之數目與大享殿兩廡之層數等。如明會典作『內外壝星石門各六正南三東西北各一』清會典圖『內外壝星石門四面各三』此當爲清人所增置惜其年月不詳耳。(會典本書未著明順康實錄亦未曾述及。)圜丘西南之望燈杆明代爲一座，清代爲三座(見雍正會典。)又大享殿兩廡春明夢餘錄書：『明制東西兩廡三十二間』清會典則書『東西廡各二座前廡九間後廡七間』其總數亦爲三十二間，疑孫氏文字述法與清會典不同但明會典圖亦爲一層，遂疑爲清初所改。然檢順康二朝實錄均未載此事後於嘉慶會典事例中知乾隆始改爲一層且申述二層爲明舊制，(詳見後)更覺明會典圖之陋矣。又康熙時會典圖祈年殿有廊房七十五間通神庫神廚宰牲亭明會典亦未言及圖則略具其式，(圖版貳陸。)因憶及明嘉靖之改大祀殿爲大享殿其地位未嘗變更其神庫等處當亦爲舊制，擬考大祀殿時是否有廊以證之。按明太祖實錄載：『明洪武十一年大祀殿成：……設廚庫於殿東稍北宰牲亭於廚東又稍北皆以步廊通殿兩廡……』永樂建北京壇廟悉仿南京，則大祀殿廚庫有廊通兩廡當無疑義。嘉靖分祀天地改大祀爲大享其地位未變則廚庫之廊亦應存在。以此推之對此七十五間長廊仍不能否認非明代舊制也。明會典所以不詳者，亦自有故蓋大享之禮，世宗僅一行之，旋即罷輟，（崇禎末年又復行）禮雖廢而殿宇未撤，後修之會典不能不存其名其詳制自必略而不載矣。

清雍正一朝享國不久事事皆仿祖制禮樂制度少所建樹，其天壇規制，除增加望燈桅杆三座外，餘與康雍會典所述悉合。按今日所見之天壇圖最早者當推故宮文獻館所藏之壇廟圖，次爲北平圖書館所藏康熙本會典圖，三爲圖書集成中所繪之圖，前二者原書皆極珍貴引用摹寫稍覺不便，而圖書集成所著之圖，與前二本相同故用之。

乾隆以後之天壇

清歷朝實錄中於天壇營繕事采著極少，清皇朝文獻通攷各書則又重於禮儀，清史稿禮志詳於壇殿初制，而略損益之沿革，可信而足資攷據者厥爲會典。按清代會典凡五本，首纂於康熙，再修於雍正，三修於乾隆，別訂則例，至嘉慶四次纂修，事例愈備；至光緒五次修本，體例則悉仿嘉慶。綜此五本，康雍本略嫌簡，嘉慶本最完善，乾隆本則例亦不及嘉慶本詳，光緒本與嘉慶本同。蓋康雍會典僅於圜丘皇穹宇大享殿等處叙述較明，其齋宮神樂觀各處則約略不詳，嘉慶本首述原定規制，次述改定事例，條分縷析，記載詳明，欲考乾隆以後之制度及補證康雍會典之不足，舍此不可。其文如左：

嘉慶會典壇廟規制：「天壇。原定圜丘在正陽門外，制圓南嚮三成。上成面徑五丈九尺，高九尺。二成面徑九丈，高八尺一寸。三成面徑十有二丈，高八尺一寸。每成面磚用一九七五陽數，周圍闌版及柱皆青色琉璃。四出陛各九級，白石爲之。內壝周九十七丈七尺五寸，高八尺一寸，厚二尺七寸五分。四面各三門，楔闑皆制以石，朱扉有櫺。門外各石柱二，綠色琉璃燔柴鑪一，瘞坎一。外壝方二百四丈八尺五寸，高九尺一寸，厚二尺七寸，門制如前。（高用周尺餘用今尺下同）」

「皇穹宇在圜丘後，制圓八柱，旋轉重簷，上安金頂，基周十有三丈七寸，高九尺，闌版高三尺六寸，東西南三出陛各十有四級。左右廡各五間，一出陛皆七級。殿廡檻均青色琉璃。圍垣周五十六丈六尺八寸，高丈有八寸。門三，南嚮。壇外壝門外東北爲神庫五間，南嚮。神廚五間，井亭一，六角，闌以朱櫺，均西嚮，垣一重，門一，南嚮。祭器庫、樂器庫、棕薦庫各三間，西嚮，垣一重，門一，南嚮。宰牲亭三間，南嚮，井亭一，六角，闌以朱櫺，西嚮，垣一重，門一，南嚮。壇內垣東西南皆方正，北爲圓形，設四門，東曰泰元，南曰昭亨，西曰廣利，北曰成貞，皆三間。廣利門南角門一。昭亨門外東西石牌坊各一。成貞門西大門一，左右門各一，爲車駕詣壇宿齋宮出入之門。」

「大享殿在圜丘北，制圓南嚮，外柱十二，內柱十二，中龍井柱四，圓頂三層，上覆青色，中黃色，下綠色琉璃，上安金頂。殿基三成，衞以石闌，南北各三出陛，東西各一出陛，上二成各九級，三成各十級。東西兩廡二重，前各九間，後各七間，均覆綠琉璃。前爲大享門五間，亦覆綠琉璃，崇基石闌，前後三出陛，各十有一級。門東南綠色琉璃燔柴鑪一，瘞坎一，南壝內壝方一百九十丈七尺二寸。東西南甎門三，各三間。北琉璃門三座。後爲皇乾殿，南嚮，五間，上覆青琉璃，下衛石闌，五出陛，各九級。東磚門外廊房七十二間，聯簷通脊。北爲神庫五間，南嚮。左右神廚各五間，東西嚮。井亭一，六角，閑以朱欞，西嚮。垣一重，門一。東爲宰牲亭五間，南嚮。井亭一，六角，閑以朱欞，西嚮。垣一重，門一，均南嚮。成貞門外西北爲齋宮，東嚮，正殿五間，崇基石闌，三出陛，正面十有三級，左右各十有五級。陛前設齋戒銅人時辰牌石亭各一。後殿五間，左右配殿各三間，內宮牆方一百十三丈九尺四寸，中三門，左右各一門。前跨三石梁，左右各一梁。鐘樓一座。迴廊一百六十三間。外宮牆方一百九十八丈二尺二寸。大享殿內垣南接圜丘，東西環轉至北，爲圓形。東西北壝門各三間，西門南角門一。牆內垣共周千二百八十六丈一尺五寸，高丈一尺，址厚九尺，頂厚七尺。壝門七座，每座三間。」

「神樂觀東嚮，正中大殿五間，崇基三出陛，各六級。左右步廊各二間。後顯佑殿七間，左右各三間。殿後袍服庫二十三間，典禮署奉祀堂南北各三間，左右門各三間。左門東通贊房、恪恭堂各三間，正倫堂、候公堂各五間。南轉穆佾所三間。右門東掌樂房、協律堂各三間，教師房、伶倫堂各五間。北轉昭佾所三間。前後均聯簷通脊。正門三間，三出陛，各四級。圍牆東西四十四丈四尺，南北二十丈七尺二寸。」

「犧牲所南嚮，大門三間，內花門一座，正房十有一間，中三間奉司犧牲神。左右牧夫房各二間，牛房各二間，後屋十有六間，內滿漢所牧房各三間，所軍房一間，貯草房五間，草夫房四間。東邊兩重四十八間，內貯料房二間，貯草房三間，牛房十有五間，羊房五間，鹿房二十間，兎房三間。西邊一重十有五間，內庫房一間，泡料房磨房各二間，豕房五間，牛房五間，鹿檻牛枋均分列屋之左右。西北隅官廳三間，東甃井一，北門一間，圍牆東西五十二丈，南北五十二丈五尺。牆外垣前方後圓周千九百八十七丈五尺，高一丈一尺五寸，址厚八尺，頂厚六尺，西甃門一，三門，角門一。」

觀上引嘉慶會典記載之詳盡，其原定規制一節，足可補康雍時代之闕，進一步又可上溯明制，蓋明會典之略，猶不及清康雍會典，前已言之矣。惟以嘉慶本上溯明制，有不可者，乃衙署名稱，如犧牲所之滿漢牧房，當爲清人所增置，至於建築物之配置，吾人仍不能否認非明代舊規也。

前一節所述者，仍爲乾隆以前天壇，非乾隆以後者，乾隆以後者究如何，此點請尋嘉慶會典事例：

事例云：「乾隆八年修理齋宮，建正殿五間，左右配殿六間，內宮門一座，廻廊六間，修理券殿一座，方亭一座，宮門六座，石橋十座，鐘樓一座，外圍廊房一百六十三間，拆墁月台，修理河道牆垣。……又改神樂觀名爲神樂所。……十四年，以圜丘壇上張幄次陳祭品處過窄，議定展寬，依康熙御製律呂正義古尺，上成徑九丈，取九數，二成徑十有五丈，取五數，三成徑二十一丈，取三七之數。上成爲一九，二成爲三五，三成爲三七，以全一三五七九天數，且合九丈十五丈二十一丈，共成四十五丈，以符九五之義。至壇面甎數，原制上成九重，二成七重，三成五重。上成甎取陽數之極，自一九起遞加環砌，以至九九。二成三成，圍甎不拘，未免參差。今壇面既加展寬，二成三成亦應用九重遞加環砌。二成自九十至百六十二，三成自百七十一至二百四十三。四周欄板，原制上成每面用九，二成每面十有七，取除十用七之義，三成每面積五，用二十五，雖各成均屬陽數，而各計三成數目，並無所取義。今壇面丈尺既加寬展，請將三成欄板之數，共用三百六十，以應周天三百六十度。上成每面十有八，四面計七十二，各長二尺三寸有奇。二成每面二十七，四面計百有八，各長二尺六寸有奇。三成每面四十五，四面計百八十，各長二尺二寸有奇。每成每面亦皆與九數相合，總計三百六十，取義尤明。再三成徑數，均係古尺，而所定中心圓面周圍壓面，及九重之長，則皆係今尺。至三成臺高，現今上成高五尺七寸，二成高五尺二寸，三成高五尺，並欄柱長闊高厚，以及階級寬深，亦皆係今尺。再壇面甃砌及欄板欄柱，舊皆青色琉璃，今改用艾葉青石，樸素渾堅，堪垂永久，飭令管工官於直隸房山縣開採選用。……十五年諭，大享殿前兩廡，係前後兩重，乃前明時祫祭所建，今祫祭之禮既不舉行，而前後兩廡又屬參差，俟興修時，將後一層拆去。……十六年奏准，祈穀壇牌扁舊書大享二字，殿與門同名，義未協。蓋緣前明初建大祀殿，合祀天地，至嘉靖九年定南北郊，二至分祀，罷大祀殿不用。十七年議舉明堂秋饗，遂改大祀爲大享殿。國朝即於其地舉行祈穀之禮，舊有題額，襲用未改。考大享之名，與孟春祈穀異義，應請前薦嘉名，奉旨改爲祈年殿，門爲祈年門」以下尚有祈年殿等處改換瓦色，皇穹宇改單簷成造等，茲不全錄，後附比較表，可以檢閱。

依據清歷次會典所示，順康雍時代之天壇，於明制未嘗多事更易，其不同處僅爲圜丘之欞星門與望燈杆數量增多，又神樂觀正殿太和額名改稱凝禧而已（太和改凝禧爲康熙八年，事見嘉慶會典事例）至高宗乾隆十四年始擴大圜丘規制，撤崇雩壇及更易各處甎瓦諸事。至壇殿之配置，與明代初無差別。圖版玖，乾隆以下嘉道咸同四朝僅有歲修，無大興建。光緒十四年祈年殿燬於雷火，十六年重修，於舊制亦無變更。於此吾人可以結論北京天壇之沿革，明嘉靖至清雍正爲一時期，乾隆至清末爲一時期，至若論其輪廓，則今日所見者固猶嘉靖時舊型也。惟有一點未能明瞭者，即祈年殿東磚門通神廚之長廊，據康雍時代其圖考之，壇廟圖康雍會典圖圖書集成天壇圖。皆爲七十五間，而嘉慶圖已爲七十二間，據乾隆會典『內壝東門外長廊七十二間二十七間至神廚井亭又四十五間至宰牲亭爲祭時進俎豆避雨雪之用』則改七十五間爲七十二間爲乾隆時無疑。

光緒朝祈年殿之燒毀及重建

祈年殿災於光緒中葉，據光緒東華錄載：『光緒十五年八月丁酉天壇祈年殿災。己亥奎潤等奏，本月二十四日據天壇奉祀劉世印呈報：是日申刻雷雨交作，瞥見祈年殿匾額被雷擊落，陡然火起，刻即傳知營汛五城水局去後，等情前來。臣等即率同司員馳赴天壇，會同營汛水局紳董竭力救護，火已燎垣，無從措手。祈年殿後爲皇乾殿，向來供奉神牌之所，惟火已逼近，深恐延及，臣等當即督飭司員率領奉祀等官並營汛水局極力救護，幸神牌龕座及陳設一切，均皆安善，並搶護祈年殿寶座八座，祭器多件。隨即撲滅祈年殿餘燼，並未延及他處。訊據值班壇戶，火起情由僉稱雷雨之際，忽見祈年殿前簷煙焰烘騰，即時火起，並無別故。再四研詰，堅執不移。核與該奉祀呈報無異，自係確實情形。該奉祀劉世印職司典守，究屬疏於防範，咎實難辭。除將該值班壇戶孫榮德，魏連升，王德海等由臣等咨交順天府自行辦理外，相應請旨將該奉祀劉世印交部議處。臣等亦有應得之咎，請交部察議。至延燒祈年殿一座，應由臣等咨行工部辦理。……」　至於延燒之情形，見禮部九月戊申摺報「禮部奏，本年八月二十四日天壇祈年殿被雷火延燒，經臣等將起火情形奏明在案。當將所奏各節行知工部去後，臣等連日前往查看延燒情形，瓦木均各無存，灰土堆積甚厚。恭查殿內正位原有石臺一座，上面木欄杆並前面石階三出，陛各五級，東西配位石臺各統一階，其地平原係青石圍墁，均經燒裂，多有酥鹼。……」

光緒十六年重建祈年殿，大體仍依舊制。見天咫偶聞：「光緒乙丑八月大雷雨，天壇祈年殿災，一晝二夜始息，詔羣臣修省。於是議重建，而會典無圖，且不載其崇卑之制，工部無憑勘估，搜之明會典亦不得。乃集工師詢之，有曾與於小修之役者，知其約略，以其言繪圖進呈，制始定。至丙申乃畢工。」惟震鈞謂明清會典，無圖實誤，蓋會典所缺者乃做法耳。現國立北平圖書館藏有天壇工程做法一冊，係重修時工部算房之底本，雖施工後略有更變，而大體仍與現狀符會，實為研究此殿結構做法最重要之參考書。聞最近北平故都文物整理會委託基泰工程司修葺天壇，實際測繪所得，當較故籍中所輯之文獻為有據。若以實測所得之規模與文獻互證，當更得正確可信之結果矣。

明清之比較

明清壇殿比較表

名稱	明代	清代：順康雍時代	清代：乾隆至清末	備考
圜丘	正陽門外東南，三成，一成面徑五丈九尺，高九尺，二成面徑九丈，高八尺一寸，三成面徑十二丈，高八尺一寸。	同上	三成，一成面徑九丈，高五尺七寸，二成徑十五丈，高五尺二寸，三成徑二十一丈，高五尺。	
內外壝靈星門	內外各三，東西北各一，	內外四面各三	同上	改建時代不詳

外圍牆門	南曰昭亨，東曰泰元，西曰廣利，北曰成貞，	同上	同上	俗名四天門
具服臺	圜丘南門外左	同上	同上	
皇穹宇	圜丘北重檐兩廡	同上	單檐兩廡	乾隆八年改建
鑾駕庫	圜丘西天門外	同上	無	撤去年月不詳
犧牲所	鑾駕庫西	同上	同上	
神樂觀	犧牲所北	同上	同上	乾隆八年改稱神樂所
鐘樓	無	無	犧牲所之西	乾隆時增置年不詳
神庫	圜丘東門外	同上	同上	
神廚	圜丘東門外	同上	同上	
祭品庫	神廚東	同上	同上	
宰牲亭	祭品庫東	同上	同上	
齋宮	圜丘北門外西	同上	同上	
大享殿	圜丘北天門外之北三檐東西兩房廡各二層	同上	改名大享殿東西兩廡各一層	乾隆十五年改東西廡為一層十六年改大享為祈年
皇乾殿	大享殿後	同上	同上	

步廊亭	由東磚門通神廚神庫宰牲亭	同上	同上七十二間	明代不詳間數康熙圖作七十五間嘉慶圖作七十二間乾隆時改年不詳
崇雩壇	圜丘東天門外	同上	無	乾隆八年撤
神庫	大享殿東稍北	同上	同上	
神廚	大享殿東稍北	同上	同上	
宰牲亭	神廚東	同上	同上	

壇殿磚瓦比較表

名稱	舊制	乾隆改修	備考
圜丘壇面	青琉璃	艾葉青色石	乾隆十四年改
欄板欄柱	青琉璃	艾葉青色石	乾隆十四年改
內外壝瓦	綠瓦	青色琉璃	乾隆十七年改
皇穹宇周圍接墁	青色琉璃	青白石	乾隆十五年改
皇穹宇門樓圍垣瓦	綠瓦	青色琉璃	乾隆十五年改
皇穹宇扇面門	抹飾青灰	青色琉璃成砌	乾隆十五年改

祈年門	綠瓦	青色琉璃	乾隆十七年改
祈年殿瓦	上青中黃下綠	上中下一律青色琉璃	乾隆十七年改嘉慶會典事例書明三色瓦爲明制
祈年殿兩廡	綠瓦	青色琉璃	乾隆十七年改
皇乾殿門樓圍垣	綠瓦	青色琉璃	乾隆十四年改
圜丘壇門四座	綠瓦	同上	
祈穀壇門三座	綠瓦	同上	

圖版壹

(甲) 營城子漢墓 (其一)

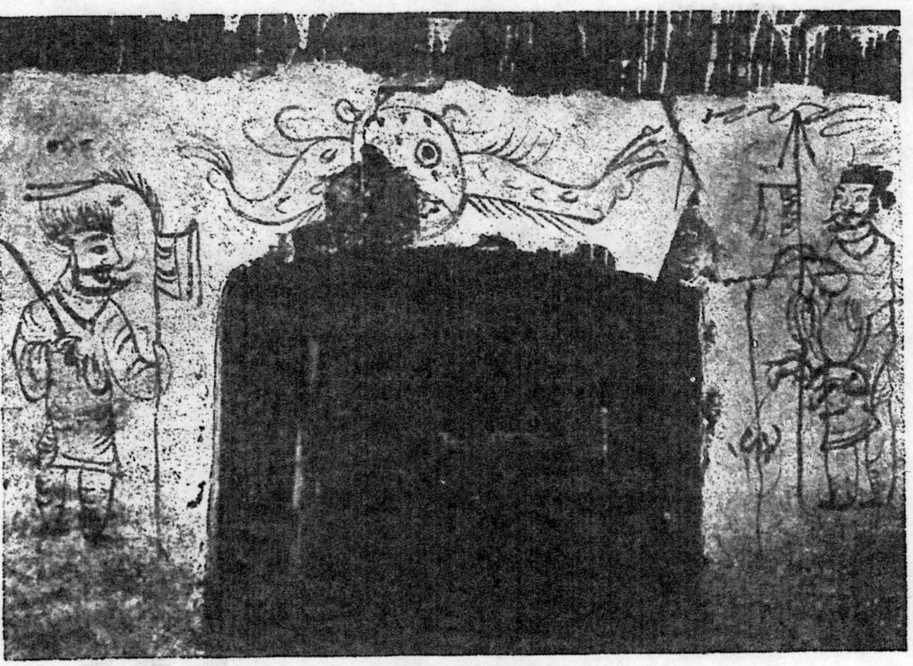

(乙) 營城子漢墓 (其二)

自東亞考古學會叢刊轉載

圖版貳

(甲)日本東京帝國大學藏漢甓磚

自支那建築轉載

(乙)英倫不列顛博物館藏漢明器

35194

圖版叁

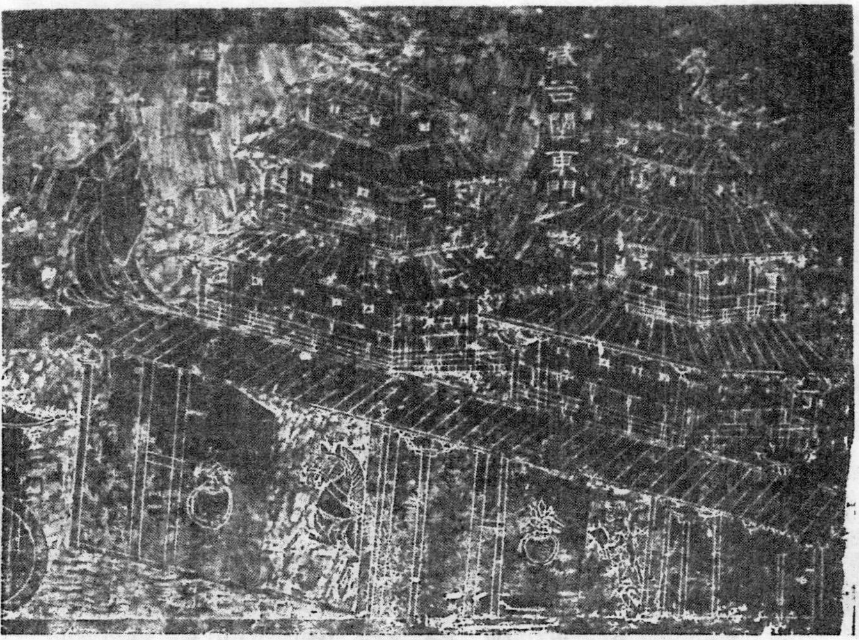

梁思成先生蒐集品

（甲）漢石刻函谷關

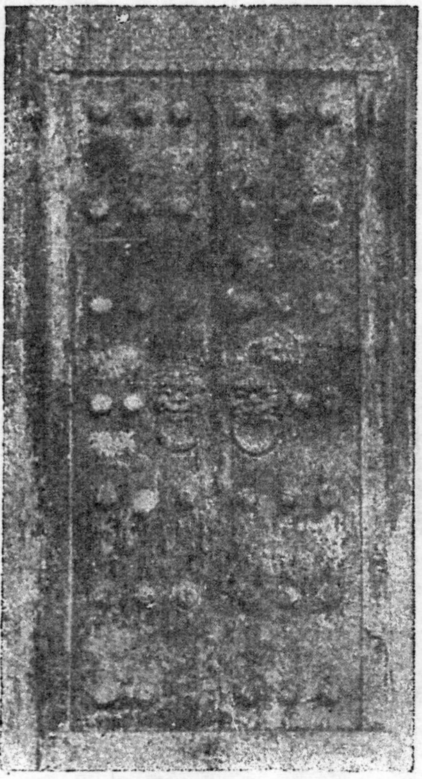

自支那建築轉載

（丙）棲霞山舍利塔

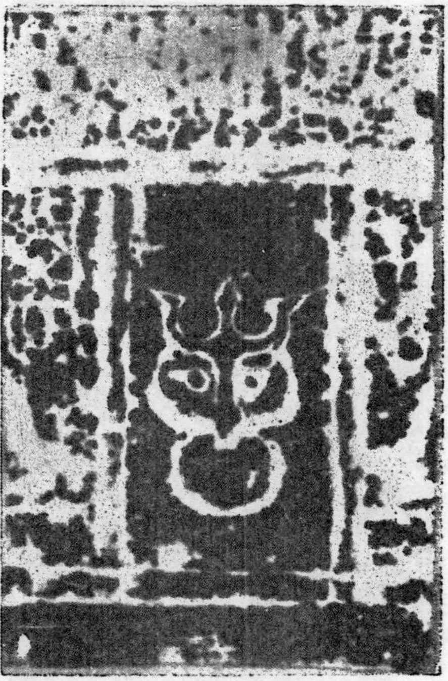

自支那山東省墳墓表飾轉載

（乙）漢石刻顏氏樂圖

35195

圖版肆

自東北叢鐫轉載

(甲) 遼張行願瓦棺

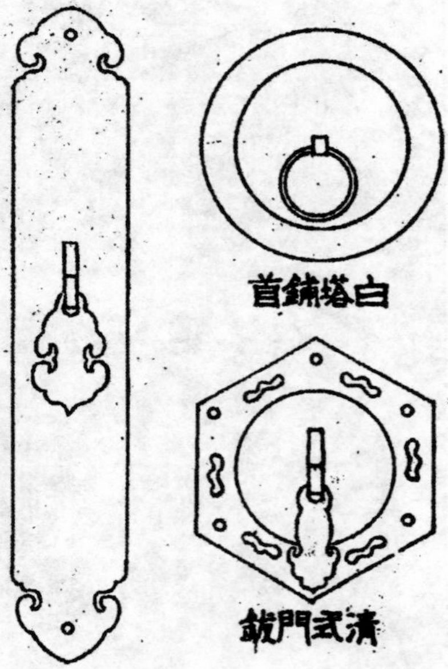

(乙) 白塔鋪首及清式門鈸看葉

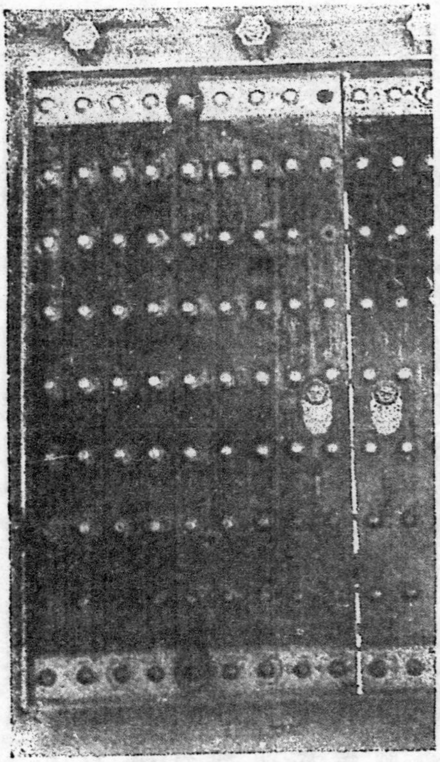

(丙) 清故宮太和門

識小錄

陳仲篪

門飾之演變

門飾者，指門扉表面之裝飾，如獸面門釘，門鈸，及附屬之壽山福海等言。門關諸器性質稍異，另當爲文述之。

周代之宮門見於紀載者，畫虎於門示威武之象。如周官師氏：「居虎門之左司王朝。」鄭注：「虎門路寢門也王日視朝於路寢門外畫虎焉以明勇猛。」惟畫虎於門扉，抑門之兩側，無由斷定。據最近營城子發現之漢墓，畫於門之右側圖版壹(甲)，然不能以此證周官所述亦如是耳。載紀中關於畫虎之文獻，有蔡邕獨斷注一，王充論衡注二，應劭風俗通注三，諸書但每牽涉

35197

神荼鬱壘之故事，而張平子亦曾以『守以鬱壘，神荼副焉』形諸詞賦注四。今以遺物證之，日本東亞考古學會發掘之營城子漢墓，除畫虎外，更於門之兩側各繪一人，短衣大袴，對操葦索圖版壹(乙)，極類上述荼壘二神，足窺此類神話，當時曾盛行一時也。此外虎之裝飾，初不限於天子宮闕，如諸侯幙幄注五及縣寺注三墳墓圖版壹(甲)亦類有之。蓋古以虎爲陽物，山獸之君，可以搏惡衞凶注六，故郊特牲有迎虎之祭，而後世白虎闕注七之命名，於此亦得一解。近世雖無此制，然宮闕之獸面門釘，足使門之外觀益臻莊嚴壯麗，實具同樣之意義注八。

漢代遺物中，荼壘之外，用人物爲裝飾者，見日本東京帝國大學藏漢墓磚圖版貳(甲)與英倫不列顛博物館藏漢明器圖版貳(乙)，疑與漢書廣川惠王傳所稱之『成慶』注九，同一性質。

注一　獨斷：『海中有度朔之山，上有桃木，蟠屈三千里，卑枝東北有鬼門，萬鬼所出入也。神荼鬱壘二神居其門，主閱領諸鬼。其惡害之鬼，執以葦索食虎。故十二月歲竟，常以先臘之夜逐除之也。乃畫荼壘，幷懸葦索于門戶，以禦凶也。』

注二　論衡：『上古之人，有神荼鬱壘昆弟二人，性能執鬼，居東海度朔山上，立桃樹下，簡閱百鬼。鬼無道理，妄爲人禍，荼與鬱壘縛以蘆索，執以食虎。故今縣官斬桃爲人，立之戶側，畫虎之形，著之門闌。夫桃人，非荼壘也；畫虎非食鬼之虎也。刻畫效象，冀以禦凶。』

注三　風俗通：『上古之時，有荼與鬱壘昆弟二人，性能執鬼。度朔山上章桃樹下，簡閱百鬼，無道理，妄爲人禍害，荼與鬱壘，縛以葦索，執以食虎。於是縣官常以臘除夕飾桃人，垂葦茭，畫虎於門，皆追效於前事，所以禦凶也。」

注四 見文選東京賦。

注五 左哀十七年傳：「衛侯為虎幄於藉圃。」注：「於田藉之圃新造幄幕，皆以虎獸為飾。」

注六 說文：「虎山獸之君。」

風俗通：「虎者陽物，能執搏挫銳，噬食鬼魅。」

注七 古今注：「白虎闕畫白虎。」

注八 清式營造則例第五章：「門外安門釘，在較大的大門上門釘的形式，做成有鍍的鐵鈸獸面。此外還有五路七路九路乃至十一路的門釘，可以帮助表現出凛然不可侵犯的樣子。」

注九 漢書廣川惠王傳：「其殿門有成慶畫短衣大絝長劍。」

自漢以還，門扉多施鋪首注十。飾金銀者曰金鋪注十一曰銀鋪注十二，惟羣書所載形狀至不一律。或云龜蛇形注三，或謂蠡形注十三，或稱於金華中作獸及龍蛇形注十四。但現存遺物，如漢石刻函谷關扉面所裝者圖版叁(甲)，及顏氏樂圃圖版叁(乙)與英倫不列顛博物館藏漢明器闌上所表示者圖版貳(甲)，大致似為獸類。

注十 漢書哀帝紀：「孝元廟銅龜蛇鋪首鳴。」注，如淳曰：「門鋪首作龜蛇之形。」

注十一 長門賦：「擠玉戶以撼金鋪兮，聲噌吰而似鐘音。」注：「金鋪，以金為鋪首也。」

注十二 景福殿賦：「青瑣銀鋪」注：「以銀為鋪首也。」

注十三　太平御覽引風俗通，『百家書云昔公輸班見水上蠡謂之曰開汝戶見汝形蠡適出頭班以足畫圖之蠡引閉其戶終不可開設之門戶欲使閉藏當如此固密也』。（案營造法式亦引此條惟今本風俗通無之，蓋爲佚文）

注十四　三輔黃圖『扉上有金華中作獸及龍蛇鋪首以銜鐶也』。

考後漢書禮儀志載『三代門飾有夏葦茭殷螺首周桃梗數語注十五。桃梗卽漢代桃印之濫觴，後世演爲桃符。葦茭卽前述神荼鬱壘故事亦卽今日榜門神撞芝蔴稭之先河。是三代所尙今日遺留其二，獨螺首一項，尙無案證。據風俗通『鋪首象蠡』蠡與螺一物也注十六。明王圻三才圖會注十七　暘愼藝林伐山注十八均主此說，但未引申其義。按螺古作蠃注十九，與蠃音同而形似。蠃者指虎豹貔貐之屬注二十；考工記梓人述其狀曰『厚脣弇口出目短耳大胸燿後，大體短脰，若是者謂之蠃屬』。今以前節所引諸例之鋪首與之對較，雖細部略有出入而厚脣弇口出目短耳短脰等無不脗合。故疑鋪首之由來或因螺有蒲蠃注二十一薄蠃注二十二諸稱，遂轉而爲鋪首也。證以後漢書禮儀志『螺首』之紀錄此假說似有成立之可能第漢書中除此例外，俱作鋪首，諸漢賦亦然，在未獲充分證據以前，尙難斷定耳。至鋪首創設之義，尸子注十八後漢書禮儀志及風俗通等，雖謂蠃性好閉，施於扉間，喻人以謹愼門戶之義，然無如許氏說文訓鋪爲『著門之抪首』，較爲確切。據段注『抪首者人所捫摸處也』則鋪首之設乃因實用而産

35200

生，非專以壯觀瞻也。

注十五　後漢書禮儀志：『夏后氏金行，作葦茭，言氣交也。殷人水德，以螺首愼其閉塞，使如螺也。周人木德，以桃爲更，言氣相更也。漢兼用之，故以五月五日朱索五色印爲門戶飾，以難止惡氣。』

注十六　焦氏筆乘『蠡有四義……一音螺，即海中大螺，公輸般見蠡出頭，潛以足畫之，其蠡終日閉戶不出是也。』螺與蠡通，又見易說卦傳釋文。

注十七、三才圖會：『義訓：曰閉塞僉謂之鋪，鋪謂之鏂，今俗謂浮漚丁是也。施門戶代以所尙爲飾，商人水德，以螺首愼其閉塞，使如螺也。公輸般見水蠡，謂之曰：開汝頭見汝形。蠡適出頭，般以足畫之，蠡引閉其戶，終不可開，因效之設于門戶，欲使閉藏如此固密也。』

注十八　藝林伐山：『通典……殷人水德，以螺首謹其閉塞，使如螺也。……螺則門上銅鋪獸面，一名椒圖。……』又椒圖條『……按尸子云，法螺蚌而閉戶，後漢書禮儀志殷以水德王，故以螺著門戶，則椒圖之似螺形，信矣。』（案椒圖未諳何物，據佩文韻府引博物志：『椒圖形似螺螄，性好閉，故立于門上。』今日規模較小之寺廟，往往于門上以金瀝粉作成旋文，以模倣門釘，豈即此物歟，待考。）

注十九　見一切經音義。

注二十　見周禮地官大司徒注。

注二十一　國語吳語：『其民必移就蒲蠃東海之濱。』注：『蠃，蚌蛤之屬。』

注二十二　淮南子俶眞篇：『蠃瘯蝸睆。』注：『蠃瘯，薄蠃也。』

鋪首自漢以來，歷六朝隋唐，雖乏實證，然五代棲霞山舍利塔圖版叁(丙)鋪首文樣，與前述漢代石刻及明器所表示者，差異甚微，其間顯有因襲相承之跡。此外最近梁思成先生測量之宋初杭州閘口白塔扉上所表示者，則與清式門鈸相似圖版肆(乙)，惟前者飾以鐶，清式則垂以拍葉——此項拍葉下端多作雲頭形，故亦謂之雲頭鐶——乃其不同之點。可知清代門鈸於斯已具雛形矣。

宋代關於鋪首之紀載，亦不多見。如李明仲營造法式無鋪首一項。東京夢華錄及夢梁錄所傳當時宮闕制度，亦僅言『金釘朱漆』『金釘朱戶』，未及鋪首。有之，則合歡面門釘混爲一物注二十三；更有誤門釘卽鋪首或名浮鏂，亦曰浮漚注二十四，鏂漚者注二十五。其制見營造法式卷十二旋作制度佛道帳：『貼絡門盤每徑一寸，其高減徑之半。貼絡浮漚每徑五分，卽高三分』，又卷二十八旋作等第列門盤浮漚爲下等。案浮漚卽門釘，前已述之，門盤則李氏未釋爲何物。依門盤與釘並稱觀之，似同爲扉上之飾物，但是否卽爲門鈸，尙待徵信。然據民國十二年遼陽出土之遼張行願瓦棺圖版肆(甲)及日本東方文化學院東京研究所遼金時代建築及其佛像之報告所載遼上京南塔，朝陽北塔，鳳凰山大塔，房山雲居寺北塔扉上悉施鋪首。上述諸例，俱與北宋同期，然則李書所傳亦有遺漏耳。

注二十三　太平御覽引通俗文：『門扉飾謂之鋪首』。

注二十四　營造法式引義訓：『門飾金謂之鋪，鋪謂之鏂。』注：『今俗謂之浮漚釘也。』

注二十五　集韻鏂字注：「門鋪謂之鏂鉦」。

元人箸述亦無言鋪首者，惟謂窗上多施鉸具注二十六。鉸具卽淸式之看葉圖版肆(乙)因看葉有鐶，故陶宗儀謂爲古金鋪遺意。惟陶氏輟耕錄於元宮闕制度條，復曰：「凡宮門皆金鋪朱戶」。此所謂金鋪是否與前述窗上之鉸具同爲一物，或爲金製鋪首之略稱，俱難臆測。

注二十六　輟耕錄：「今人家窗戶設鉸具，或鐵或銅，名曰鐶紐，卽古金鋪遺意」。

明淸之際，稱鋪首爲獸面。明代獸面有擺鐶，卽古鋪首銜鐶遺意也。淸式仰月千年𨬍，疑卽古鋪首之鐶踵事增華者。惟此項千年𨬍非如古鋪首之鐶可能活動；乃與獸面同鏤於鍠鈒上，敷以金箔圖版肆(丙)與實用無關也。故每於獸面下另裝鐵質門鐶，鐶下更垂皮條或鐵𨬍以便啟閉。

門釘之制，最初見于載籍者，首推洛陽伽藍記之永寧寺浮屠。其言曰：「魏靈太后起永寧浮屠，有四面，面有三戶六窗，戶皆朱漆，扉上有五行金釘，合五千四百枚，復有金鐶鋪首。」考門釘義意，不出美觀與實用二端，而其始則似專爲實用而設也。蓋扉之構造，係集通肘版、副肘版、身口版等而成。當其拚聯數材成一整扉，必加楅以系之，釘以固之，而扉面顯露釘痕，影響觀瞻，故又將釘帽作成泡頭形狀，由結構而變爲裝飾之物焉。明淸以後，再用爲分別尊卑之標示。

按六朝以降，甚少門釘之記載。但現存實物，如唐嵩山會善寺淨藏禪師塔，五代重建之棲霞山舍利塔，宋杭州白塔，靈隱寺塔，遼薊縣獨樂寺山門，大同華嚴寺海會殿門，金華嚴寺大雄寶殿門，及日本法隆寺五重塔，金堂，夢殿等，皆施用之。 然六朝以前之宮闕寺塔，是否於鋪首之外，亦施門釘，尙無佐證。

宋代門釘制度，據營造法式所載：「每徑一寸，卽高七分五厘。 每徑三寸，每二十枚一功。每增減五分，各加減二枚。」 但前述諸例，及最近本社劉士能先生調查者，其門釘數目，與營造法式，皆未能脗合。 僅河北省易縣荆軻塔爲二十二枚，大寧山塔爲十八枚，稍符李書增減之數。惜未作精密之測量，不能與李書互校。

上述明以前諸例，最可注意者，其門釘之數，在縱橫雙方，均無一定不變之律，絕非如淸式之採用奇數也。 又以遼華嚴寺海會殿之門扉證之，其釘之排列，純以楅爲標準，故無繁密拘束之弊，在外觀上與結構上，均足讚美。 茲將前述諸例之釘數，列表於下：

建築名稱	年代	縱	橫	補間	每面總計	附註
永寧寺浮圖	北魏孝明帝熙平元年公元五一六年	五路	五路		二十五枚	據洛陽伽藍記載
日本法隆寺五重塔	公元六〇五年	三路	五路		十五枚	本社彙刊第三卷第一期法隆寺與漢六朝建築式樣之關係

日本法隆寺金堂	公元六〇七年	四路	四路		十六枚	同前
日本法隆寺夢殿	公元七三九年	五路 第一及第五路之第五第六分位不裝釘施灕山臝海	六路		二十四枚	本社彙刊第三卷第一期我們所知道的唐代佛寺與宮殿
嵩山會善寺淨藏禪師塔	唐天寶間公元七四六—七五六年	四路	四路		十六枚	本社彙刊第三卷第一期法隆寺與漢六朝建築式樣之關係
南京棲霞寺舍利塔	五代?	七路 第一路第四分位不裝釘施鋪首	三路		二十枚	本文圖版叁(丙)
薊縣獨樂寺山門	遼統和二年公元九八四年	七路	六路		四十二枚	本社彙刊第三卷第二期薊縣獨樂寺觀音閣山門考
杭州白塔	宋	七路 第二路第六路之第二分位及第四路第一第二分位均闕	三路		十七枚	本社梁思成先生測量
熱河上京南塔	遼	三路	六路		十八枚	遼金時代建築及其佛像
遼寧省朝陽北塔	遼	三路	五路		十五枚	同前
朝陽鳳凰山大塔	遼	三路	六路		十八枚	同前
房山縣雲居寺北塔	遼	四路	五、六路不等			同前

大同華嚴寺海會殿	遼重熙七年公元一〇三八年	五路	九路		四十五枚	本社彙刊第四卷第三四期合刊本大同古建築調查報告
張行願瓦棺	遼乾統六年公元一一〇六年	三路	六路		十八枚	本文圖版肆(甲)釋文見東北叢刊第七期
大同華嚴寺大雄寶殿	金天眷三年公元一一四〇年	七路	九路		六十三枚	本社彙刊第四卷第三四期合刊本大同古建築調查報告
易縣太寧山塔	遼?	四路	四路	縱二三路之間補裝二枚	十八枚	本社劉士能先生調查
易縣荊軻山塔	金?	四路	五路	縱二三路之間補裝二枚	二十二枚	同前

明太祖光復華夏，刻意復古，嘗命張籌等考門釘制度，而無以報命注二十七。故明初對於門飾之規定，如獸面擺鋄，均極嚴格，獨於門釘語焉不詳注二十八。

注二十七　明太祖實錄：『洪武九年七月辛未，靖江王相府奏靖江王府承運六門金釘朱戶之制，命禮部員外郎張籌考古制以聞。籌等奏按唐詩外傳諸侯有德者錫朱戶，而金釘無所考。』

注二十八　明太祖實錄：『洪武五年五月丙申定公主府第之制，正門五間七架，用綠油銅鐶。洪武十七年十二月乙未，詔定官民居室器用之制，公侯門屋三間五架，門用金漆獸面錫鐶，一品二品門屋三間五架，門用綠油獸面錫鐶，三品至五品正門三間三架，門用黑油錫鐶，六品至九品正門一間三架，黑油門鐵鐶』，明會典：『洪武四年定王城制度，正門以紅漆金塗銅釘。洪武二十六年定公侯門屋三間五架，門用金漆及獸面擺錫鐶。一品二品門屋三間五架，門用綠油及獸面擺錫鐶。三品至五品正門三間三架，門用

「黑油擺錫鐶。六品至九品正門一間三架黑油門鐵鐶。」

門釘數目之有嚴格規定，據文獻所載，實始于清。如乾隆大清會典：

宮殿門廡皆崇基上覆黃琉璃門設金釘。

壇廟圜丘壝外內垣門四皆朱扉金釘，縱橫各九。

親王府制正門五間門釘縱九橫七。

世子府制正門五間，金釘減親王七之二。

郡王貝勒貝子鎮國公輔國公與世子府同。

公門釘縱橫皆七。　侯以下至男遞減至五五，均以鐵。

又光緒大清會典事例：

順治九年定親王府制，每門金釘六十有三。　世子府制減親王七之二。　郡王府制及貝勒貝子鎮國公輔國公同。

雖然，清初制度多襲法前明之舊，是否釘數亦依明制而重加規定，是足使人置疑者。

門鈸之名見於清工部工程做法，似由鋪首演變而成。　以形狀突似鈸，故有門鈸之稱。　據前述杭州白塔及靈隱寺塔之鋪首，疑此制起源久遠，非創於清代。

壽山福海圖版肆（丙）亦見於清工部工程做法。　最初殆為防止門版散脫而設，與人字葉三角葉，同爲結構上必要之物。嗣以觀瞻不美，乃製成種種花樣，美其名曰壽山福海耳。此制在清以前實證不多，惟日本法隆寺夢殿扉上有類似之裝飾，但作劍頭狀，不若清式之繁縟。

清式扉而復有釘鋜，以備貫鎖。釘鋜多鐵質，爲美觀起見恒鍍以金銀。其能摺疊者，曰摺疊釘鋜。案此卽古門外關——扃——之遺意，唐李商隱詩所謂「了鳥」，卽此物也。

門簪之制見於營造法式，但其制未必卽起於宋代。在文獻方面，雖不能窮其究竟，然就字義言，簪者笄也，所以持冠，然則門簪在門上部，不啻門之笄矣。門上部之材，有中檻連楹。中檻宋代曰額，連楹曰雞栖木。此二者必藉門簪連繫之，以固扉上之肘。則此種制作，最初殆亦爲結構上需要而產生者。

清式門簪爲四枚，尙與法式符合，第徵諸張行願瓦棺圖版肆(甲)，及本社過去調查之遼代實物，如大同華嚴寺海會殿，善化寺普賢閣，應縣佛宮寺塔，山西霍縣西福昌寺前殿等處之門簪，胥爲二枚，顯與法式不符。而宋遼接壤區域，如定縣開元寺磚塔，亦爲二枚，殆因空間關係所致也。至於遼制是否因襲唐代舊法，則尙待證明，非今日所能論定。

據法式所載，及上述諸例之門簪，皆方形或長方形。清式者則斫作六角形，圖版肆(丙)，甚至彫鏤種種花文，雖奢美華麗，反不如前者之樸素。故宋清間門簪數目雖無差異，其形制則甚有變化焉。

圖書介紹

遼金時代之建築及佛像

著者　關野貞　竹島卓一

發行所　日本東方文化學院東京研究所

定價　圖版上册日金十八圓下册二十五圓

現出版者，計圖版上下二册。上册自薊縣獨樂寺觀音閣以次，收遼金木建築九所，大都見於本社彙刊，惟遼寧省義縣奉國寺大雄寶殿，未經國人介紹。殿建於遼聖宗開泰九年（公元一〇二〇年）內部梁枋斗栱，尚存一部份遼代綵畫，甚足珍貴，讀者可參閱美術研究第十四號關野氏義縣奉國寺大雄寶殿一文。

下册篇幅稍增，所收以東北熱河四省之磚塔爲主，另附經幢碑碣銅鐵鐘等。就中湯玉麟舊藏銅鐘一口，所鑄城闕，與宋建築類似，關野氏斷爲遼代作品，似可徵信。

此書原有說明一册，未獲覩。就圖版言，遼代木建築，如應縣佛宮寺塔，寶坻縣廣濟寺三大士殿，易縣開元寺毘盧觀音藥師三殿，皆未收入，其餘磚石塔幢，遺珠尙多，而金源版圖，南及淮河流域，寺刹遺蹟，未經列入者尤夥，頗爲遺憾。（敦楨）

六朝佛塔之舍利安置

著者 小杉一雄

原文登東洋學報二十一卷第三號。首述六朝佛塔之舍利，多數埋於中心柱下，對舊說置於相輪中者，加以指正。次論收藏舍利之容器，與銘文瘞藏地點。結論謂六朝埋葬舍利之觀念，及地點，容器，銘文等，皆受中國傳統習慣之影響，故與印度異，持論極爲精審。(敦楨)

隋仁壽舍利塔式樣

著者 小杉一雄

原文見中央美術第八號，臚舉文帝詔書，與憫忠寺重藏舍利記，及其他文獻多種，論隋仁壽元年所建三十州舍利塔，係經所司造樣，送往當州建造，故式樣同爲五層木塔。其後仁壽二年四年續建八十一處，一依前式，可謂爲我國木塔極盛時期。雖所論尙待實物印證，要發前人未發之覆，足資參考。(敦楨)

亞洲窣堵波之演變——佛教建築之研究

L'evolution du Stupa en Asie——Etude d'architecture bouddhique Gisbert Combaz 著

載比利時高等中國學院，中國文化及佛教論文集第二冊：一九三二至三三

Melanges chinois et bouddhiques, publies par L'institute Belge des Hautes Etudes Chinoises, Dluxieme volume: 1932-1933.

在這篇文裏，貢拔茲氏將亞洲的窣堵波做了一翻很週全的研究。最先他討論窣堵波的原始，然後按地理的

分布，分別研究。

關於窣堵波的原始，貢氏舉出小亞細亞西部及腓尼基(Phenicia)的幾個例，認爲它們與後世的窣堵波很相像。其次他論到印度的窣堵波，先論其在印度的原始，然後分部的討論，材料頗豐富。其次則爲錫蘭，爪哇，緬甸，暹羅，柬埔寨，尼布爾，西藏，新疆，中國，安南，高麗而至日本。在這許多地方之中，除去印度而外，中國佔去最多的篇幅。在討論中國的窣堵波時，貢氏極淸晰只以「大肚塔」爲範圍，而不談到中國式的塔，雖然不免也時時牽連到它。關於喇嘛塔，他更另標題目討論，詳述西藏的影響。至於高麗日本的多寶塔，也當作「窣堵波」看，雖然在「血統」上固然有可溯的「家譜」，但已未免勉强了。

至於本文的挿圖，顯然是一位不懂建築的畫師所畫，極不中肯，也是可引爲遺憾的。(思成)

本社紀事

(甲)實物調查

(一)山西調查

社員梁思成林徽因於廿三年八月，乘著假之便，旅行汧汾一帶，作山西初步調查。計在晉月餘，歷地十餘縣，其中停留工作者八縣，爲太原，文水，汾陽，孝義，介休，靈石，霍縣，趙城，參詣古剎四十餘處，其中饒有歷史的或結構的特點者甚多，如太原之晉祠，孝義吳屯村東岳廟，霍縣太淸觀，縣署，趙城廣勝寺，中鎭廟，文水，開柵鎭聖母廟，汾陽龍天廟，崇勝寺，靈嚴寺，國寧寺，以及汧南民居等等。　其中尤以晉祠正殿獻食棚，及趙城廣勝上下二寺之各個殿宇，爲罕貴遺物。除初步報告，於彙刊本期發表外，並擬於本年秋後，赴晉祠趙城二處詳細測量研究。

(二)江浙調查

廿三年十月，社員梁思成林徽因應浙江省建設廳之邀，南下商酎杭州六和塔重修計劃，並赴浙南宣平縣陶村，調查延福寺古建築。　經審查測量研究之後，得悉延福寺大殿爲元中葉泰定間物，結構猶存宋風，其月梁，梭柱，及柱櫍，皆合營造法式之制。　刻正詳細研究整理，於彙刊五卷四期發表。　又於金華天寧寺(現中山公園)發現元延祐間所建大殿一座。　江南氣候本不宜於木建築之保存；洪楊後，古寺剎之倖免者尤鮮，此次在浙南覓發現二處，實屬難得。　在杭測量閘口白塔及靈隱寺二石塔，均係唐末宋初遺物。　歸途往吳縣甪直鎭研究保聖寺大殿斗栱及其尙存之前殿。過南京時，往棲霞寺石塔攝影多幅，並詣甘家巷蕭梁忠武王墓攝影。此外沿途對於江南民居及橋梁，亦隨時注意，收穫尙稱豐富。

(二)調查河北省定興淶水易涿等縣古物

廿三年九月社員劉敦楨，率研究生莫宗江陳明達，赴定興縣測繪北齊石柱及元慈雲閣。前者建於北齊天統武平間，距今千三百餘年，上部石屋，鐫刻柱梁榱題，足與雲岡天龍山諸石窟相互印證；後者建於元大德十年，所示結構式樣，適居宋明二者之間。嗣赴易縣調查清西陵建築，將四帝陵三后陵平面圖全部繪出。又測繪城內遼開元寺毘盧觀音藥師三殿，及淶水縣水東村唐玄宗先天元年石塔。僅攝影而未測量者，有易縣遼天寧寺塔，宋白塔，淶水縣大明寺遼經幢，西岡塔，龍泉寺，及涿州遼智度雲居二寺磚塔等。以上各建築調查報告，除北齊石柱已於本刊五卷二期發表，易縣清西陵於本期發表外，其餘擬於續刊各期，陸續發表。

(乙)史料之蒐集

(一)哲匠錄

哲匠錄由劉儒林君繼續編輯，已將攻守具類編竣，並補充營造一類，擬於本年度內以單行本行世。

(二)明代營造史料

本社爲完成明北京城及大內宮殿考起見，仍由單士元君以明實錄爲中心，繼續搜集明代各種營造史料。

(三)編製清代建築年表

本項工作屬於外廷者，具載會典東華錄及各方志，惟內廷事秘，採集較難，現正鈔錄故宮文獻館所藏內府檔案先從範圍方面着手。

(丙)整理舊籍

(一)工程做法則例

清工部工程做法則例補圖，爲本社成立以來重要工作之一。　除大木部分業已完成外，現由社員梁思成君將原書大木廿七卷，逐條注釋，俾成完璧。

(二)仿宋營造法式校勘表

營造法式一書，自本社朱桂辛陶蘭泉二先生印行仿宋本以來，經近歲實物調查，及永樂大典殘本與故宮本之發現，可以釐正之處頗多。　現本社以仿宋本爲標準，網羅四庫文溯文淵文津及故宮本永樂大典殘本所載，並酌實物研究所得，編造校勘表，定其正誤。　現全書進行三分之一，預定今年內出版。

(丁)製造古建築模型

(一)薊縣獨樂寺觀音閣及遼金斗栱模型

本社爲普及營造知識起見，擬製古建築模型多種，供展覽及研究之用。　現已將國內最古木建築獨樂寺觀音閣，照原物二十分之一大小，製成木模型一座，並製其他遼金斗栱模型數種。

(二)代製清式綵畫標本

本社受上海華蓋建築事務所本社社員趙深先生之委託，代製清式綵畫標本三十餘張，凡清代習用之宮殿，廟宇內外檐之『宮式』綵畫，及亭榭別館所用之『蘇式』綵畫，以及天花，梁架等綵畫之標準樣式，皆經繪製，備設計參攷之用。

(三)代製模型

天津中國工程司工程師閻子亨先生委託本社代製清式建築模型，計七檁重檐廡殿殿座一座，八角亭一座，已完成交閻君運津。

（戊）服務

（一）杭州六和塔修理計畫

去歲十月，社員梁思成林徽因二君，應浙江建設廳之邀，赴杭商討六和塔修理計畫。其計劃書業已完成，於本刊本期發表。

（二）曲阜孔廟重修計劃

今春二月，社員梁思成君應內政教育兩部之聘，赴曲阜孔廟勘察，作重修計劃。除呈報兩部並山東省建設廳外，將於本刊五卷四期發表。

本刊啟事

我國營造術語，因時因地，各異其稱，學者每苦繁駁難辨。年來辱承　閱者垂問質疑，不絕於途，且有旁及史事考據及圖書介紹，本社同人每就可能範圍，與讀者諸君共同商榷討論，圖斯學之進展。如蒙　賜教，無任感禱。

茲將本社自二十三年七月起至十二月底止受贈各界圖籍臚列於左敬表謝悃

國立清華大學　清華學報第九卷三·四期二冊
　清大土木工程會會刊第三期一冊
國立北京大學　國學季刊第四卷一·二號二冊
燕京大學　燕京學報第十五期一冊
中國學院　中國學院概覽一冊
輔仁大學　輔仁學誌第四卷第一期一冊
南京金陵大學　金陵學報第三卷第二期一冊
上海國立交通大學　交大季刊第十三期至十五期三冊
之江大學　之江學報第三期一冊
　之江土木工程學會會刊創刊號一冊
震旦大學理工學院　理工雜誌第二卷第三期至五期三冊
浙江省立湘湖鄉村師範學校　鋤聲第一卷第三期一冊
廣東國民大學土木工程研究會　工程報第二卷第一·二期二冊
廣東國民大學圖　民大校刊二十二年十八至二十二期五冊
　圖館刊二三期合刊一冊
中法大學圖　中法大學圖概況一冊
　中文舊籍分類書目一冊
　中文彙編書目一冊
　西文著者書目一冊
江蘇省立圖　國學圖第七年刊一冊

國立中央圖　籌備之經過及現在進行概況一冊
　期刊目錄一冊
安徽省立圖　學風第四卷六至十期五冊
上海商務印書館　國際政治經濟一覽一冊
中華科學社　科學第十八卷六至十二期七冊
人文編輯所　人文月刊第五卷五至十期五冊
文史叢刊社　文史第一卷二·三·四號三冊
中國建築雜誌社　中國建築第二卷四至十二期七冊
中國牛頓社　工業第三卷六至十二期七冊
道路月刊社　道路月刊第四十四卷二·三號第四十五卷一·二·三號五冊
中國工程師學會　工程第九卷四·五·六號三冊
河北省工程師學會　河北省工程師學會月刊第一卷三至十期四冊
中美工程師協會　中美工程師協會月刊第十五卷四·五·期二冊
上海市建築學會　建築月刊第二卷六至十二期六冊
中國華洋義賑總會　民國二十三年度賑務報告一冊
國立中央研究院歷史語言研究所　集刊三本四分四本二·三·分三冊
國立北平研究院　頤和園全圖一張
國立北平天然博物院　二十二年六月至二十三年十月工作報告一冊
河北第一博物院　河北第一博物院畫刊第六十八期至七十九期各二份

故宮博物院文獻館　清崇陵照片十六張
社會調查所　第八年報告一冊
　社會科學雜誌第五卷第二期一冊
上海中南文化協會　中南文化創刊號一冊
中山文化教育館　時事類編第二卷十八至二十八期十一冊
中國水利工程學會　水利第七卷二至六期五冊
華北水利委員會　華北水利月刊第七卷五至十二期四冊
山西民衆教育館　山西民衆教育館月刊第一卷四至九期六冊
實業部國際貿易局上海商品檢驗局　國際貿易導報第六卷九至十二號四冊
實業部全國度量衡局　全國度量衡制一概況一冊
　全國度量衡局出品說明書一冊
　康熙戶部鐵倉斗樣照片一張
河北省建設廳　建設公報第六卷七至十一期五冊
浙江省建設廳　浙江省建設月刊第八卷一至九期九冊
江蘇省建設廳　江蘇建設第一卷一至四期四冊
山東省建設廳　山東鑛業報告一冊
北平市社會局　時代教育二卷全七冊
趙世暹先生　光緒萬年橋志一部六冊
　文昌橋志一部五冊
　橋梁叢鈔稿本一冊
沈維鈞先生　忠武祠墓志一冊
龍非了先生　河南政治一冊
　河南滑縣石塔照片一張繆體照片二張
張昌華先生　風景照片七張

湯震龍先生　武昌市政工程全部具體計劃書一冊
　且待河清一冊
朱桂辛先生　北平史表長編一冊
　北平金石目一冊
劉雅齋先生　正定塔照片四張
京都帝國大學文學部　新羅古瓦之研究一冊
早稻田大學理工學部建築學科　早稻田建築學報第十一號一冊
日本廣島文理科大學廣島史學會　史學研究第六卷一・二・三號三冊
國際建築協會　國際建築第十卷十至十二號三冊
東方文化學院京都研究所　東方學報第五冊一冊
　漢籍簡目一冊
美術研究所　美術研究第三年六至十二號七冊
建築學會　建築雜誌第四十八輯五八七至五九三號七冊
　規矩術之平引和風建築設計圖一冊
　會員住所姓名錄一冊
日本建築士會　日本建築士十五卷全六冊
東亞考古學會　南山裏一冊
滿洲建築協會　滿洲建築協會誌第十四卷六至十二號七冊
滿洲技術協會　滿洲技術協會誌第十一卷六四至六九號六冊
日本東洋文庫　東洋文庫一九三〇年二至六號五冊
大連圖　善本書影幾一函
　和漢圖分類目錄第八編一冊
田邊泰先生　東京府史蹟保存物調查報告書一冊

中華郵政特准掛號認為新聞紙類

中國營造學社彙刊

第五卷 第四期

婉漪圖

投稿簡章

(一)凡討論我國營造學之著作，除譯稿外，均表歡迎。文體不拘白話或文言。

(二)稿件能否登出，概不退還，但附寄郵資聲明退還者，不在此例。

(三)稿件如經採用，每千字酬資五元以上。插圖像片係投稿人自製而非轉載他人者，每幅另奉酬資，數目臨時酌定。

(四)却酬稿件，文責自負。受酬者，本社有酌量修改之權。

(五)社員論文及報告，文責由作者自負，受酬與否，希預事聲明。

(六)受酬稿件自揭載後，其著作權即完全歸本社所有，不得再於他處發表。

(七)稿件須用墨筆繕寫清楚，加標點符號，如能依本刊行款（每面十五行每行三十八字）繕鈔尤佳。

(八)插圖須用墨線，俾易製版。像片宜清晰且帶磁面。

(九)投稿人須開列詳細住址，並簽字蓋章。

(十)稿件登出後，本社按照投稿人住址，奉寄稿費。如登出一月後尚未收到者，祈賜緘查詢。但以登出後六個月為限，逾期本社不負責任。

(十一)凡通信討論某事項，經本社認為有發表價値者，仍照投稿例酌奉稿費。

本社出版書籍

書名	著者	定價
(一)彙刊第一卷至第三卷		(絕版)
彙刊第四卷一二三四期(二期絕版)		每期八角
彙刊第五卷一二三四期		每期八角
(二)工段營造錄	李斗著	四角
(三)一家言居室器玩部	李笠翁著	三角
(四)元大都宮苑圖考		(絕版)
(五)營造算例	梁思成編訂	一元
(六)梓人遺制	朱啓鈐校刊	(絕版)
(七)牌樓算例	劉敦楨編訂	(絕版)
(八)園冶	明計成著	甲種一元八角 乙---元
(九)正定古建築調查紀略	梁思成著	五角
(十)清式營造則例	梁思成著	甲種八元五角 乙(絕版)
(十一)岐陽王世家文物圖像冊		甲種五元 乙種四元
(十二)岐陽王世家文物考述		八角
(十三)三几圖(蝶几燕几匡几)		一元八角
(十四)大同古建築調查報告	梁思成 劉敦楨編	(絕版)
(十五)同治重修圓明園史料	劉敦楨著	六角
(十六)雲岡石窟中所表現的北魏建築	梁思成 林徽因著 劉敦楨	(絕版)
(十七)漢代的建築式樣與裝飾	劉敦楨 鮑鼎著 梁思成	四角
(十八)定興縣北齊石柱	劉敦楨著	四角
(十九)晉汾古建築預查紀略	林徽因 梁思成著	五角
(二十)易縣清西陵	劉敦楨著	五角

中國營造學社彙刊第五卷第四期目錄

河北省西部古建築調查紀略目錄

河北省西部古建築調查紀略

劉敦楨

紀行

去秋以來，余以平漢鐵路爲中心，兩次踏查河北省西部的古建築。第一次是去年九月下旬出發，偕研究生莫宗江、陳明達二君先至定興縣，調查城內元大德十年所建的慈雲閣。次赴縣西二十五里同里鎮，測量石柱村北齊標異鄉義石柱。再由同里往易縣，經過燕故都北部，在蒼翠四合的景色中渡過清流潺潺的易水，南望九女臺故基，若斷若續，矗立斜陽中，令人不相信悲壯的荆軻故事就產生在此處。在易逗留二星期，先調查城內遼開元寺及西關外千佛塔、聖塔院塔，次赴縣西興隆莊，測繪清西陵和附近的淨覺寺、雙塔庵諸塔。我們事前由社友劉雅齋先生介紹，蒙河北省立高級農業學校王國光、王伯寅、王蔭圃諸先生厚意招待，留居該校，並代介紹陳詩仲、祥懋梅、冀廷諸先生，對於測繪工作和旅中生活得到不少的便利，甚爲感激。

圖版壹

定興縣慈雲閣北面外觀　（甲）

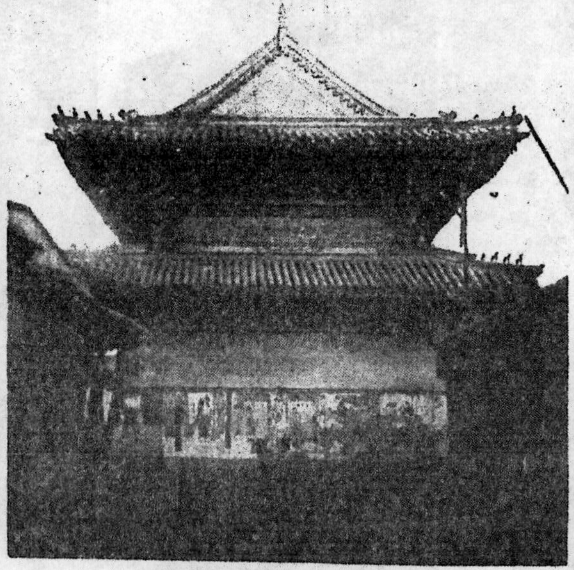

慈雲閣東面外觀　（乙）

慈雲閣東北角外觀　（丙）

圖版貳

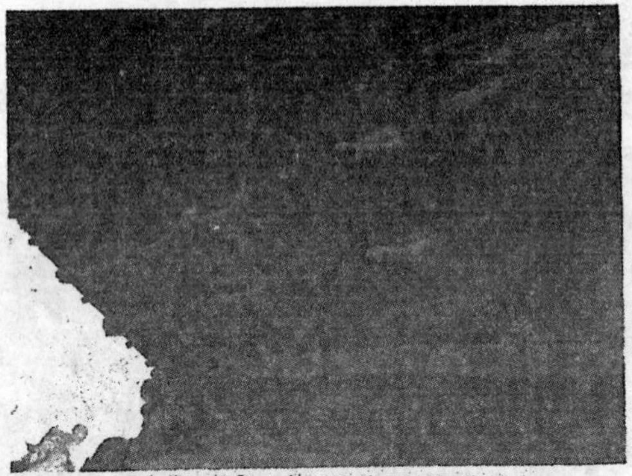

（甲）慈雲閣上簷斗栱

（乙）慈雲閣抹角梁及藻井

（丙）慈雲閣大悲像

（丁）易縣開元寺毘盧殿外觀

圖版叁

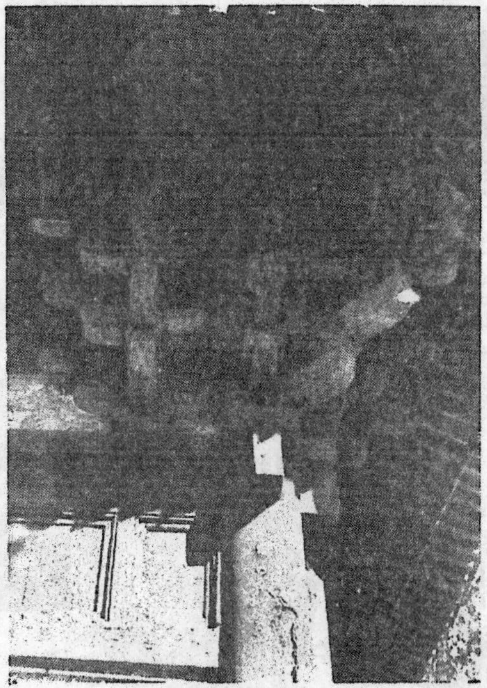

（甲）毘廬殿轉角鋪作

（乙）毘廬殿斗栱後尾及平綦

（丙）毘廬殿角神

35227

圖版肆

(甲) 毘盧殿藻井

(乙) 毘盧殿佛像

(丙) 開元寺觀音殿外觀

圖版伍

（甲）觀音殿斗栱及椅披

（乙）觀音殿轉角鋪作

（丙）觀音殿斗栱後尾及抹角梁

（丁）開元寺藥師殿外觀

圖版陸

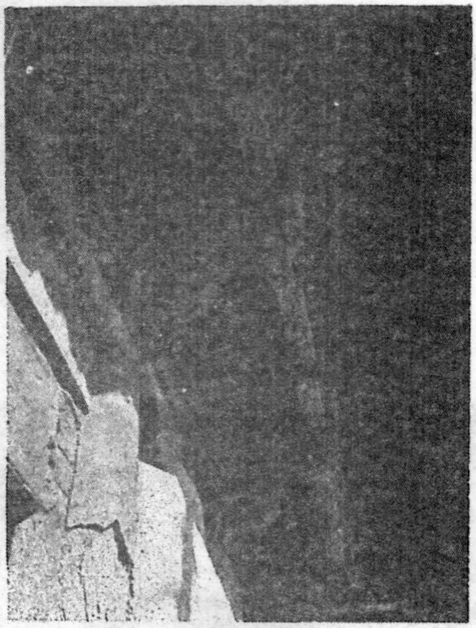

(甲) 藥師殿外檐斗栱

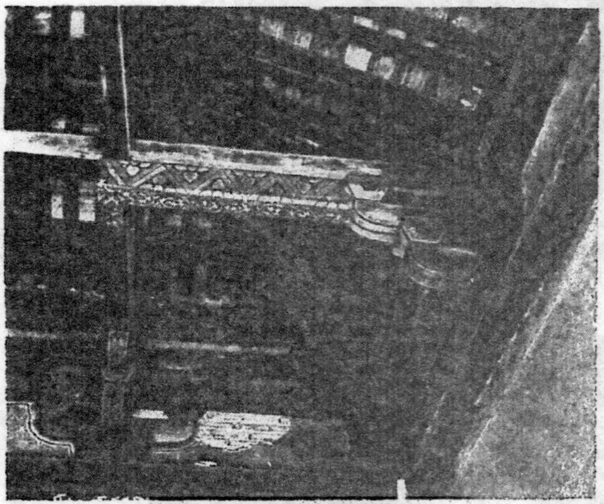

(乙) 藥師殿斗栱後尾

(丙) 藥師殿襻間

圖版柒

（甲）開元寺唐幢

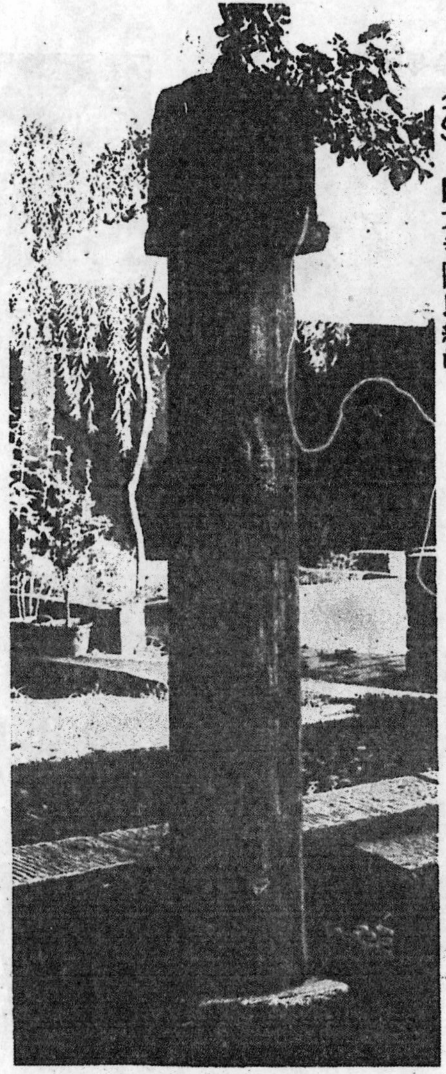

（乙）開元寺陳氏經幢

（丙）陳氏經幢佛像

35231

圖版捌

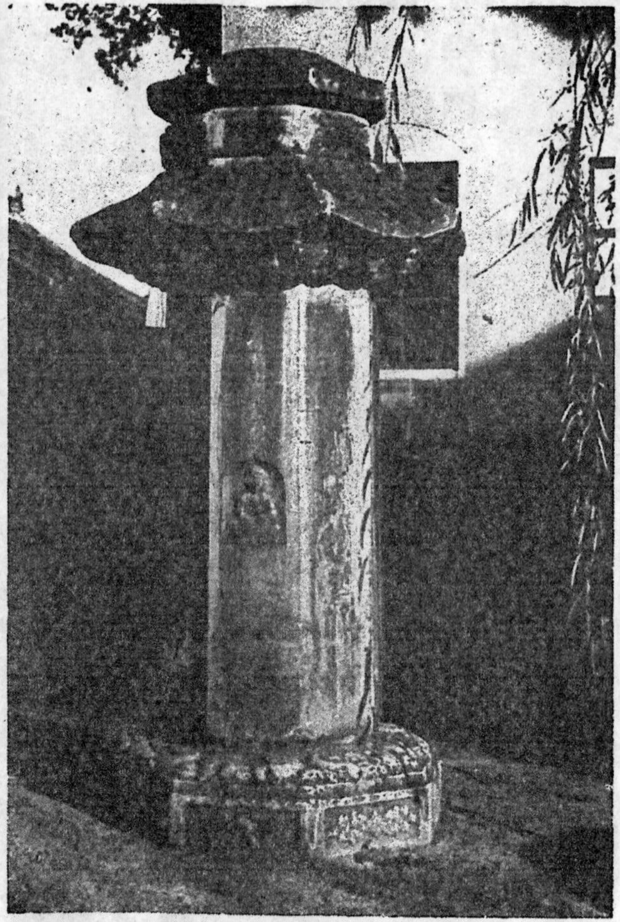

（甲）易縣開元寺舍利塔

（乙）舍利塔詳部

（丙）開元寺殘幢

35232

(甲) 易縣太寧山淨覺寺塔

自遼金時代建築及佛像轉載

(丙) 遼寧北鎮崇興寺塔

自遼金時代建築及佛像轉載

(乙) 河北房山縣雲居寺南塔

(丁) 淨覺寺塔詳部

圖版拾

(甲) 嵩山嵩嶽寺塔

(乙) 泰寧山雙塔庵東塔

(丙) 東塔詳部

圖版拾壹

（甲）易縣雙塔庵西塔

（乙）易縣荊軻山聖塔院塔

（丙）聖塔院塔詳部

圖版拾貳

（甲）易縣千佛塔

（乙）千佛塔勾欄詳部

圖版拾叁

淶水縣大明寺東幢 （甲）

大明寺中幢 （乙）

大明寺西幢 （丙）

圖版拾肆

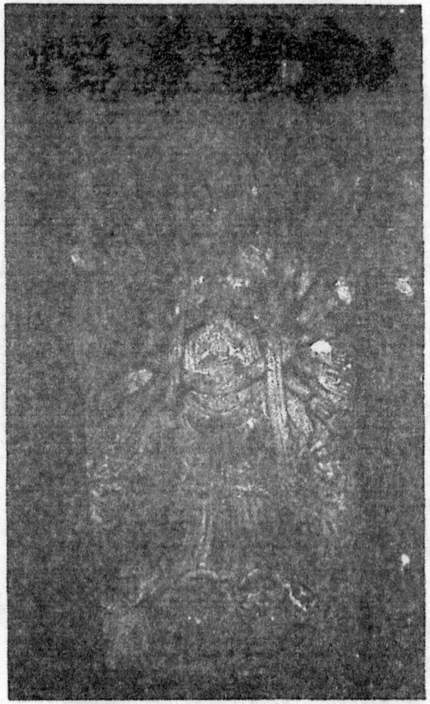

（甲） 大明寺廿四手觀音像

（乙） 淶水縣北村唐石塔

（丙） 水北村唐石塔雕刻

圖版拾伍

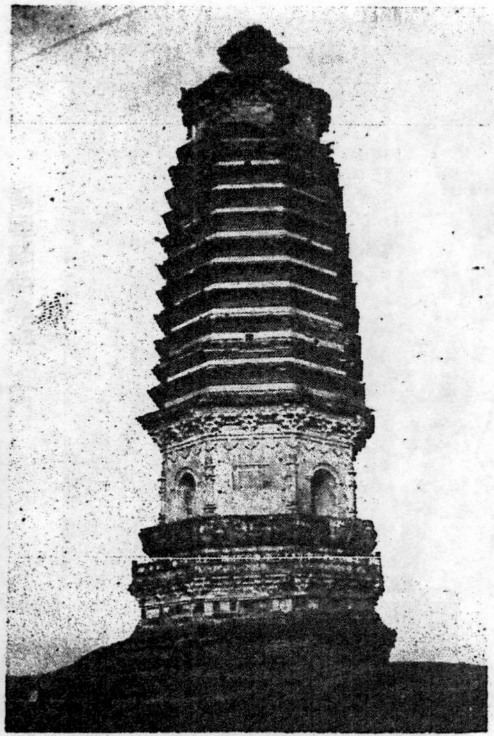

(甲) 淶水縣西岡塔

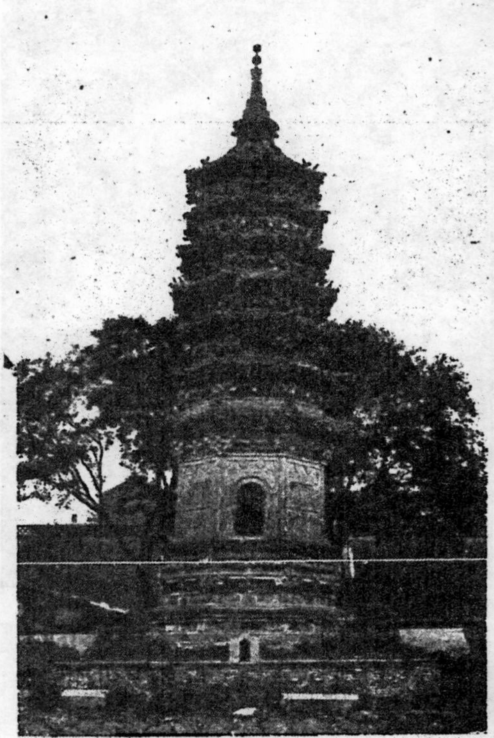

(乙) 普壽寺塔

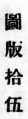

(丙) 涿縣普壽寺全景

圖版拾陸

部詳塔寺壽普 (甲)

座佛塔寺壽普 (乙)

碑龕寺壽普 (丙)

35240

圖版拾柒

（甲）涿縣雲居寺塔

（乙）雲居寺塔下層詳部

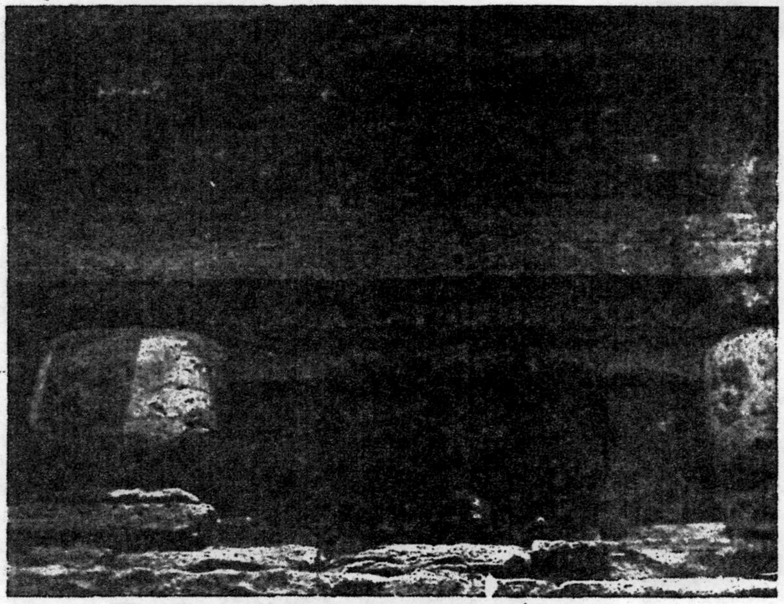
（丙）雲居寺塔平座下雕刻

圖版拾捌

雲居寺塔佛像 (甲)

涿縣智度寺塔 (乙)

智度寺塔詳部 (丙)

35242

（甲）安平縣聖姑廟全景

（乙）聖姑廟柱礎

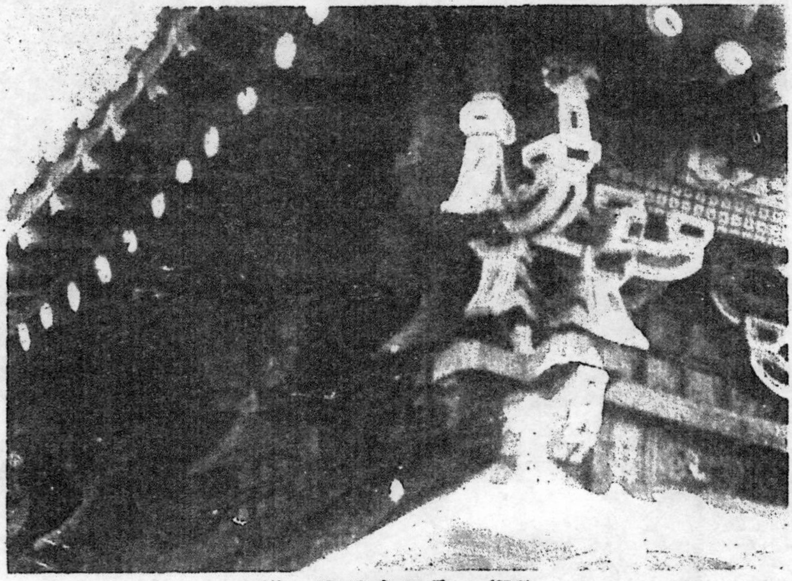

（丙）聖姑廟外檐斗栱

圖版貳拾

（甲）聖姑廟斗栱後尾

（乙）聖姑廟彩畫（其一）

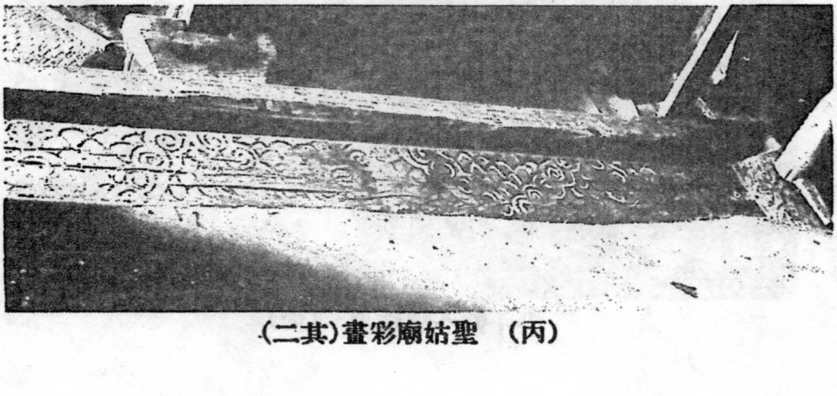

（丙）聖姑廟彩畫（其二）

圖版貳拾壹

(甲) 安平縣文廟大成殿

(乙) 大成殿梁架

(丁) 定縣開元寺塔外觀

(丙) 文廟牌坊斗栱

圖版貳拾貳

（甲）開元寺塔走廊平棊仰視

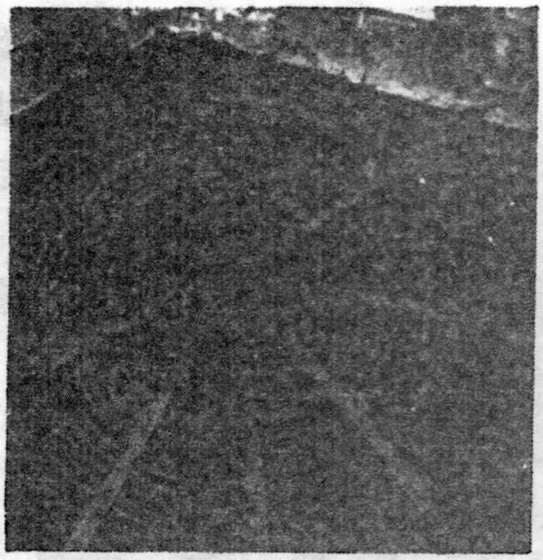

（乙）開元寺塔圓頂仰視

（丙）定縣大道觀正殿

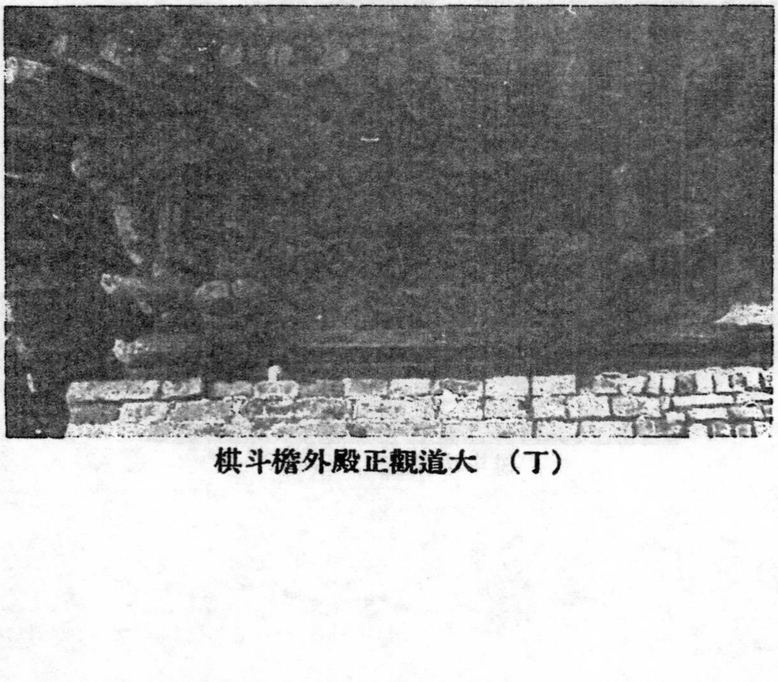

（丁）大道觀正殿外檐斗栱

圖版貳拾叁

（乙）大道觀正殿梢間梁架側面

（甲）大道觀正殿斗栱後尾及抹角梁

（戊）玉皇殿外檐結構

（丙）大道觀正殿梢間梁架仰視

（丁）天慶觀玉皇殿

圖版貳拾肆

（甲）天慶觀玉皇殿梁架

（丁）德寧殿下檐斗栱後尾

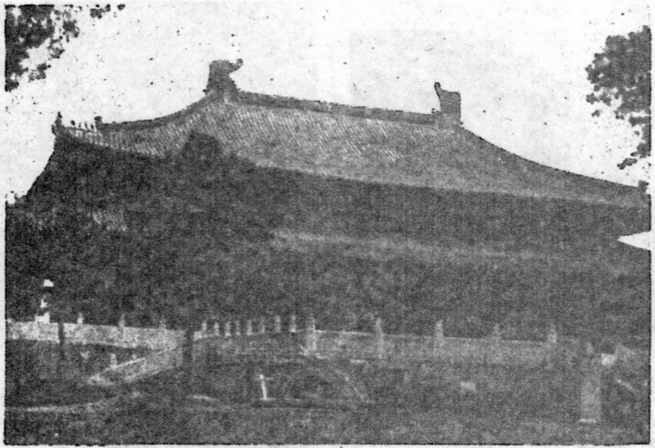

（乙）曲陽縣北嶽廟德寧殿外觀

（丙）德寧殿下檐斗栱正面

圖版貳拾伍

（甲）德寧殿外槽斗栱及天花

（乙）德寧殿壁畫

圖版貳拾陸

(甲) 北嶽廟石座(其一)

(乙) 北嶽廟石座(其二)

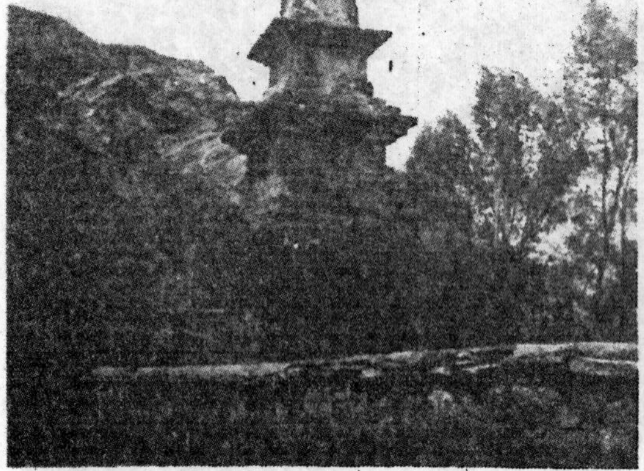
(丙) 曲陽縣靜岩院石塔

圖版貳拾柒

（甲）曲陽縣八會寺正殿殘蹟

（乙）八會寺正殿柱礎

（丙）八會寺石室外觀

35252

圖版貳拾捌

（甲）曲陽縣八會寺石室隋石刻

（乙）石室隋刻佛像

（丙）石室上部

圖版貳拾玖

(甲)曲陽縣清化寺元幢(其一)

(乙)曲陽縣清化寺元幢(其二)

(丙) 曲陽縣元幢詳部

(丁) 定縣衆春園北魏佛座

圖版叁拾

(甲) 定縣民衆教育館藏石刻

(乙) 定縣衆春園北齊碑

(丙) 蠡縣縣城東南角石橋

(丁) 蠡縣附近民居防輪設備

圖版叁拾壹

（甲）定縣考棚正面

（乙）考棚側面

35255

圖版叁拾貳

（甲）考棚屋頂側面

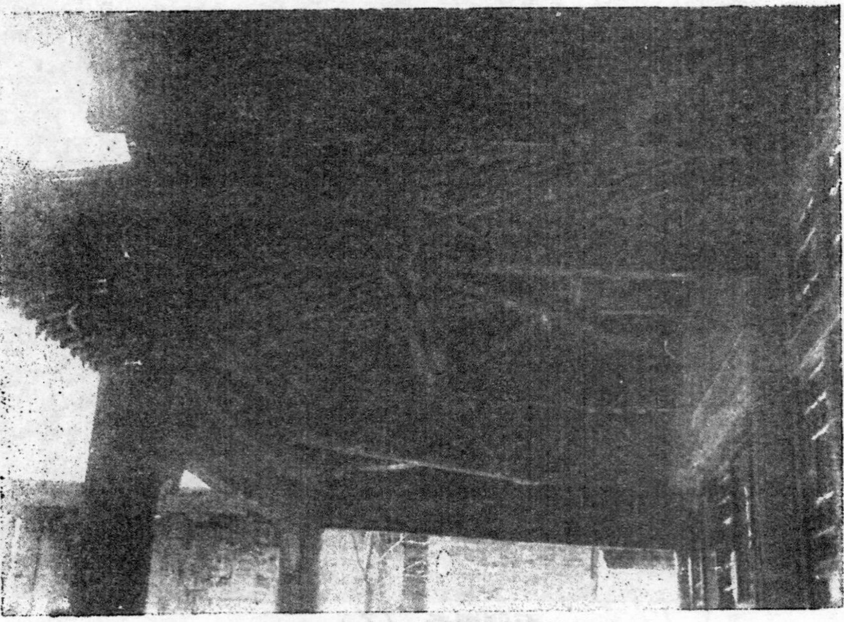

（乙）考棚前部走廊梁架

歸途自易縣至淶水縣，調查城內大明寺及城外西岡塔，水北村唐先天石塔等。其間曾赴縣西北石龜山遵化寺及釜山靈泉寺二處考察，但結果出乎意料以外除在靈泉寺發見金大定二十二年祖公禪師壽塔外毫無所獲。最後由淶水往涿縣，調查城外普壽寺和城內智度雲居二寺磚塔，回到北平往返共計二十餘日。

此行適在秋末冬初，趕上十分清朗的天氣，蔚藍色的天空總是籠罩大地上襯着鄉間版築的土垣，和各種深淺不同的樹木很沈着可愛。其中自易縣至西陵，遙望雄奇峭拔的泰寧山下，有丘岡，有平野，又有廣闊的松林包着靜穆而雄大的建築，心理上完全換了一種境界。我們每天旁晚工作歸來，曳着疲倦的腳步，閒步林中，只見夕陽射在碑亭丹壁上，紅色裏面含着淺黃色反光，和白色華表掩映青松中，眞美麗之極。一天疲勞到此不期而然就忘記大半。又從淶水至涿縣途中，經過十里左右的棗林一處，停車四望，靜寂四圍都是棗樹，恰如一幅古木寒林圖。行過二三里，偶然碰見丁丁伐木的樵夫或者樹隙空地有少數農夫趕着冬忙的工作，但路迴車轉，又全被棗林封住，恢復原狀。這些都是近年來旅行中不可多得的愉快，令人追憶不已。

第二次旅行自本年五月三日起，前後約計四星期，除我以外，還有陳君明達，趙君法參及僕役一人。我們先至保定，下車盤桓半日，考察市內建築，並預備旅行中物品。次晨搭長途汽車到高陽縣，打聽興化，福泉二寺都已破毀，遂於下午換乘轎車赴蠡縣。當夜在蠡縣城外一宿，次日上午，渡過瀦龍滹沱二水，下午一時達到安平縣。安平北關外的聖姑廟，幾乎是全縣聞名的建築，去冬我在易縣旅行時，認識蘇燦如先生，由蘇先生代攝像片見示，才決意來此考察。初來時，住在聖姑廟西側殘破不堪的三皇殿內，嗣荷安平縣小學校長李子健先生及諸教員盛意，遷居校內，又承該校馬質青先生出示此廟文獻多種，並介紹城內文廟大成殿，是元明間過渡時代的遺物，感謝之至。

在安平工作六天後，經安國縣回到平漢線上的定縣，途中適遇大風，自頂至踵，全被黃塵封蔽，我們出發前所預備的風鏡口罩，到此竟不能充分發揮牠的保護力，比起去秋旅行，苦樂眞有天壤之別。在定遇見社友瞿兌之、瞿仲捷二先生，舊雨重逢，精神上感到不少安慰，並由瞿先生介紹，參觀衆春園行宮和民衆圖書館許多古物。其中有一件白石雕刻的佛像殘座圖版貳拾玖(丁)，下部刻有東魏孝靜帝武定元年（公元五四三年）高歸彥造像銘文。牠的蓮瓣比例很高，不像唐以後的扁平，可證銘文不是出於僞造。不過蓮瓣曲線異常柔和，毫無雲岡石刻古拙的樣子，恐怕是作者的個性表現罷。

定縣在北宋時，爲北邊軍事重鎭，同時又以工業發達著稱，如有名的定窰和刻絲，都是產在此處。其後徽宗政和間，昇爲中山府，靖康之亂，州人陳遘困守孤城三載，與金相抗，當時中山所受的兵燹程度，不難想見。南渡後，刻絲一業，興於松江，而元代則集國內名工和西域織金回匠於宏州，設廠織作，故定州的工業自北宋末年以後，受軍事和經濟的影響，日趨衰落。近年來，雖由平民教育促進會在此主持農村改良工作，但定縣的衰微，非一朝一夕所能恢復。現在城內大部分，還是耕種麥田，人口也不十分稠密。偉大的建築物，只有北宋仁宗至和間所建的開元寺磚塔一處存在，其餘都是明清二代的。關於開元寺塔，有平教會鄭錦先生曾研究多年，蒙瞿兌之先生介紹和鄭先生的厚意，使我們得見到各種圖樣模型，獲益不淺。

在定縣三天，調查開元寺塔和明大道觀，天慶觀後，再赴曲陽縣測繪北嶽廟德寧殿。當地人士，對於此廟，珍護備至，不是別處容易看到的。我們事前由黃華節先生介紹當地教育局長張士毅先生，在官廳保護和市民注意之下，不到兩日，很順調的完成預定工作。末了又往縣南少容山，調查八會寺遺址，和清化寺元幢，回到定縣，乘火車赴正定參觀。正定的古建築，已經梁思成先生在本刊內發表過，此處不必再提。就我個人的印象言，開元寺的鐘樓，實在是不可多覯的國寶建築。因爲薊縣獨樂寺觀音閣和正定龍興寺藏殿，洵然是外觀結構，不愧爲國內古建築中有數的傑作，但在結構方面，不免尚有一二顧慮不周到的缺點，似乎還不如獨樂寺山門，和大同華嚴寺薄伽教藏殿，來得簡潔緊湊合理。不過此二例，都趕不上開元寺鐘樓的比例，能盡量發揮雄健之美，表示一種剛健而有力的建築。可惜牠下部飛簷椽，業已鋸短，上層梁架也被後人掉換，否則給予我們的快感，又當如何？

以上兩次所調查的古建築，我在本刊內已經發表過兩篇；就是定興縣北齊石柱，和易縣清西陵。現在將其餘部分，都歸納本文內作極概括的介紹。其中內容比較複雜，非本文篇幅所能盡量容納的，如唐先天石塔，遼開元寺，宋開元寺塔，元慈雲閣，北嶽廟，聖姑廟等，擬在本刊或古建築調查報告專刊內，再作詳細的敘述。

定興縣　慈雲閣

凡旅行河北山西兩省的人，大抵知道舊式街道，往往在十字街口，建立四座牌樓，形成城內市廛的中心。或者在街道交叉點，建造一座鐘樓或廟宇，使四面聚集而來的街道，到此碰着一個偉大建築物，外觀上發生變化。後者性質，和近代都市計畫學的 Termination 不期而合，定興縣慈雲閣，就是一例。

定興縣城的平面，略近方形，每面闢有城門一座，門內很規則的排列東西南北四條大街，在四街的交叉點，留下一塊狹長如洲的地皮，中央建立慈雲閣（圖版壹（甲）（乙））。據紀載所示；現在的定興縣，城原名皇甫鎮，金世宗大定六年（公元一一六六年）始立爲縣。到元成宗大德間，僧德竇因舊大悲閣燬於兵亂，發願重建，到大德十年（公元一三〇六年）完成。自金大定六年，至元大德十年，恰好一百四十年，在時間上不算十分長遠，而且慈雲閣又是因舊大悲閣故址重建的，所以我揣想金大定間剏設定興縣時，也許早已樹立現在市街的規模？甚至在建縣以前的皇甫鎮，已經有了大悲閣的雛形，亦未可知？

在平面上，慈雲閣可分爲前中後三部。中部係閣本身，前後二部都是附屬建築。現在前部充民衆教育館講演部，後部撥歸定興縣第一區區公所，雖結構都不十分閎大，但後殿係用四注廡殿頂，牠的後面又接上一所捲棚式的兩層樓，使屋頂參錯變化，不落常套（圖版壹(丙)）。

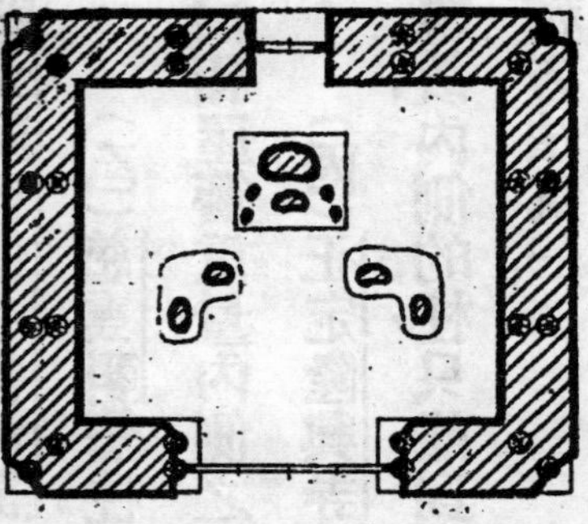

定興慈雲閣平面圖

挿圖一

殿本身平面約爲七與六之比，幾乎近於方形（挿圖一）。因爲內部縱橫雙方都未超過八公尺，所以僅有簷柱而無金柱。不過牠的簷柱分爲內外兩層，其間相距不到一公尺，除正定隆與寺慈氏閣外，國內尚未發見同樣的例。本來樓閣式建築，爲外觀安穩起見，愈到上層，面闊進深，愈向內縮進。此種原則在漢代早已成立，我和鮑鼎、梁思成二先生在本刊漢代建築式樣與裝飾一文中已經討論過。牠的結構爲適應外觀上的要求，當然與普通單層建築兩樣。據我們現在所知道的古建築中，共有三種。

（甲）最普通的下簷平坐和上簷三層的柱，不是由下而上，一木斷製，而是分爲三段製作。故平坐和上簷的柱，可以自由排列於下簷斗栱的內側，或梁上，毫無困難。　如薊縣獨樂寺觀音閣，大同善化寺普賢閣，應縣佛宮寺木塔等，均是如此。

（乙）慈雲閣簷柱分爲內外兩層，相隔甚近，都是包在牆身之內。　外側的柱，僅承載下簷斗栱和屋簷重量，內側之柱，則延長上部，直接承受上簷斗栱和屋頂梁架，似乎較前法更爲穩固。

（丙）正定隆興寺慈氏閣，雖也是內外兩層簷柱，埋於牆內，但是因爲上下簷之間，有平坐的緣故，內側的柱，只能到平坐斗栱下爲止，其上再加上簷簷柱。　牠的結構原則，當然是融貫前二種方法爲一。

在外觀方面，慈雲閣重簷歇山，上下都是面闊三間，進深顯三間，不能算爲十分雄大，但各部比例，却能搭配勻當，不因矮小而減去牠的價值。　不過古建築不是每件都是盡善盡美，可以容我們爲牠曲諱的，慈雲閣就是其中一個。　牠的缺點，似乎只注意大木本身的權衡，而忘記下部臺基過於低矮，不能和整個建築物調和。　此種缺點，在南北二面，因爲被許多小建築包圍起來，不容易看出，但從東西二側觀察，便赤裸裸，毫無遁形了（圖版壹（乙））。

斗栱的配列，在南北二面，上下簷都是明間二朵，次間一朵，山面上下各間都只一朵。　牠的上簷斗栱（圖版貳（甲））第一層用假昂，第二層昂尾向後挑起，壓於下平槫與襻間之下，尚存宋代遺法，但昂下華頭子也挑起，貼在昂下，補助牠的荷載力插圖二。此種方法在宋遼金遺物中尚無完全相同的例，可是元代却有二處存在；一是慈雲閣，一是曲陽縣北嶽廟德寧殿，恐怕是當時斗栱結構的一個重要特徵？ 昂嘴的顱勢也是向內凹得很利害，和其他元代遺物一致。

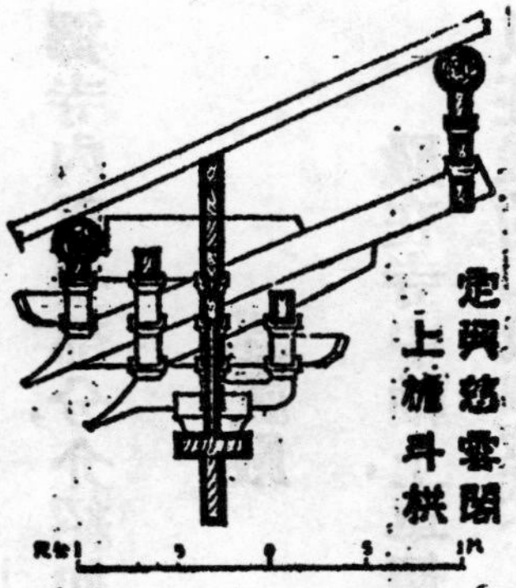

插圖二

闌額狹而高，至角柱出頭處所刻曲線，已經近乎明清二代的霸王拳，乃宋明間過渡時代最好的證物圖版貳(甲)。普拍枋的寬度比柱的上徑稍大，出頭處在角上刻海棠曲線，也是當時建築的特徵圖版貳(甲)。

屋頂梁架很簡單玲瓏，共計只有東西兩縫，都是利用上面的下平榑做平梁，載在山面上簷的昂尾上面，四隅再施垂蓮柱和抹角梁圖版貳(乙)，和正定關帝廟的方法大體相同。閣內中央有四十二手觀音立像一尊，高二丈餘，雖經後代修補，但全體比例猶存元代塑像的精神圖版貳(丙)。

易縣　開元寺

開元寺在易縣城內東北隅，主要建築有毘盧觀音藥師三殿，東西橫列，在我國佛寺中牠的配列法很爲特別。據紀載所示，寺創於唐開元間，經遼乾統，金太和，元延祐，明正德，嘉靖，清道光數度重修。現存毘盧三殿，當然不是唐建築，也不像金以後的式樣，似乎遼末天祚帝乾統五年（公元一一〇五年）的重修紀載比較和事實接近一點。不過殿內平棊藻井的分劃和襻間結構，多少與營造法式類似，而和我們從前所調查的遼建築兩樣。這或者因爲易縣係當時宋遼接壤的區域，並且自晉天福元年割讓後，直到宋太宗端拱二年，始實際歸爲遼有，在同時割讓的燕雲十六州內，比較薰染中原文化的機會稍多一點，亦未可知？

現在開元寺並無住持，凋落得十分可憐。中部自天王殿，地藏殿至毘盧殿，都劃歸易縣建設局。東部觀音殿現爲古物保存所，收藏各種石刻的場所。西部藥師殿及附近雜屋，充保衛團團本部。後部空地，明時係僧正司廨舍，和寺前一大片空地，現在都由建設局闢爲苗圃。茲擇寺內重要部分介紹如次；

毘盧殿

殿在寺中軸上，單簷歇山，很爲簡單，但牠的斗栱比例，比較雄大，屋簷也很高，所以外觀予人以莊嚴的印象（圖版貳（丁））。

易縣開元寺毘盧殿平面圖

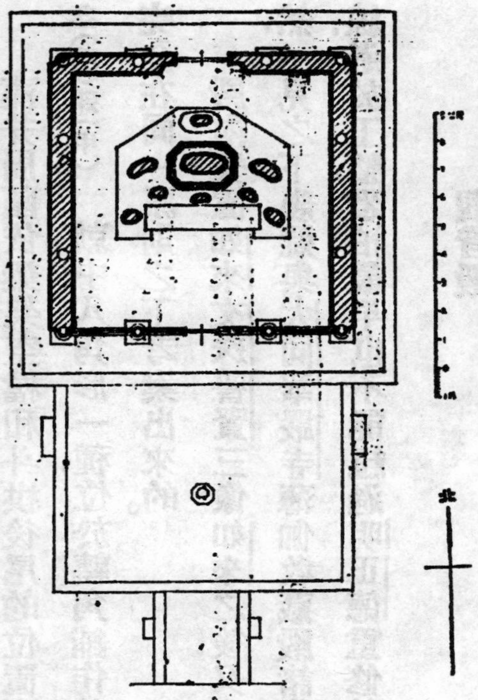

插圖三

殿的平面完全是正方形每面分爲三間，除簷柱外殿內併無金柱，（插圖三）。方形平面在塔和鐘樓鼓樓一類的建築本來不算稀奇不過用爲佛殿的，尙不多見。殿正面門窗經近代改修，已非原狀，若照上部橫披的式樣推測，似乎明次三間從前都是槅扇？背面明間有窗一處，和大同華嚴寺薄伽教藏殿一樣，大概是建立以來的規模？

補間鋪作，明間只用一朵，次間則與轉角鋪作相連成爲纏柱造（圖版叁(甲)）。斗栱出跳，外側係五鋪作計心，但內側不論兩跳三跳五跳都是偸心造（圖版叁(乙)）。在原則上，此殿斗栱未用斜昂，而將後尾挑出很長，支載梁架重量，和遼薊縣獨樂寺山門，寶坻縣廣濟寺三大士殿完全符合，並且外簷蓋斗板和羅漢枋之間用支條一層，除獨樂寺觀音閣外，只此一處，足爲遼代建造的鐵證。所不同的，栱的比例短而肥，栱頭卷殺也近乎方形，最足引人注目。

殿的簷柱和屋架上的槫，斷面都近於八角形，甚爲奇特。同時東側的觀音殿也是如此，足證此二殿建於同時，不過西側藥師殿情形兩樣，是否建造時期有前後之別，抑同時修建而因匠工手法不同，俱難斷定。此外大木結構中可紀述的，便是跪在平盤斗上的角神，身體肥短，著有兩撇八字鬍鬚，用頭與雙肩撐在大角梁下面，一種滑稽神情，栩栩如生（圖版叁（丙））。在木建築中此係第一次碰見的實例，可與營造法式互相印證。

殿內中央利用上部梁架空間，製作很精美的鬭八藻井一處（圖版肆（甲））。藻井下層排列斗栱，上部則於每面陽馬之間，配列菱形小支條，至頂覆以背版，很像合併薊縣獨樂寺觀音閣和大同善化寺大雄寶殿的藻井於一處。牠的年代，據藻井本身形狀和斗栱比例觀之，確係此殿建造當時的原物，不過綵畫則經後代重繪。

藻井周圍，依梁架空檔和斗栱後尾的位置，配列各種形狀不同的平棊，手法極為自由（圖版叁（乙）肆（甲））。就中八角形一種，位於轉角鋪作後尾附近，和營造法式的「裏槽外轉角平棊」完全在同一原則之下考案出來的。

殿內安置如來文殊普賢三像，如來之後又有大士立像一尊（圖版肆（乙））；姿態都很瀟洒自然，一見之下，幾疑與大同華嚴寺薄伽教藏殿諸像同出一人之手。惟東西二壁的壁畫，構圖描線，過於工整，恐怕最早也不能超過明正德重修的紀錄。

觀音殿

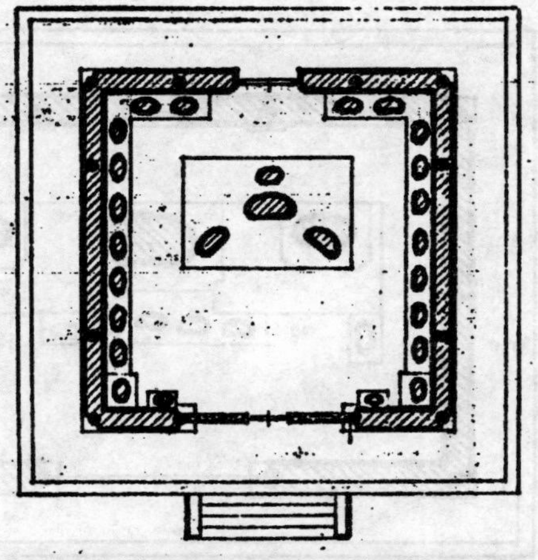

易縣開元寺觀音殿平面圖

插圖四

觀音殿在毘盧殿東，平面方形插圖四，屋頂單簷歇山圖版肆(丙)和毘盧殿一樣，不過面積高度比較低小，結構方法也簡單得多。

此殿斗栱僅明間用補間鋪作一朵。牠的結構程次在櫨斗上施替木一層，其上再施華栱同時跳頭上不用令栱而代以替木圖版伍(甲)。轉角鋪作圖版伍(乙)，在轉角櫨斗上也僅出替木和華栱三縫，異常簡潔。此種手法，不但與大同華嚴寺海會殿相同，就是遼代磚塔中如熱河寧城縣大名城小塔，遼寧省朝陽縣鳳凰山小塔，塔子山塔等，都在櫨斗上浮彫替木一層，所以我很懷疑此種方式係當時簡單建築慣用的方法？

斗栱後尾除櫨斗上的替木和外側一致外，其上再施華栱三跳，每跳都是偷心圖版伍(丙)。栱頭上在南北二面直接承載襻間和下平槫的重量；東西二面則承載山面的平梁，簡單而得要領。

轉角鋪作後尾也是華栱三跳，直接托受角梁後部，不過第二跳華栱下面再加平面四十五度的抹角梁一根，補助牠的荷載力圖版伍(丙)。抹角梁的使用始於何時，現在尚屬不明，但在我們所知道的古建築內實以此例爲最早。後來許多建築如元代定興縣慈雲閣，安平縣聖姑廟，正定關帝廟等，都是如此。直到明清兩代，猶流傳未絕。

殿內藻井平棊，大體和毘盧殿一樣。藻井之下，有觀音坐像一尊，垂一足，坐於塑石上，姿態神情，確係遼塑，惟塑石經後人塗飾，俗陋不堪。

藥師殿

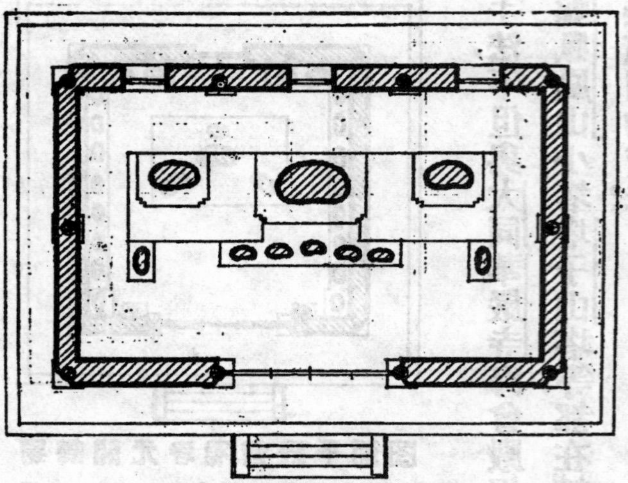

易縣開元寺藥師殿平面圖

挿圖五

殿在毘盧殿之西，面闊三間，進深顯二間（插圖伍），單簷四注（圖版伍(丁)），與毘盧觀音二殿，迥然異觀。不但平面外觀如是，就是殿的位置，也在東西中線之前，是否此三殿建於同時，頗令人懷疑。

外簷斗栱係五鋪作重栱偸心造，栱頭上僅施替木，無令栱（圖版陸(甲)）。各間補間鋪作都只用一朶，杪的後尾水平挑出，承載平棊藻井，而非貼於襻間之下（圖版陸(乙)）。因爲此殿南北二面的下平槫，襯槫下的襻間，都直接置於明間四椽栿上（圖版陸（

丙）東西二面的襻間則置於次間扒梁上，同時此四椽栿與扒梁又都置於柱頭鋪作上面，所以能够騰出補間鋪作支載平棊藻井的重量。換言之，此殿斗栱結構的特徵在使柱頭鋪作和補間鋪作各擔負一部份重量，不相淆混，眞奇特之至。

遼式襻間很少有上下相閃的方法，惟此殿明間用兩材，次間減爲單材（圖版陸（丙））和營造法式卷三十「槫縫襻間」一圖異常接近，可算爲遼代遺構的一個例外。

藻井平棊十年前被駐軍所毀，現在只有一部分架子存在，幸牠和四椽栿扒梁等都有相當聯絡，否則恐怕不容易維持補間鋪作內外兩側的平衡了。

其他古物

觀音殿內現藏唐元碑及宋遼經幢多通，內有唐中宗景龍元年及昭宗景福間所刻的道德經，均自城南龍興寺移此。前者較同寺所藏開元二十二年蘇靈芝所書御注道德經尤早，很足寶貴。此外經幢殘件和碑碣舍利塔，散見山門與韋陀毘盧觀音諸殿附近者，摘要敍述如後。

（一）唐僖宗廣明二年（即中和元年公元八八一年）眞勝陁羅尼幢，在毘盧殿前甬道之西。幢爲不等邊八角柱，以蓮瓣分上下二層。下層八面俱刻經，上層琢佛像（圖版柒（甲）），至頂冠以方石，每面刻尖栱及佛像，未施刹頂。如果方石係原來所有而其上另無刹頂，則此幢式樣可爲唐宋間經幢變遷的證物。

（二）陳氏佛頂尊陀羅尼幢，在甬道東側圖版柒(乙)，和前述唐幢東西對立。下部蓮座半埋土中，其上八稜之幢，孤立如柱，未劃分數層，形制較前者更爲古樸。幢頂施方石，每面壺門內刻佛像一尊，面貌莊嚴，衣褶下垂蓮座下，很像唐人作品圖版柒(丙)。其上又有圓盤一層，類似榫頭，似乎幢頂不是至此爲止？可惜銘文磨滅，不能證實牠的年代。

（三）舍利塔在韋陀殿前西側圖版捌(甲)，平面也是八角形，上覆短簷，支以簡單斗栱，惟上部已毀，現在所覆的八角小頂，是否原來塔頂的一部份，不得而知。塔正面刻佛像一尊，上題舍利塔，其餘諸面被後人題詩殆遍。塔年代無考，據下部塔座所彫花紋圖版捌(乙)，和日本藤井有鄰館所藏的金大准提陀羅尼幢完全符合，似係金代遺物？

（四）寺內殘幢雕琢人物的，計山門外二石，毘盧殿月台一石，觀音殿西側二石，都精美自然，尤以觀音殿西側一石所刻樂隊最爲生動，很有遼刻風味圖版捌(丙)。

易縣 泰寧寺舍利塔

泰寧寺舊稱淨覺寺，在易縣西北五十里泰寧山下，距西陵興隆莊約二十五里。當我們自泰陵出發，經過昌陵昌西陵，達到慕陵後面的風水牆時，已遠遠望見泰寧山下有一座淺黃色的塔，十分秀麗（圖版玖（甲））。及至到了塔下，詳細觀察，始知牠的局部比例也能恰到好處，在遼代磚塔內，實在不可多得。

塔平面八角形，方向和磁針所指一致。塔的下部在臺基上立間柱，各柱之間原有壺門式小龕，現已破損，但遼代磚塔慣用的獅頭裝飾，在此塔卻毫無痕迹可認。其上有普拍枋和斗栱勾欄，構成的平坐，再上爲蓮瓣四層，托住塔身（圖版玖（丁））。一切手法比北平天寧寺塔簡潔得多，並且平坐斗栱出跳很大，不因磚造之故，失去木建築原來的比例，實爲難能可貴。此外勾欄尋杖下面有遼塔慣用的花版，上狹下寬，其上施小斗，托於尋杖下，很像營造法式卷三十二所載的地霞。

塔的第一層，澈底模仿木建築式樣，八隅施圓柱，柱上闌額和普拍枋出頭處，都是垂直截去（圖版玖（丁））；其上施五鋪作重栱，補間僅用六十度斜栱一朵，純屬遼式。各柱之間，在東西南北四面闢門，其餘四面設直櫺窗。除窗門外，壁面上併無浮雕的塔幢佛像飛仙寶蓋及類似懸魚一類的裝飾，如果與其他遼代同型的塔比較起來（圖版玖（丙）），牠的手法眞十分乾淨。

此類之塔，在第一層塔身內往往闢有小室，安設佛像。據現存大明重修白塔院記，萬曆二年劉廷金等重修此塔時，曾於塔內安置釋迦佛一尊，惟附近土人謂光緒末年，此佛被盜，現在南面塔門殘破處，就是盜佛當時留下的創痕（圖版玖（丁））。

第一層簷用簷椽飛子，皆帶有卷殺。老角梁的前端，向內凹入如口；其上角脊式樣，僅在前端裝陶製的獸首，和淶水縣唐先天石塔及大同華嚴寺壁藏一樣。

塔共十三層，除第一層較高外，其餘各層相距甚近；同時塔身與外輪線，逐漸向內收進，雖非極顯著的 Entecis 但也不是直線（圖版玖（甲））。自第二層以上，每層八面，各裝銅鏡三枚，據大明重修白塔院記，一部份銅鏡係萬曆間劉廷金等所添補的。簷端結構，每層用磚挑出，無斗栱簷椽，尚存北魏以來磚塔的手法。

塔上的刹，在兩層磚製刹座上，施仰蓮一層，其上為鐵製圓球，很像由六朝覆鉢演變出來的。次相輪，次仰月，次圓光，次寶珠三皆固定於刹桿上。而刹桿在仰月之下，又以鐵鎖八條，牽至塔頂角上，使之穩固。一切式樣，除了相輪下面的鐵球，比應州遼佛宮寺木塔稍低外，其餘各部，完全符合，可說是遼刹典型的一種（圖版玖（甲））。

塔的臺基平坐，純然材料本色，未加塗飾，和上部各層瓦脊，都是灰色。不過塔身第一層全塗白色，自第二層以上，塗淺黃色，恰能補救灰色的缺點，給人以輕快爽明的印象。同時牠利用幽邃沈靜的太寧山為背景，使此塔輪廓更顯得十分清楚，總算成功。

在形制方面此類之塔，是否就如伊東博士所說的，由健陀羅塔演變出來現在尙難下最後判斷。

（甲）。若就國內實物來討論當然要推北魏末年所建的嵩山嵩嶽寺十五層塔爲最古 圖版拾牠的臺基由平坦磚壁構成異常樸素。第一層每隅所施圓柱，及門窗上的尖栱，都非中國固有式樣，並且簷下也無斗栱似乎華化程度尙不十分深刻。及至到了唐長安興敎寺磚塔，雖屬於方塔系統，但已施斗栱梁柱。泰寧山塔當然受了唐塔影響，臺基平坐與第一層梁柱斗柱門窗等，都已改爲中國木建築的式樣，剎的形狀也一部失去 Stupa 原形，惟第二層以上之簷用磚挑出，尙如嵩嶽寺塔，在此類塔中不失爲過渡時代的證物。

此外遼末道宗太康六年（公元一〇七九年）所建的涿縣普壽寺塔 圖版拾伍（乙），及天祚帝天慶七年（公元一一一七年）所建的房山縣雲居寺南塔 圖版玖（乙）各層都施斗栱椽簷，華化程度比泰寧寺塔更進一步。所以我很懷疑後者的建造年代，應在遼中葉或中葉以前？可是文獻方面只存明碑二通，對於上述假說，不能證實。

易縣 雙塔庵東西塔

35273

自泰寧寺循山谷登泰寧山，都是攀躋不易的羊腸鳥道，最後經過一段很險峻的絕壁，始達到雙塔庵。庵在泰寧山半腰，南距淨覺寺約二里許，茆屋數椽，僅足以蔽風雨。庵西有塔一基，其西南復有小塔一，姑稱爲東塔西塔。

東塔

塔八角十三層，下部臺基平坐與前述泰寧寺塔類似（圖版拾(乙)），但第一層以上細部結構略有出入，茲擇要列舉如次。

（一）第一層八隅無柱，代以小塔八座。小塔的塔身係不等邊八角柱，上覆短簷三重，再上爲仰蓮三層及寶珠構成的剎（圖版拾(丙)），很像遼幢形狀。或者逕稱爲經幢，較爲適當？

（二）第一層上部於普拍枋下，列類似懸魚的裝飾一層，併無闌額，致斗栱簷椽失去本來意義，甚無足取。此項手法又見於易縣荊軻山聖塔院塔（圖版拾壹(乙)）淶水縣西岡塔（圖版拾伍(甲)）及正定臨濟寺青塔等。依地理言，俱屬於河北省西部，恐係地方色彩的影響？

（三）門窗無門釘，門簪，直櫺，而代以毬文及幾何形斜櫺，比泰寧寺塔的手法更趨纖巧（圖版拾(丙)）。

（四）第一層簷稍突出，自二層以上，外輪線無 Entasis（圖版拾壹(乙)）。

綜上諸項，似此塔建造年代，應比淨覺寺塔稍晚？

西塔

塔下臨絕壁，八角三層，外觀甚秀麗（圖版拾壹(甲)）。下部臺基和平座，與東塔一致，但其上出簷三重，承以梟混曲線，比東塔第一層用斗栱榱題，更能與下部調和。塔頂於圓肚上，建磚製相輪十三層，很像喇嘛塔的十三天。余初疑此塔建於元代或元以後，嗣見淶水縣大明寺遼聖宗開泰太平間所建的石幢，有葫蘆式覆鉢和相輪二層，形制與此大同小異（圖版拾叁(丙)）。似乎此類剎頂的使用，遠在元代以前，未必就受喇嘛教的影響？西塔年代，在此問題解決以前，當然無法斷定。

易縣　荊軻山聖塔院塔

荊軻山又名血山，在易縣西關外五里，俗傳山下為荊軻故里。山巔有聖塔院磚塔一基，八角十三層（圖版拾壹(乙)），全體形狀，很像雙塔庵東塔，但門窗式樣，又與泰寧寺舍利塔接近。如果建築物的式樣，可以斷判建造年代，不致相差甚遠，則此塔年代，似乎應在前二者之間？平坐斗栱下面施青石間柱一列，其間彫五十三參圖（圖版拾壹(丙)），為前述二塔所未有，惜間柱位置，不與平坐斗栱一致，致失去木建築原來的意義。又各圖雕刻手法，很像明代作品，也許是明萬曆六年重修一役所改建的？

此塔年代，據式樣推測，似建於遼末？但塔前大遼重修易州聖塔記末行，題『宋乾道二年，歲在癸未五月己卯朔二十四日建施主劉楷』廿餘字，極不可解。案宋孝宗乾道二年（公元一一六六年）五月朔為丙戌，癸卯與碑中干支不合，且其時河北久為金有，遼人西遁，宋正朔亦不及此，顯與事實乖謬。繆藝風金石記謂遼天祚帝乾統三年（公元一一〇三年宋徽宗崇寧二年）五月朔，恰為癸未己卯，疑碑中乾道為乾統之誤，「宋」字乃後人所加，其說比較可信，然二年亦應改為三年，始能完全符合。此外同縣開元寺觀音殿內藏有遼道宗大安三年（公元一〇七五年）劉楷等所造興國寺經幢一通，先於乾統三年約二十餘載，也許與施建此塔的劉楷同為一人，殊未可知？果爾，可為此塔建於遼末之又一証據。

易縣 白塔院千佛塔

遼代磚塔，散見於遼寧吉林黑龍江熱河諸省，和河北山西二省北部的，以前述泰寧寺塔一類，數量最衆。此外另有一種磚塔，每層施平坐腰簷，完全模仿木塔的式樣，恐怕在數量上應居第二位？易縣白塔院千佛塔和下述涿縣雲居寺智度寺二塔，都屬於此類。

塔在易縣西關外半里，佛殿僧寮久已夷爲民居，現在只剩有孤塔一座，八角三層，矗立路北，因爲全部塗以白色，故又稱爲白塔。就外觀言（圖版拾貳(甲)）上下三層的高度，和塔徑大小，及出簷長度，都模仿木塔式樣，每層向上遞減，不過因爲磚造的緣故，屋簷和平坐，伸出不大。至於塔的高度，明正統十四年重修舍利塔記說：「塔高一百又十尺，圍亦稱之」與姚補雲營造法原所說的比例一致，可惜倉卒中未能測量證實。

各層平坐，從前應當都有勾欄，但現在第二第三兩層俱已無存。第一層勾欄尋杖下面，有地霞式花版，兩側飾以飛仙，和涿縣二塔一致（圖版拾貳(乙)）。

門窗，柱梁，普拍枋，斗栱，純係遼式。補間鋪作每面只用一朵，都是五鋪作。其式樣第一層用四十五度斜栱；第二層斜栱中央略去華栱；第三層用普通華栱，三層很具變化。但事實上上層面闊比下層窄狹，爲勢不得不採用簡單的斗栱，不僅外觀關係而已。

此類之塔，因爲模仿木塔式樣，所以各層都可登臨。塔的南面設有石踏步一處，又於塔內中央建八角磚柱，內設梯級，直達上層。梯級入口，在東北面，循級而登，至柱西南角，闢小窗，復折回北面出口。所有一二兩層梯級結構都是如此。

塔內壁面嵌砌許多磚製小佛像。據前引明重修舍利寶塔之記，明代有石像三百零六尊，塑繪三百六十尊現在都已不翼而飛。僅第三層南面尚存銅佛一軀，附近有『嘉靖十六年春三月吉日義士韓政發心請佛上塔』銘文一方不知是否指此像而言？

塔的起源無紀錄可憑。在傅增祥周肇祥二先生所著的涞易紀遊內題為宋千佛塔但未注明出處。據文獻所示，易縣在北宋初年和末期曾兩度隸屬天水版圖之內可是時間都非常之短，所以牠的建造年代，屬遼屬宋？尚是疑問。

涞水縣 大明寺

寺在城內東南隅，俗稱東寺。據大定三年大金涞水大明寺碑，原名開利寺，創於唐開元五年，中間經遼大安一度重修到金大定初年，大事擴充有毗盧釋迦二殿和觀音堂鐘閣等規模頗巨。其後屢經變遷，到現在只存正殿三間單簷四注，頹敗不堪，大概是明天順間重建的。寺內重要古物，現存殿前經幢三通，和殿內元廿四手觀音像一尊。此外金大定碑，係楊邦基書王競篆額二人均以書畫鳴當時，尤以兩都宮殿皆競題榜，其名最盛，惟與建築無關，從略。

東幢

幢爲不等邊八角形柱，以蓮瓣分爲上下二層（圖版拾叁（甲））。下層西南面題「奉爲天祐皇帝特建佛頂尊勝陁羅尼之幢」，其餘七面徧刻經文。上層每面鐫佛像一尊，四立四坐。幢頂覆蓮瓣和屋簷，共五層，其上再施刹肚和相輪，如普通塔頂形狀。如果與易縣開元寺陳氏石幢比較，似乎此幢年代應當稍晚一點？

案天祐建元有唐末昭宣帝一度，不過碑文銘刻向無用年號爲帝稱的，僅西遼耶律大石號天祐皇帝，與之相當。但其時幽燕一帶久歸金有，不應如是，極不可解。

中幢

幢三層（圖版拾叁（乙）），下二層皆八角柱，刻陁羅尼經，末有「大定十三年正月初九日……男思誠等建」，當係金物。上層平面長方形，正面雕佛像三尊，背面鐫「天地三界十方眞宰」數字，西側有明人題記。

幢頂以五石構成：下爲仰蓮，中二石，一上大下削，一上狹下廣，與之相反，其上施平版和寶頂，乃經幢中不可多覯之例。

西幢

幢三層（圖版拾叁（丙）），下部形狀與東幢接近，但幢頂覆鉢作葫蘆形，極不經見。在形制方面，似乎和易縣雙塔庵西塔的塔頂（圖版拾壹（甲））同出一源。其建造年代，諒必相差不遠？

第一層北面題：「奉爲囗輔神贊皇帝齊天彰德皇后特造尊勝陁羅尼幢一座」共廿餘字。據遼史卷十四聖宗紀：「統和十九年五月冊蕭氏爲齊天皇后」及卷十五：「開泰元年十月，百官上尊號曰弘文宣武尊道至德崇仁廣孝聰睿昭聖神贊天輔皇帝」和銘刻大體符合，則此幢應建於聖宗開泰太平間（公元一〇一二至一〇三一年）無疑。

廿四手觀音像

像以白石浮雕，置於大殿佛像後，約高二公尺（圖版拾肆（甲））。牠的特徵，是面貌方整，和下顎中央突出，與居庸關石刻一樣；同時衣紋雲紋也很類似，可算爲元代典型造像之一。

據背面銘刻此像係元成宗元貞元年（公元一二九四年）乙未閏四月八日，同縣永安囗坊社長竇公所施造，并有「石匠本縣居亭村百戸付伯元」及「本縣柏城村提控李彬」等題名。

淶水縣　水北村唐石塔

出淶水縣北門約行十五里至水北村。村在石龜山東北，前有小溪明徹如鏡，村人構磨房於水上，鵝鳧成羣相逐其下，頗類南方風景。渡溪而南，地勢漸高，有石塔一座，孤立麥田中，附近無寺院遺蹟可認。

塔東向方形單簷，從臺基至覆鉢約高二公尺餘（圖版拾肆（乙））。臺基係以整塊巨石雕製，雖年久剝蝕，仍可辨出原來形狀係疊澁三層。塔身用石板四塊拼合，僅在正面設門一處，上飾尖栱，兩側彫力神各一。據現狀推測，舊應有門扉二扇，但已遺失。

除此以外，壁面上刻有造塔原由及施主姓名甚多。據正面北側角上的銘刻，此塔係唐玄宗先天元年（公元七一二年），遼亭鄉水東村諸方道俗為國主帝主師僧父母敬造的。後壁上又有遼眞宗重熙六年（公元一〇三七年）重修紀錄。

塔內壁面上徧雕佛像（圖版拾肆（丙）），雖年久漶滅，面目模糊難辨，但姿態衣紋猶是唐代作風。藻井周斜中平，與天龍山石窟一致。

出簷結構，未施斗栱，只用方椽二層挑出，至翼角處，仍是正列。角脊前端雕獸首，其前列筒瓦二枚，無仙人走獸；此外滴水形狀，上下緣完全平行，和定興縣北齊石柱相同，可證唐中葉瓦飾，尙遵守南北朝末期的式樣，未曾改變。

塔頂置方磚一枚，厚九公分，決非原來所有，疑爲遼重熙重修時因陋就簡的結果？其上忍冬草雕飾，和覆鉢形狀，悉與雲岡石窟所示式樣符合。覆鉢中央有圓穴一處，當然是裝置刹桿或寶珠而設的。

就式樣言，我們所知道的，只有房山縣石經山上的單層石塔，和此塔完全一致。可惜後者建造年代，無確實紀錄，在建築史上，似不及此塔出處翔實，足供參考，甚望當地人士，予以周到的保護。

淶水縣　西岡塔

塔在城外西北三里許，八角十三級（圖版拾伍（甲））。自臺基以上，至第十二層止，無處不與易縣聖塔院塔類似，不過最上一層，特別升高，每面施柱梁斗栱，使逐層縮小的屋簷，到此發生變化。

在嵩嶽寺塔系統內，可算爲很奇特的例。

塔的年代，圖書集成謂建於金大定間，以式樣判斷，其說似乎可信。

涿縣　普壽寺

此寺建築係配合高低不同的臺塔，綜錯複雜，玲瓏可愛（圖版拾伍(丙)），前歲梁思成先生在正定調查紀略內已經提過，此次我們路經涿縣，順便至此考察。

寺又稱清凉寺，在涿縣東門外里許，縣志謂係宋藝祖毓靈地。　正面建有發券式的三座門一座，門前石獅一對，受風雨剝蝕，面目磨滅不清，就姿勢言，大概至遲也是元代遺物。　入門而北，有七級磚塔一座，建在南北中線上（圖版拾伍(乙)）；其後橫牆一道，闢東西二門，門內前殿三間；再北爲磚臺，上建大雄寶殿及配殿雜屋等。

案南北朝佛寺平面，如洛陽伽藍記所載的北魏永寧寺，係以九層浮圖爲全寺重心，而佛殿位於浮圖之後，屬於次要地位，在原則上，尚未完全忘記印度的方法。　洎至到了唐代道宣所箸的戒壇圖經，已經是殿塔倒置。　不過舊時典型，不是完全可以鏟除，如普壽寺和應縣佛宮寺，便是塔在佛殿之前。

位，遼代佛寺後部建有高臺的，除普壽寺外，若義縣奉國寺大同華嚴寺善化寺及應縣佛宮寺等，都是如此，尤以此寺臺塔位置與佛宮寺最爲接近。可是此寺規模較小，建築物的配置，比較緊湊，臺的高度也現得高峻，結果使全部外觀更形美化。

塔八稜七級　圖版拾伍（乙）下部承以八角磚臺，其直徑約等於塔本身臺座直徑的二倍。自臺基以上至第一層簷，除了闌額下加懸魚一列外，大體與易縣泰寧寺舍利塔類似。其詳部結構，可紀述的如次：

（一）平坐斗栱下的花版，據式樣判斷，疑係明萬歷重修時補造的？

（二）第一層的隅柱係八角形　圖版拾陸（甲）。闌額不出頭，下飾懸魚，已喪失原來意義。

（三）門用毬文，下部羣版式樣，很像西式 Penel 奇特之至　圖版拾陸（甲）。

（四）第一層內部闢小室，上覆穹窿，供佛像三尊。中央石製的佛座，在覆盆上彫刻很美麗的卷草；其上蓮瓣雖經後人塗飾，但碩大飽滿的比例，決非近代作品　圖版拾陸（乙）。

自第二層以上，簷端都施斗栱，不過因爲塔身狹小之故，補間鋪作都只用一朶，而且栱頭直接貼於挑簷枋下，無令栱。上部剎頂在仰月以上各部，過於密接，且寶珠體積太大，不與下部相輪翮和，恐非遼代舊物？

塔的建造年代，據第一層室內西壁所嵌的藏掩感應舍利記，係遼道宗太康六年（公元一〇七九年），因隋弘業寺舍利塔重建的。我們如以此塔與遼天祚帝天慶七年（公元一一一六年）所建的房山縣雲居寺南塔對較，圖版玖(乙)不但年代很接近，上部諸簷也都用斗栱，可爲此種式樣通行於遼末的證據。

臺上大雄寶殿面闊三間，單簷歇山，據明萬歷四十五年重修清凉寺碑，似建於明萬歷間？牠的梁架雖然都是直梁，但在兩端各刻斜線一道，表示月梁形狀。又在梁上蜀柱之下，施合楷，使之穩固。此二種手法，當我和梁思成先生調查大同善化寺東西朵殿時，不敢斷定牠的年代，現在根據此殿結構，也許是明代建造的？

此外臺上有金大定五年碑一通，下部贔屭短頸突顎，異常奇特，附錄於此，以供參考圖版拾陸(丙)。

涿縣　雲居寺塔

涿縣城內東北角，有兩座偉大的磚塔，都是模仿木塔式樣。在北者屬雲居寺，在南者屬智度寺。現在二寺堂殿都已摧毀，只存兩塔，南北遙對，當地人士，簡稱爲南塔北塔。

雲居寺塔最特別的是八角六層 圖版拾柒(甲) 採用偶數，打破已往佛塔用奇數的習慣。牠的結構，和前述易縣白塔院千佛塔大同小異，爲避免重複計，只擇重要部分，介紹如次：

(一)塔南側有單層小室一間，突出塔前很像塔的入口但現已堵塞不能證明 圖版拾柒(乙)。牠的建造年代是否與塔同期，也是疑問。

(二)第一層平坐下的間柱式樣，和壺門式羣版人物蟄栱版等，表示十足的遼代作風 圖版拾柒(丙)。

(三)塔每面分爲三間 圖版拾柒(乙)。 因爲各層面闊，愈向上愈縮小的關係，斗栱式樣也隨宜變化不拘一式。 如當心間補間鋪作，自第一層至第四層用四十五度斜栱，第五層用普通華栱第六層用六十度斜栱。 其第五層華栱兩側的空檔，則自柱頭鋪作，另出斜栱塡補之。

(四)斗栱結構，與遼代木建築符合的地方很多。 (甲)泥道栱長度，比令栱和瓜子栱稍長。(乙)無正心慢栱。 (丙)令栱上施替木。

(五)塔內中央有巨大的磚製中心柱，內設梯級，直達上層。 中心柱外面，有走廊環繞，上部用 Cobelling 代替穹窿和通常結構法稍異。

(六)第四層的佛座 圖版拾捌(甲)，與前述普壽寺塔的佛座，甚爲接近。

塔的建造年代，順天府志及現存元明諸碑，都無確實紀載，依式樣觀察，似以遼構的成份居多？

此外遼乾統十年沙門行鮮所撰的大遼涿州雲居寺供塔燈邑記，畿輔通志謂指房山縣雲居寺而言，但最近經東方文化研究所塚本善隆一氏的調查，房山併無是碑，疑仍屬涿縣雲居寺。可是現在此塔附近只有元明以後的碑碣，不能證明塚本氏之說是否正確。否則參照金正隆五年雲居寺重修釋迦佛舍利塔碑，可決此塔係遼道宗大安八年（公元一〇九〇年）所建的。

涿縣　智度寺塔

塔八角五層（圖版拾捌(乙)），結構方法和前塔相同。大概建造年代，也相距不遠。不過上層收分太少，致外觀粗笨異常，在本文所收的磚塔內，要算最壞的一個。

各層斗栱，也不如雲居寺塔富於變化。如補間鋪作，僅第一層用四十五度斜栱，以上四層，都是普通華栱兩跳。

塔的現狀，第一層無臺基平坐，代以簡單磚壁，上覆腰簷和上部諸層，完全不能調和。據壁上所嵌佛像的作風（圖版拾捌(丙)），決為明以後改造的。又塔東面，當民國十四年傅作義死守涿縣時，被奉軍砲燬一部，可以看出各層角梁深埋塔內，斗栱裏面也偶有木骨露出，足窺此類磚塔的結構情狀。

安平縣 聖姑廟

聖姑廟位於安平縣北門外半里許。全部建築係在面積兩畝多的高臺上，以大殿為中心，配列各種大小不同的建築物；其前又有牌樓門殿與臺上諸建築互相呼應（圖版拾玖（甲））似乎比義縣奉國寺和大同華嚴寺二處的大雄寶殿，更能發揮錯綜複雜之美。因此之故，聯想到漢賦中所描寫的臺榭建築究竟採取簡單或複雜的方式？頗足令人吟味。

廟的起原，據傳說，周時有郝姓女字女君，安平會渦村人，因為父母無子，終身奉養不嫁，死後，里人感其孝義，立祠祀之，到後漢光武時，封為孝感聖姑。關於聖姑逝世和光武賜名的經過，鄉間有很多神秘傳說，現在姑且不提，不過寰宇記所說的『安平城北有臺，俗謂之神女樓』，及魏書地形志『安平有樓女貴人神』，大概是指此廟而言？現在聖姑廟的磚臺和工字形大殿，係元成宗大德十年（公元一三〇九年）平州帥趙澄在舊廟東側建造的。其後復經元至順，明弘治，嘉靖，隆慶，萬歷，及清康熙，乾隆，光緒數度增修，始有現在的規模。

一廟在官道北，前建牌樓三間，次硬山大門一座，藏明清碑碣多通。次經甬道石級入廟門，左右爲鐘鼓二樓和土地蚕王二配殿。再次爲工字形大殿及寢宮觀稼亭等。大殿左右復有甬道各一，通西側的三皇殿，和東側的縣立小學。本文爲篇幅所限，僅介紹大殿的結構要點，其餘從略。

安平聖姑廟正殿平面图

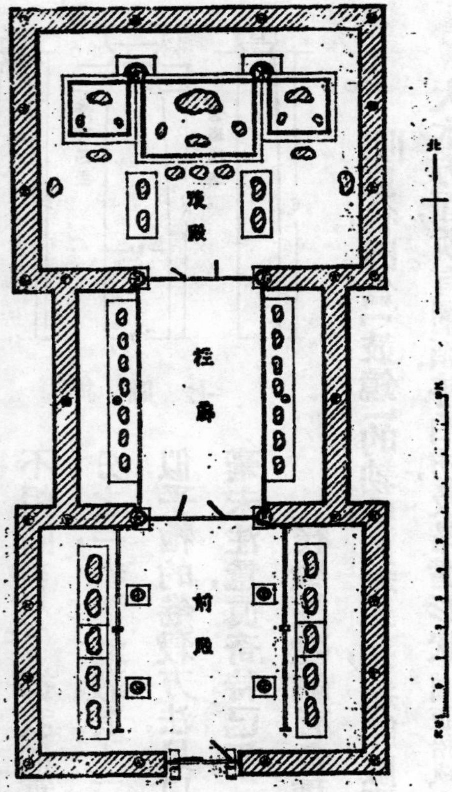

插圖六

殿的平面，係於前後二殿之間，以柱廊聯接，成爲工字形（插圖六）。前後殿都是面闊三間，進深顯三間，上覆單簷歇山頂，面積外觀完全相同。柱廊平面正方形，進深顯二間，即今日俗稱的穿堂。

工字殿的起原據石林燕語所載的北宋文德殿在大慶紫宸二殿間以柱廊相通，謂之過殿；及李有古杭雜記所載的南宋淨慈寺田字殿均足證宋代已有數殿聯爲一體的方法，不過在事實上或者比此更早殊未可知。到了元代，工字形平面更爲盛行，如元大都的大明殿和延慶閣後面俱有寢宮以柱廊連接（見蕭洵故宮遺錄及陶宗儀輟耕錄卷二十一。聖姑廟大殿建於元中葉，當然受了時代性的影響，同時也可證明此種平面不僅限於宮殿，其後明弘治八年所定王府制度在前後二殿間設穿堂五間，無疑的是元代工字殿的遺法。

柱的形制，雖係梭柱，但卷殺方法，和北齊石柱及營造法式都不相同插圖七。據我們實測後殿三柱，不論直徑大小，在柱下部三分之一，都無卷殺，其上三分之二，逐漸削小，至頂僅等於櫨斗之底。似乎牠的卷殺方法，只以櫨斗的底寬為目標，對於上下徑的比例，毫未注意，眞奇特已極。

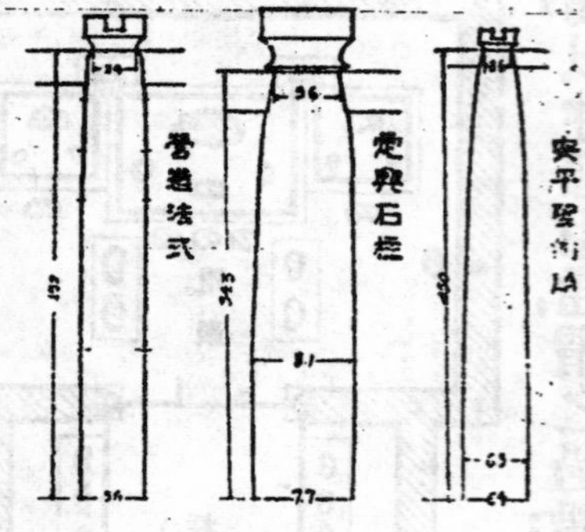

插圖七

後殿柱礎雕有各種寫生花，生動自然，確屬元代遺物 圖版拾玖(乙)。明以後，因爲「鼓鏡」的勃興，此種手法遂歸廢棄，不能不算爲建築藝術的退步。

大木方面所有闌額普拍枋及昂嘴形狀 圖版拾玖(丙) 都和定興縣慈雲閣一致。惟昂係假昂，後部桪桿 圖版貳拾(甲)，乃撐頭木所延長，比正定陽和樓和北平智化寺自要頭延長者更不合理。我從前每以結構式樣判斷建築物的年代，至此撫然自失，不無意外之感。

上部梁架大概因爲平面採取工字形的關係，結構比較複雜，同時也有不少的缺點。概括言之，共有兩種特徵（一）梁架富於變化（二）盡量利用天然木材不加斲削。如梢間的順扒梁，外端置於外簷斗栱上面，比內側置於四椽栿上者約低半公尺，乃選用天然彎曲木料以當其任，可謂最經濟合理的辦法。　我從前看見北平智化寺萬佛閣和昌平明長陵稜恩殿的順扒梁，很引爲奇怪，現在才知道係正定隆興寺藏殿以來一貫相承的方法。

此殿因爲迭經修理之故，現在尚留存各種時代不同的彩畫，足供參考。　其中以前殿次間扒梁底下的彩畫年代似乎比較最古。　牠的色彩經已全部剝落，只存墨線底子，直接畫在木上；全體用連續的植物花紋，併無箍頭枋心（圖版貳拾（乙））也許是建造當時的原物？　其次則爲後殿北面的闌額，排列墨線「旋子」六組，無箍頭枋心；墨綫內側施白線一道，其內滿塗灰色，淡泊雅素，十分可愛（圖版貳拾（丙））我很疑心牠是明代作品？但不能斷定。　此外清式綵畫雖也有二種先後不同的區別，但無重大價值，恕不贅及。

安平縣　文廟

文廟在安平縣東門內，現劃歸縣立女子鄉村師範學校。　重要古建築有大成殿及牌樓各一座。

大成殿單簷歇山，面闊五間，進深顯三間，簷柱和正脊升起得十分顯著（圖版貳拾壹（甲））。　其餘梭柱闌額普拍枋斗栱等，雖大體與聖姑廟大殿一致，但上部梁架（圖版貳拾壹（乙））比例過於單薄，若非後代一度改造，則牠的年代似乎應比聖姑廟稍晚一點。

殿兩側的山牆，和定縣附近一樣，都是繞過角柱至正面梢間三分之一處停止（圖版貳拾壹（甲）），確比北平明清建築僅至角柱止者，更爲堅固。　此外山面和背面，在補間鋪作下面，有柱頭露出牆肩上至普拍枋下皮爲止，不論是否原來所有，總算很稀奇的方法。

殿的建造年代，若僅憑式樣判斷，幾莫不認爲元代遺構。　但女校校長張國憲先生及馬質靑先生曾出示紀錄多種，知元成宗大德八年達魯花赤鐵木答兒等所建的大成殿，僅面闊三間，至明神宗萬歷十一年重修時，縣志儒學門則注明確係五間。　不問是否元明之際毀後重建？抑由原有三間增擴而成？要必成於元大德至明萬歷之間。　惜明永樂正德嘉靖數次重修碑記，無一存在，不能確定牠的建造時期。　總之古建築的年代，必須結構式樣和紀載完全一致，然後始能下最後判斷，這是我此次旅行中所得的教訓。

文廟前面有四柱三樓牌坊一座，柱頭鋪作全用挿栱，明間中央補間鋪作，則用四十五度斜栱（圖版貳拾壹（丙）），與近世牌樓稍異。　據明嘉靖三十五年劉鑑增修文廟學宮記謂：「欞星枋題萬仞宮牆……因舊而新之」，和現在題記符合，也許牠和大成殿都建於明中葉或中葉稍前？

定縣 開元寺塔

寺在定縣南門內東側，僅存磚塔一基。據縣志北宋時寺僧會能嘗取經西竺，得舍利歸，眞宗咸平四年，詔會能建塔，至仁宗至和二年（公元一〇五五年）告成。因定州與契丹鄰接，爲當時軍事重鎭，故又稱爲料敵塔。明清二代，數經修治，至光緒間，塔的東北角崩塌一部，而南面上層門券上現在亦有裂縫，恐怕全塌的危險，爲日不遠？

塔八角十一層，每層高度和直徑的比例搭配十分勻當，並且外輪線具有很輕微的 Entasis，外觀至爲秀麗（圖版貳拾壹（丁））。塔的第一層較高，上施腰簷平坐，但其上諸層，却只有腰簷。簷的結構，以磚向外挑出，斷面成凹曲線，與嵩山嵩嶽寺塔一致。塔頂在忍冬草雕飾之上，施覆鉢，其上爲鐵製承露盤及青銅寶珠二，後者有明嘉靖十一年重修銘記。

每層在東南西北四面，各闢一門，其餘四面，唯西南面第二第十第十一，三層因梯級之故，用眞窗，其餘皆爲假窗，浮雕幾何形窗櫺。

外壁內繞以走廊。除第一層無法調查外，自第二層至第七層，廊的上部有磚製斗栱二跳，其上施支條背版，與木建築一樣。背版結構在第二第三兩層，用方磚浮刻各種花紋，無一塊式樣雷同，最堪贊美圖版貳拾貳(甲)。自第四層至第七層則以木版代磚，施綵繪其上。第八層至第十一層僅用穹窿無斗栱平棊。

塔中央有八角形磚柱內置梯級。就中第一層，因高度較大的緣故，內部又分爲二層。其上層圓頂(Dome)用磚骨(Rib)八條，承載逐層挑出的磚圖版貳拾貳(乙)，很像西方傳來的方法？自第四層以上，梯的位置，在平面上，都成十字交叉形狀。

色彩方面，外部壁面雖塗白色，但各層門劵上，繪有綵色的火焰至腰簷外口爲止。內部則尚存少數殘破不全的壁畫，以第四層者，年代較古。此外各層壁面，嵌有碑記三十餘通，除少數明碑外，大都鐫刻北宋造塔時各州鎮施捨人名，足供史地考證。

總之此塔外觀非常簡潔秀麗，以比例勻妥，見長，同時細部手法，又能富於變化，不失爲磚塔中的上乘。

定縣　大道觀正殿

大道觀在定縣城內西北隅，其起原無可追考，僅據明正德七年碑，知現在規模，係元泰定間重修時留下來的。現在觀的前部，已析為民居，後部堂殿五重，都劃歸定縣救濟院。

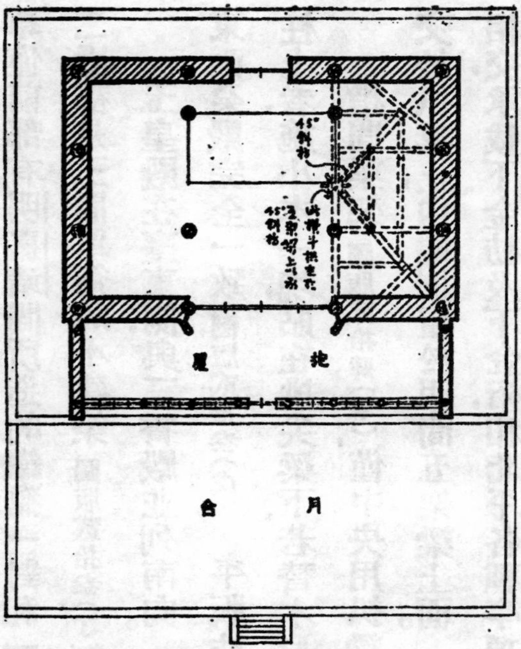

定縣大道觀平面圖

挿圖八

大殿位於第四層，面闊三間（挿圖八），單簷四注（圖版貳拾貳（丙）），建於明正德七年（公元一五一二年）。其後不知何時在前部添建抱廈七間，將殿頂前坡延長覆於抱廈上，大概就是營造法式所說的引簷？不過牠的體積太大，致喧賓奪主，外觀很不自然。

在結構方面，此殿有二點值得注意。第一是外簷平身科每間只用一攢，并且昂尾向後斜上，擱在隨檁枋上（圖版貳拾叁（甲）），不料明代中葉尚使用眞昂，眞出人意料之外。第二是梢間梁架（圖版貳拾叁（乙）（丙））在順扒梁上，正當上金桁轉角處立瓜柱，瓜柱上端再施平面四十五度的枋子一根，內端延至明間五架梁上，承以斗栱，使瓜柱不致孤立。此種方法，在北平明清官式建築中，尚未見過。

此殿斗栱雖然仍用眞昂，平版枋也刻有元式的凹曲線，但材栔比例十分單薄，併且襻間都已改為隨檁枋，外簷廂栱也過於雕飾，失去原來結構的意義（圖版貳拾貳（丁）），故就大體言，實在瑕不掩瑜，可表示明以來大木結構的墮落情形。

定縣　天慶觀玉皇殿

觀在定縣北門內東側，原名興龍宮，自北宋來始改今名。現在觀內重要建築俱已鞠爲茂草，僅前部有明嘉靖間所造的鐵獅一對，和一部分清式建築。此外後部磚臺上，尙存玉皇三霄二殿，都是三間單簷的小建築（圖版貳拾叁（丁））。

玉皇殿在臺東側，與三霄殿並列南向。簷端結構在簷柱上施平版枋一層，和大同善化寺東西朵殿完全一致（圖版貳拾叁（戊））。平版枋至角伸出柱外，刻凹曲綫，承托老角梁。其在明間柱上者，施小木一塊，貼在挑尖梁下，若替木形狀，但未延至內側，性質稍異。

梢間梁架（圖版貳拾肆（甲）），僅中央用扒梁一處，其上施平面四十五度的人字梁二根，外端相交於扒梁上，內端則置於明間五架梁上面。此外又自角柱上施梁一根，內端與人字梁九十度相交，承載下金枋及下金桁，和北平各種亭頂的結構同一原則。

殿的建造年代，據萬曆七年碑，明武宗正德六年（公元一五一一年）邵人劉綬乘因廟後丘陵頗高，乃累砌爲臺建玉皇殿其上。在時間上比大道觀正殿僅遲一年，故梁架結構，也屬於同系統之內。

曲陽縣 北嶽廟德寧殿

曲陽自漢武帝以來至清初順治間，前後千七百餘年，爲歷代遙祀北嶽的地點。不過現在北嶽廟的位置，在文獻上只能追索至唐代爲止，唐以前者全屬不明，尤以北魏前縣治不在今處，更無法窮究。

廟在縣城西南隅，據縣志：舊有東西南三門，規模異常宏巨。其南門亦稱神門，就是縣城的西南門，西門亦卽縣城的西門。自神門以內，有牌坊大門，敬一亭，凌霄門，三山門，鐘樓鼓樓，飛石殿，德寧殿，望嶽亭等，共占面積二頃六十餘畝，見明刻北嶽廟圖。自清世祖順治十七年，改北嶽祀典於山西渾源州後，此廟遂歸廢棄。現在廟址一部，蕩爲民居，僅德寧殿保存稍佳，其餘門殿或全圮，或經後代改修，因陋就簡，不是原來情狀。

德寧殿建於高臺上，重簷四注，外觀雄偉異常（圖版貳拾肆（乙））。就平面言，此殿可注意的殿

35297

身上下，都是面闊七間，進深顯四間。下層在磚壁之外，四周又以走廊環繞，而內部在神像左右後三面築磚壁一層，前施槅扇，成爲內外兩層牆壁插圖九。除外槽進深稍大外，其餘梁柱位置，與營造法式卷三十一「殿身七間副階周匝……身內金廂斗底槽」一圖完全符合。據縣志及廟內諸碑，此廟自五代以來，經北宋太宗淳化二年和元世祖至元七年（公元一二七〇年）二度重建，

曲陽北嶽廟德寧之殿平面图

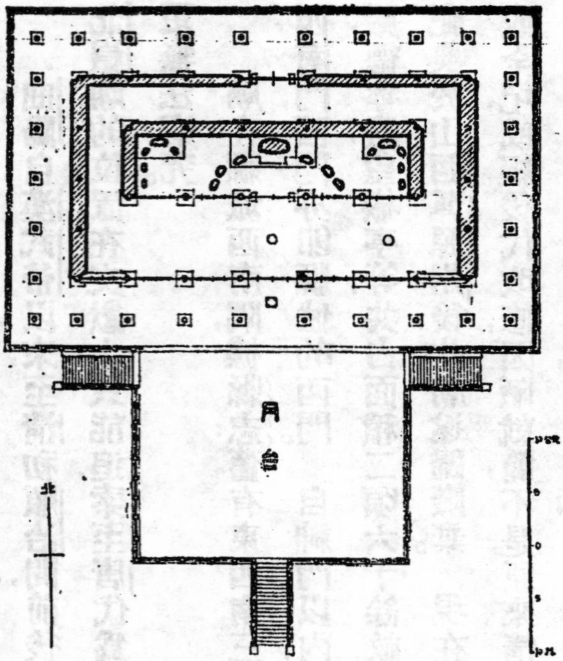

插圖九

也許宋代規模，就是元至元一役的藍本，所以才和營造法式如是契合？

大木方面，此殿簷柱上僅施闌額和普拍枋各一層，并無雀替。此二者至角出頭處所雕曲線，也純屬元式。補間鋪作，用五鋪作重昂重栱，每間只有二朵，比例尚爲雄大圖版貳拾肆(丙)。昂的結構，第一層用假昂，其上華頭子與第二層昂，都是後尾斜上，不過華頭子居於輔助地位，未直達槫下，圖版貳拾肆(丁)和前述定興縣慈雲閣上簷斗栱一致。

此殿上簷斗栱，係六鋪作單栱重昂，材栔尺寸比下簷稍大，但未用眞昂，並且後尾第二第三

兩跳，重疊三分頭與菊花頭兩層，十分奇特（圖版貳拾伍(甲)）。在已往調查的元建築內，如陽和樓慈雲閣聖姑廟等都無此種手法，是否此部經明清二代改造？抑係原來如是？須待旁證出現後，始能決定。

乳栿和四椽栿下面，兩端施雀替，使外觀成爲月梁形狀（圖版貳拾伍(甲)），和大同善化寺山門，同一用意。屋頂梁架一部分仍用叉手襻間，決非近代式樣，但此殿經明萬曆嘉靖和清乾隆道光光緒數度修理，梁柱縱橫，雜亂無章，恐怕大部分已經改造過？

此殿有名的壁畫，在殿內東西二面，各長十七公尺半，高七公尺餘。其中西壁上部的飛天一圖，俗傳吳道子繪，有臨本勒石，置於月臺東南角，任人摹拓，不過廟在五代末年，燬於契丹，至宋太宗淳化二年重建，見宋王禹偁碑，而現存德寧殿所表示的結構法，又至早不能超過元代，則吳畫之說，根本不能成立。據圖中人物姿態觀之，大概出自元人手筆（圖版貳拾伍(乙)）。其中一部，且經後代重描，不是完全舊物。至於近歲軍隊屯駐殿內，除壁面粘貼標語外，並留下無數釘洞，極堪惋惜，望當地人士，急籌保護之策。

此外縣志載殿前露臺上，有元楊瓊所雕的尖鼎爐，現在邈無蹤迹可認，不過殿內却有式樣不同的石座三個，雕刻意匠很富變化，不知是否就是楊瓊的傑作？圖版貳拾陸(甲)(乙)所示的，置於正面明間走廊及外檐東梢間，蓮瓣下似乎都遺失一部，并非全璧。

獸吻形狀，除前部之尾與明清二代接近外，牠的背部輪廓比較方直，併且在轉角處有鰭狀裝飾，尚保存大同華嚴寺薄伽教藏殿的式樣，也許是至元間的舊物？角脊上有少數力神，簡勁生動，決非清代作品。

曲陽縣　八會寺

曲陽縣西南二十里有少容山（俗云黃山）以產石著名。山上八會寺，據縣志創於齊周間，有上閣下閣菩薩鐘樓資福普同聖壽諸院。宋初契丹南掠，蕩為灰燼。仁宗天聖明道間，僧審寫重興堂殿，並因山頂巖石，造大佛一尊，覆以石龕。金皇統間，僧清萬寶寧等增修南殿文殊閣，其後復經明中葉一度修治，至清末庚子之亂，被外兵焚燬殆盡，大佛受礮火轟擊，亦歸烏有。現在重要古物，只有山陽靜容院石塔一基，和山頂隋開皇間所刻的佛垂般涅槃略說教戒經而已。

自陽平村登少容山，山腰有五層方塔一座，全部用粗石累砌，未施雕琢。各層之簷，以Cobelling 挑出，至頂改為八角形。上部剎頂在忍冬草雕飾上，施覆鉢，次累疊二石，頗類相輪，其上為剎肚及剎尖，已非純粹北魏式樣（圖版貳拾陸（丙））。其第一層南面設有羨門，內為正方形小室一間，頂部亦用 Cobelling 結構。室內西側置宋仁宗明道二年靜容院主僧文約一通，金海陵正隆六年刻石塔外又有元至正十五年重修碑知此塔舊屬靜岩院但建造年代諸碑無隻字紀錄，依式樣推測很像北宋遺物？塔附近有清式建築數座，其下累石為龕窟忙中未及徧觀。

自院後攀登少容山頂，北側有宋僧審馬所掘的華嚴集聖池旁刻蟠龍甚偉猶隱約可辨。坡下八會寺本院堂殿數層規模頗巨可惜刦後只賸殘壁巋立荒凉絕目。正殿面闊五間 圖版貳拾柒(甲)，累石為牆壁牆內設八角石柱與宋式一致。又中央金柱石礎雕刻很精美 圖版貳拾柒(乙)，不知是北宋遺物？抑為金資寧所建的文殊閣？尚待考證。以意測之，似以後者為近。

曲陽八會寺石龕平面

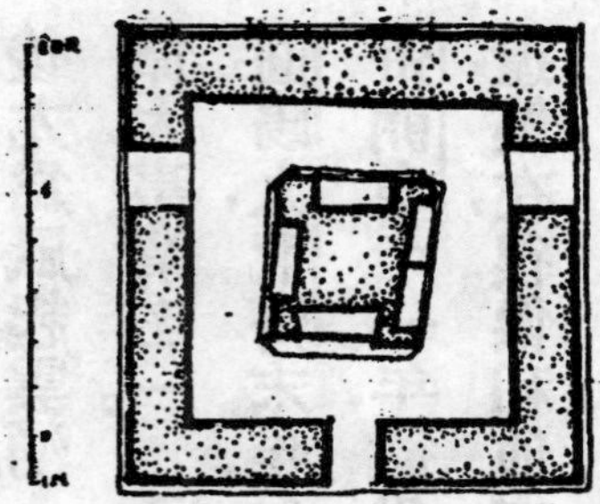

插圖十

隋開皇石經在大殿西北，外覆石屋 圖版貳拾柒(丙)，正門西向設圓券門，南北兩面各闢長方形之窗。門內有不規則的巨石，略近方形 插圖十，四圍鑿方龕凹入 圖版貳拾捌(甲)，計南側二龕東西北各一龕。龕面刻佛垂般涅槃略說教戒經末行有「大隋開皇十三年二月八日刊」銘刻保存甚佳。上部又刻有小像多尊，姿態衣紋簡勁古拙無疑的是開皇舊物 圖版貳拾捌(乙)。其上用亂石砌成圓柱，上部微微向外挑出，至頂覆以水平形石版 圖版貳拾捌(丙)，很像雲岡石窟支提塔的上部，可是結構過於簡單牠的建造年代，無法斷定。

案刻經習慣係佛教『滅法』思想所產生的護法運動，曾盛行於北齊一代。到周武帝廢佛後，尤爲風起雲湧。最有名的，莫如隋初靜琬所經營的房山縣雲居寺石經洞，爲我國佛教史中偉大事業之一。不過北齊以來護法運動的中心人物，不是靜琬，而是寶裕。據續高僧傳：寶裕曲陽人，北齊末年曾開鑿河南寶山石窟，著有涅槃疏等二十餘種，爲當時北方唯一大德。隋文帝開皇十一年，徵爲國統法師，辭不就。曲陽是他的故鄉，八會寺石經成於開皇十三年，其時他還健在，很像和他有相當關係？可是我們留此不足一小時，倉卒中未細讀石刻全文，可惜之至。至於涅槃一經，寶裕疏證外，曾刻一節於寶山石窟內，房山石經洞也刻有全文，不知三者文字是否相同？如能一一摹拓，對於佛經校讐，必有相當的貢獻。

曲陽縣　清化寺

寺在縣城西南十八里西郭村，僅存明正德間重建的正殿三間。殿內有石製立像一尊，約高五公尺，雖說全體比例過於笨重，但下部衣紋流麗生動，很像金末或元初的作品？其東北官道側，有元代石幢二，形狀甚奇特，因爲元幢不多，特介紹如次。

北面一幢題「奉爲圓寂普濟大師滍公和尚敬造佛頂尊勝大陀羅尼經幢」及「至元二十四年（公元一二八七年）八月日住持淸化寺小師善便……」諸字。牠的臺座露出地上者四面各雕獸首一具很像北嶽廟石座的手法（圖版貳拾玖（甲））。其上幢身三層，都採用等邊八角形與前述易縣淶水縣諸幢稍異。第一層上面置八角盤，角上雕獸首中央飾以佛像。第二層上，施圓盤琢仰蓮。第三層幢身四面琢門，具門釘鋪首其上覆方頂一層簷椽瓦隴委細具備但上部幢頂業已失去。此幢手法雖細部力求變化但全體形狀尚未完全喪失宋遼以來的法度。

南幢上下二層形狀異常特別（圖版貳拾玖（乙））。下層在八角柱上置八角盤，雕獸首纓絡和飛仙（圖版貳拾玖（丙））其上再施仰蓮一層。上層幢身，四面雕佛像餘四面雕直櫺窗，上置仰蓮，石磴，和出簷很大的八角頂各一層。據下部銘刻，此幢係元至順四年（即元統元年公元一三三三年）爲靜智大師善公和尚建造的在時期上屬於元中葉以後，宜其形制奇詭，踏入墮落的境域了。

曲陽石刻

當我未到曲陽以前，在定縣看見許多美麗石刻，如北魏高歸彥施造的佛座 圖版貳拾玖(丁)，民衆教育館收集的蟠龍石座 圖版叁拾(甲)，和衆春園的北齊碑 圖版叁拾(乙)，都是不易多得的精品。詢之當地人士，知定縣石刻，向由曲陽石工承造，因此想起元代有名的石工楊瓊和王浩父子，均是曲陽縣人，足證此種傳說，不是毫無根據。到了曲陽以後，看見北嶽廟德寧殿三個石座 圖版貳拾陸(甲)(乙)，雖說在技術方面，比定縣所見的更爲纖巧，但牠的意匠豐富，饒於變化，無論何人，不能否認。嗣聞曲陽石工的中心地點，在縣城西南二十里的西陽平村，恰好在少容山附近，遂乘調查八會寺之便，至此村考察。

村在少容山南面，離山脚不過一里多路。山上產有很純潔的白石，和北平明清宮殿所用的旱白玉一樣。又有質地稍差的花崗石，和製磨礪用的沙石，及黑色石灰石等等。大概曲陽石工能夠成爲一種工藝，供給附屬數縣的需用，一方面固然是傳統技術的關係，一方面也依仗此種豐富的天惠材料，才能充分發揮他們的才能。

縣志所載的楊瓊，就是陽平村人。他以石工精美，受知元世祖，曾造兩都察罕腦兒宮殿，涼亭，石門，石浴堂等，並任大都等處山場石局總管，卒後追贈宏農郡伯。在當時以一石工，躋身高位，飾絡之典，如是隆重，可知他決非平凡人物。 關於他的絕作，明蕭詢元故宮遺錄載萬壽山東「萬柳中有浴室，前有小殿，由殿後左右而入，爲室凡九，皆極明透，交爲窟穴，至迷所出路，中穴有盤龍，左底昂首而吐吞一丸，於上注以溫泉，九室交湧，香霧從龍口中出，奇巧莫辨。」 雖未注明匠作姓名，可是大都浴室唯此一處，規模最巨，而楊氏又以製作涼亭浴室名噪一時，見諸志乘，也許是他的作品，亦未可知？ 其後淸初高士奇金鰲退食筆記，載山上淸虛殿「砌下暗設銅甕，灌水注池，池前玉盆內作盤龍，昂首而起，激水從盆底一竅，轉出龍吻，分入小洞，由殿側九曲注池中」。知康熙時尙有遺蹟可認，惟乾隆中撰修日下舊聞考，則云摧毀無存矣。

元代曲陽石工，除楊瓊外，又有王浩，亦以技藝精妙，任採石局提領，卒後其子祐能世其業此外碑碣銘記上所載的曲陽石工，更難一一臚舉，足窺當時名匠輩出，煊赫一時。 現在北平的石工，雖說武强人占去大半，但仍有少數曲陽工人，保持一部分勢力。

西陽平村共有五百餘戶，其中石工幾占去半數。 石工中以楊高劉董四姓居多，楊姓大概和湯瓊同族？高姓也是匠作世家，見元淸化寺南幢銘刻，惟劉董二姓無考。 現在他們大多數都依賴粗活，維持日常生計，也有受北平古玩店的委託，製作各種小像，如觀音八仙關公及其他文具玩具之類，不過在意匠方面，比北嶽廟的石座，更形退化。 此外據說尙能仿做一種假佛頭銷售平津各處，但我倉卒中只看見靑黑色石灰石所製的小馬和觀音，石質與北平古玩店陳列的佛頭一樣不敢妄加揣測。　我對於曲陽的石工業以爲現在時代已經轉變，社會上的需求和鑑賞標準，與前迥然不同，他們應當向新的方面發展天賦技能，庶不負已往的光榮歷史，若僅在仿古方面遛圈子，未免太可惜了。

蠡縣附近石橋及牆壁防鹼設備

此次我們經過高陽安平蠡定等縣，看見不少軸柱式石橋（圖版叁拾（丙）），和彙刊五卷一期介紹的西安普濟橋同一系統。所不同的，蠡縣石橋在各層軸柱之間施橫枋一層供聯絡之用，似乎比西安諸橋更爲合理。此外上層石枋上僅平鋪石版一層，並無木梁枋版及版上鋪土的方法，大概因爲需要條件不同，結構法也就兩樣。據楊名颺灞橋圖說一書，西安諸橋以梁化鳳所建的普濟橋爲最早，但其法出於梁氏獨創？抑係抄襲他處成法？原文未曾提及，自然無法懸斷。不過就分散範圍和式樣的普及言，我疑心蠡縣附近的橋，不是模倣西安的。

自保定往南民居牆壁的結構，漸漸和北平兩樣。第一是外面的圍牆很高，上部砌有垛堞，自外觀之，不易看見內部建築的屋頂。第二磚牆的砌法，下部用實磚，上部用空斗磚或土磚版築之類，和南方諸省類似。第三牆下部有防鹼設備。

河北省中部，以產硝鹽著名。一般建築爲防止鹼質緣牆壁上昇起見，在牆下部，離地面二尺至三尺處，鋪稻草一層，約厚二吋至四吋不等（圖版叁拾(丁)）。因爲河北省氣候比較乾燥，稻草不易腐敗，即使年久草質發生變化，也是平均下沈，並無重大的危險。此項防鹼層，除純粹稻草外，或用高粱梗，或用稻草與樹枝混合，或裝木骨一層，極不一律。關於後者，我們從前調查的古建築，如薊縣獨樂寺及北平護國寺土坯殿等，都是如此，當時以爲僅是磚牆內的聯絡構材，到現在才知道係防鹼作用。此外山西北部，也是產硝鹽的區域，所以大同華嚴，善化二寺遼金遺構，也在羣肩上施木骨一層，與保定附近民居，完全一致。不過北平明清二代建築，無此種結構，甚難解釋。

定縣考棚

定縣東大街的平民教育促進會，係舊日考棚改造的。據現存碑記，考棚原係六十三間，清道光十四年至十八年，增建前部牌樓式屋頂七間，始成現狀。牠的年代雖不很古，但外觀結構，不落常套，値得介紹。

清代官式建築的屋頂，對於面積較大的殿座，普通採取兩種方式。第一種用很高大的整個屋頂，如重簷結構的太和殿，與單簷攢尖的北海小西天，都嫌浪費材料，太不經濟。第二種如圓明園的三捲殿五捲殿之類，對於用材雖比較節省，但室內光線不足，且屋頂常有漏雨的缺點。除此以外，要算定縣考棚的結構法，較爲合理。

考棚面闊七間，進深十間，占面積一畝餘（插圖十二）。正面外觀以中央明間爲最高，左右次間，梢間，盡間依次遞減，如牌樓形狀（圖版叁拾壹(甲)）。不過在進深方面，此項牌樓式屋頂只限於前部走廊（圖版叁拾壹(乙)），自此以後，用坡度較底的屋頂四層；第一第二兩層上下相距甚近，其上關直欞窗一列，採取光綫，如歐洲中世紀教堂的 Clearstory。再上第三第四兩層屋頂，復互相重疊，與下層情狀相同（圖版叁拾貳(甲)）。牠的室內光線，當然要比三捲五捲殿更爲充足，同時屋頂材料也比較節省，且無 valley 漏雨的機會，自然很少。其唯一缺點，就是內部柱數過多，足以妨礙交通光線，故平敎會將內部明

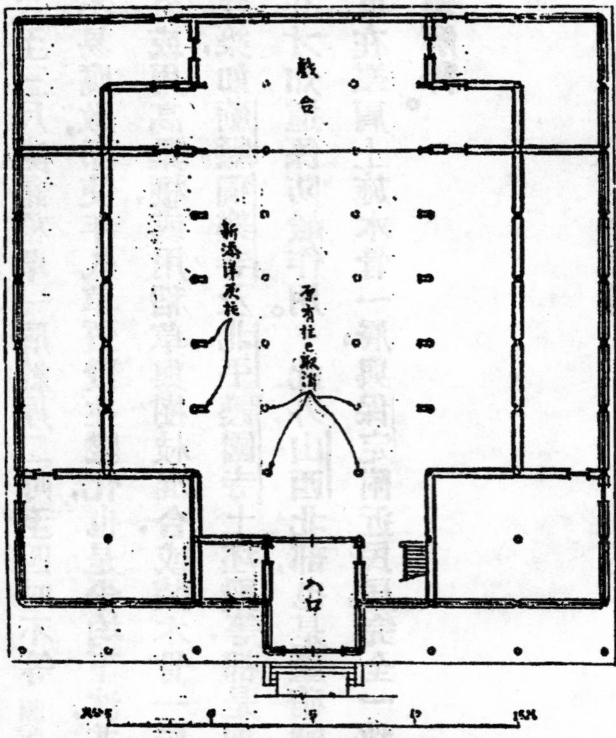

定縣考棚改進後平面圖

插圖十一

間諸柱，一律取消，而在次間柱側，另造洋灰柱，其上施洋灰梁，承托舊有屋架。雖外觀上，不無可議之處，但在今日侈談建設，而國內許多無力建造新式公會堂的地方，似乎此種方法，比懸格過高，因噎廢食好多了。

清官式石橋做法目錄

打樁

第二節　平橋

刨槽　灰土

打樁

第四章　搭材作

第一節　券橋

材盤架子　券子

第二節　平橋

材盤架子

附錄

橋座做法（原載營造算例）

石橋分法

石平橋做法（原載工程備要隨錄）

圖版壹

石券橋部分名稱圖

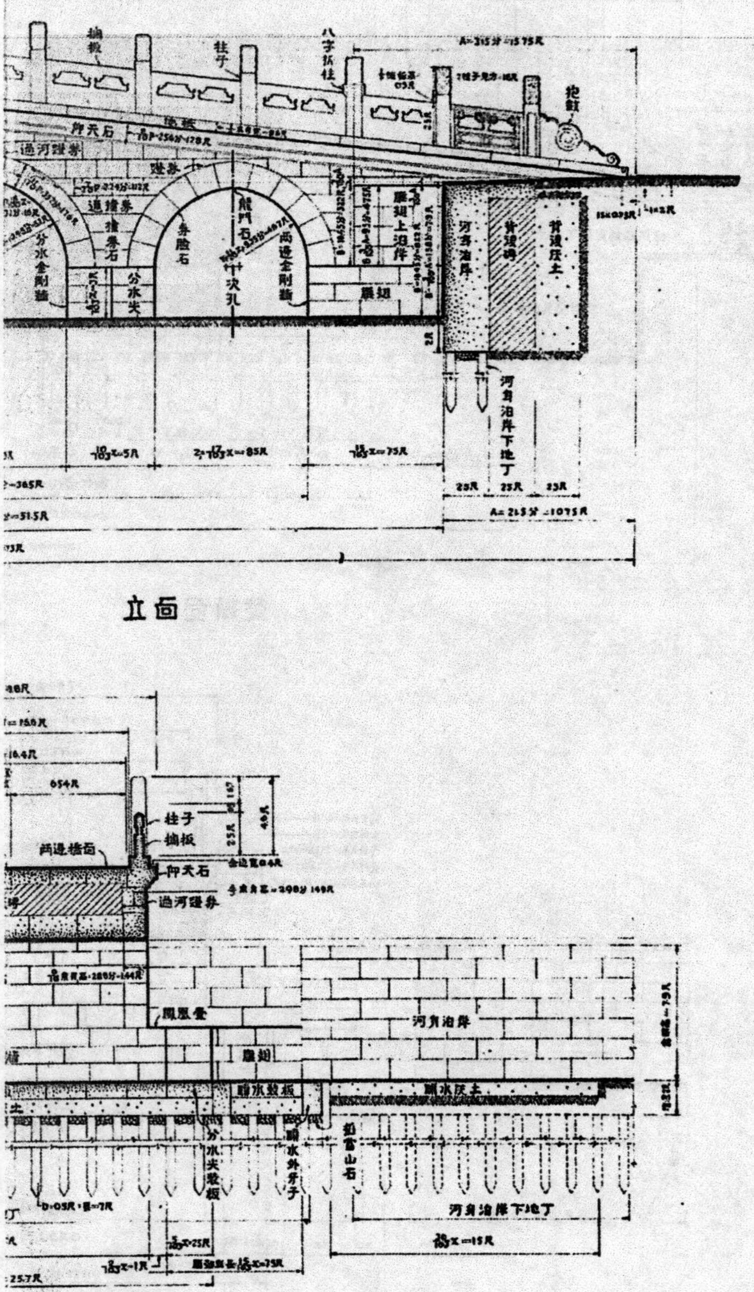

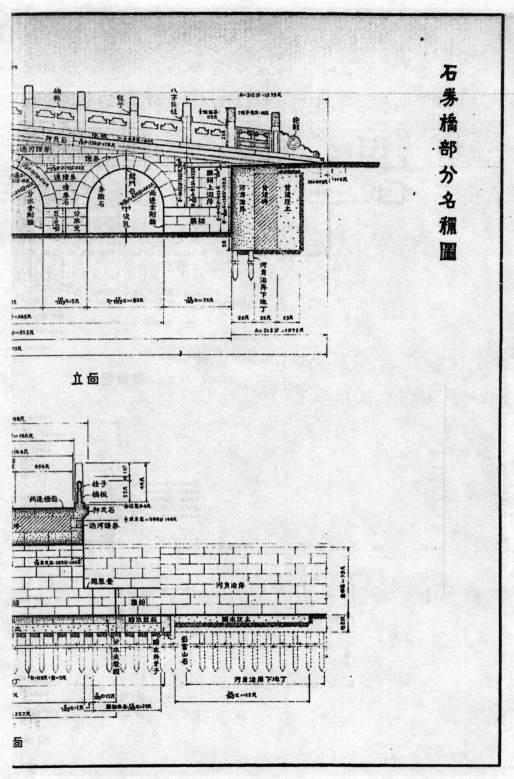

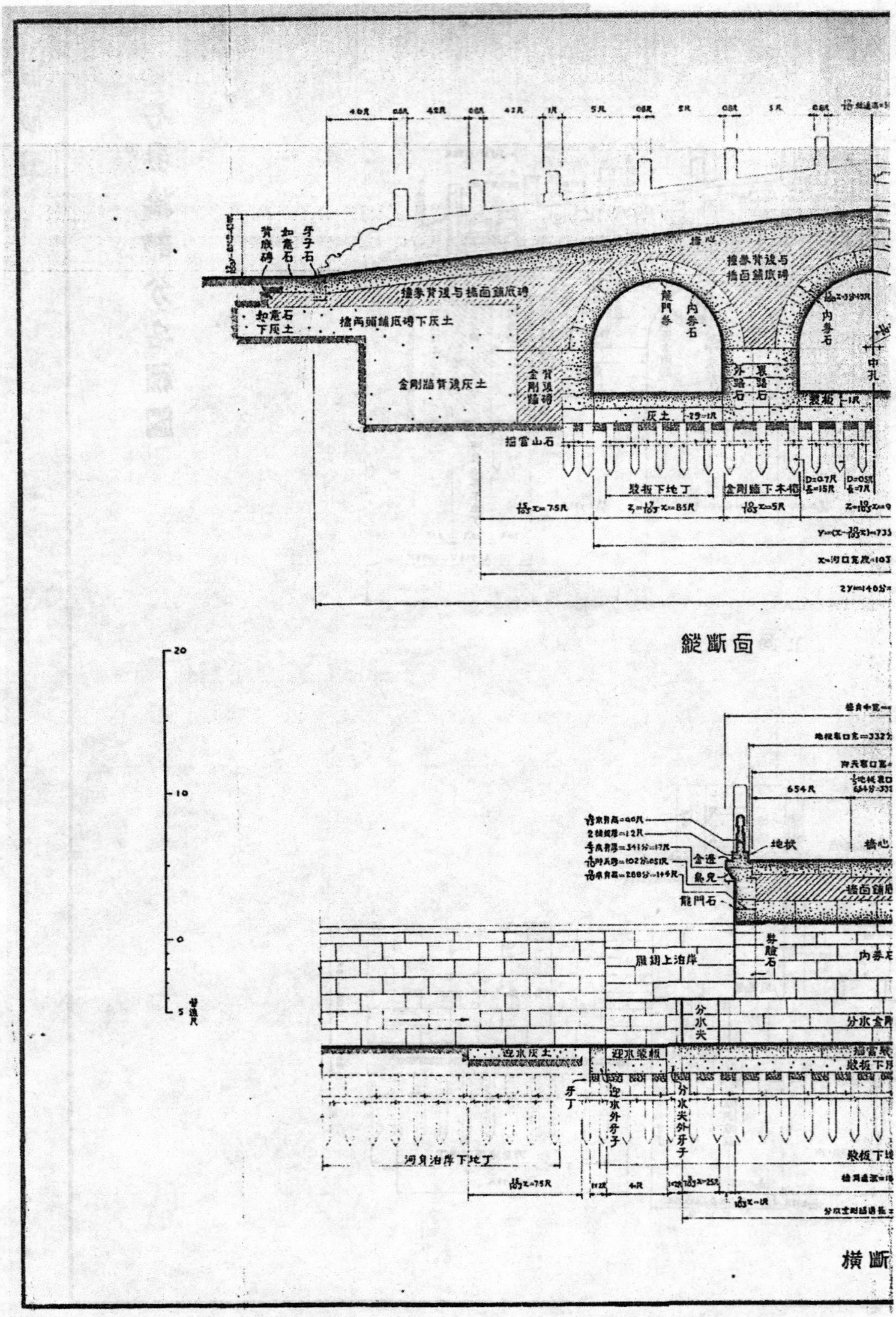

背底砖
如意石
牙子石
撞券背後与橋面鋪底砖
橋両頭鋪底砖下灰土
如意石下灰土
金剛牆背後灰土
背後鋪砖
金剛牆
龍門券
内券石
外路石
裏路石
灰土
掐當山石
鼓板下地丁
金剛牆下木樁
中孔
縦断面
地栿
龍門石
雁翅上泊岸
分水尖
迎水灰土
迎水鼓板
牙丁
迎水外牙子
分水尖外牙子
河身泊岸下地丁
鼓板下地
横断

圖版貳

石券橋部分名稱圖

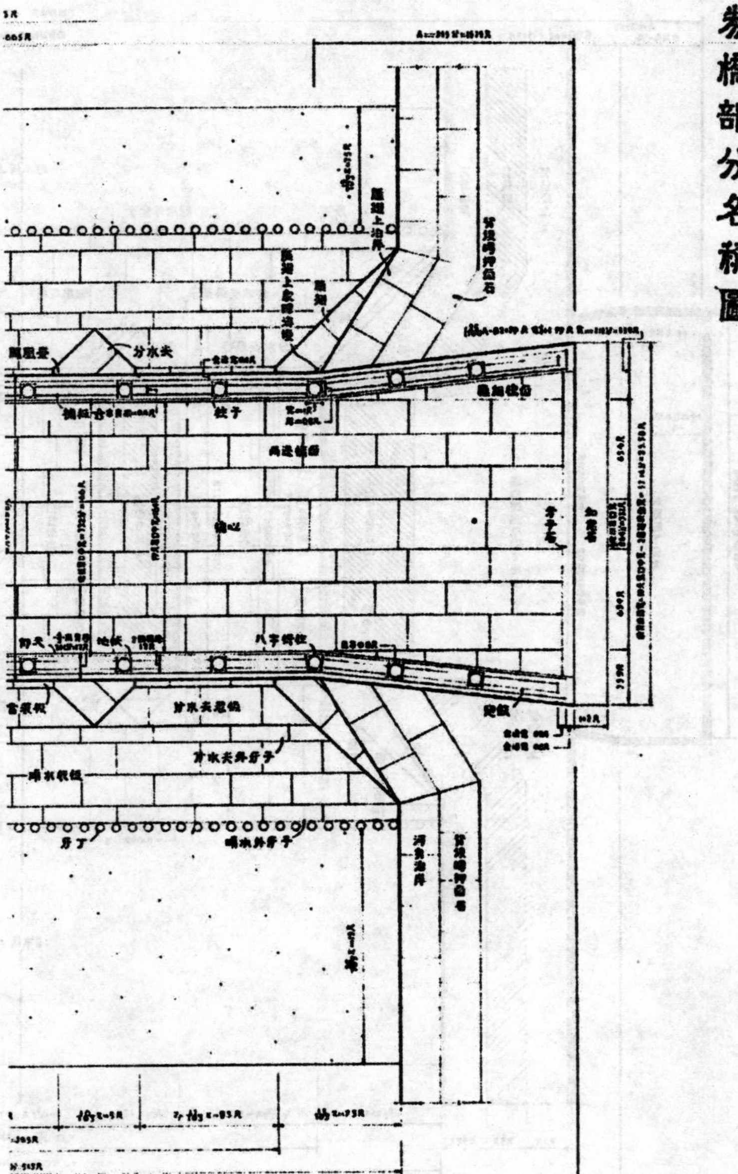

橋面平面

35315

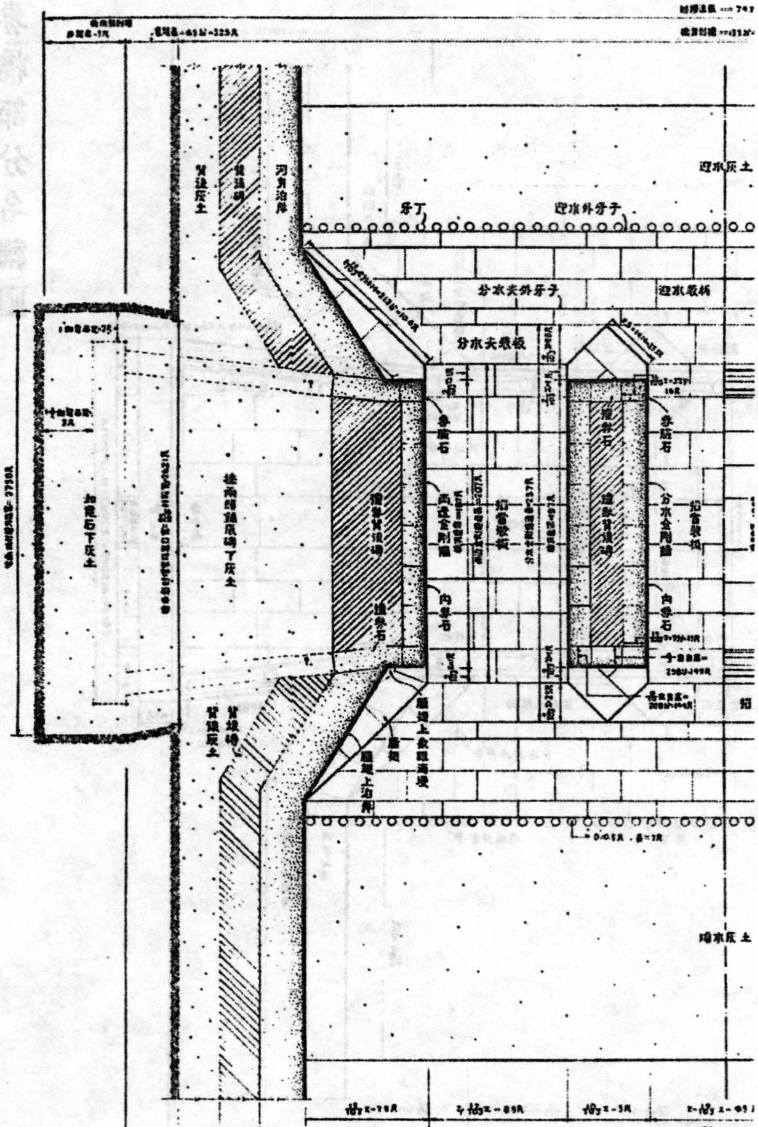

金剛牆平面

圖版叁

石平橋部分名稱圖

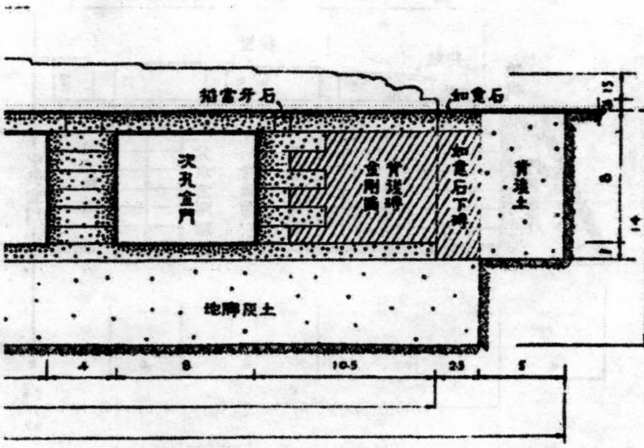

縱斷面

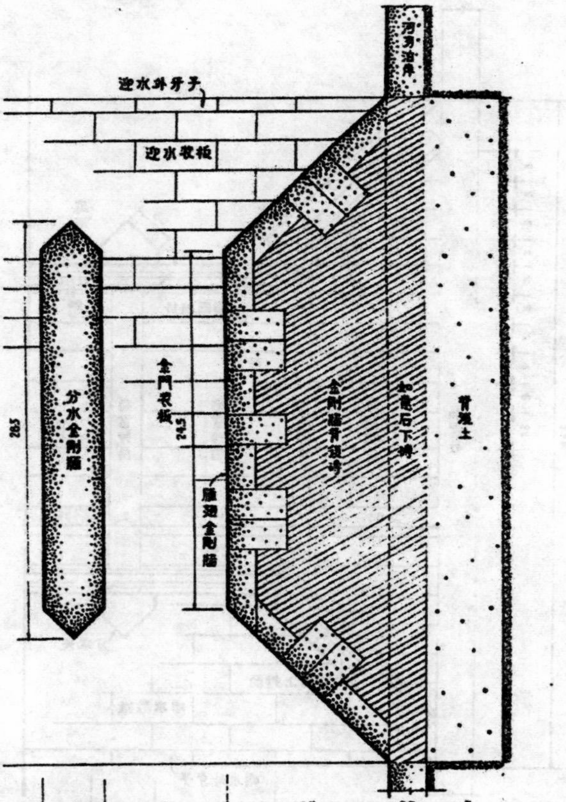

金剛牆平面

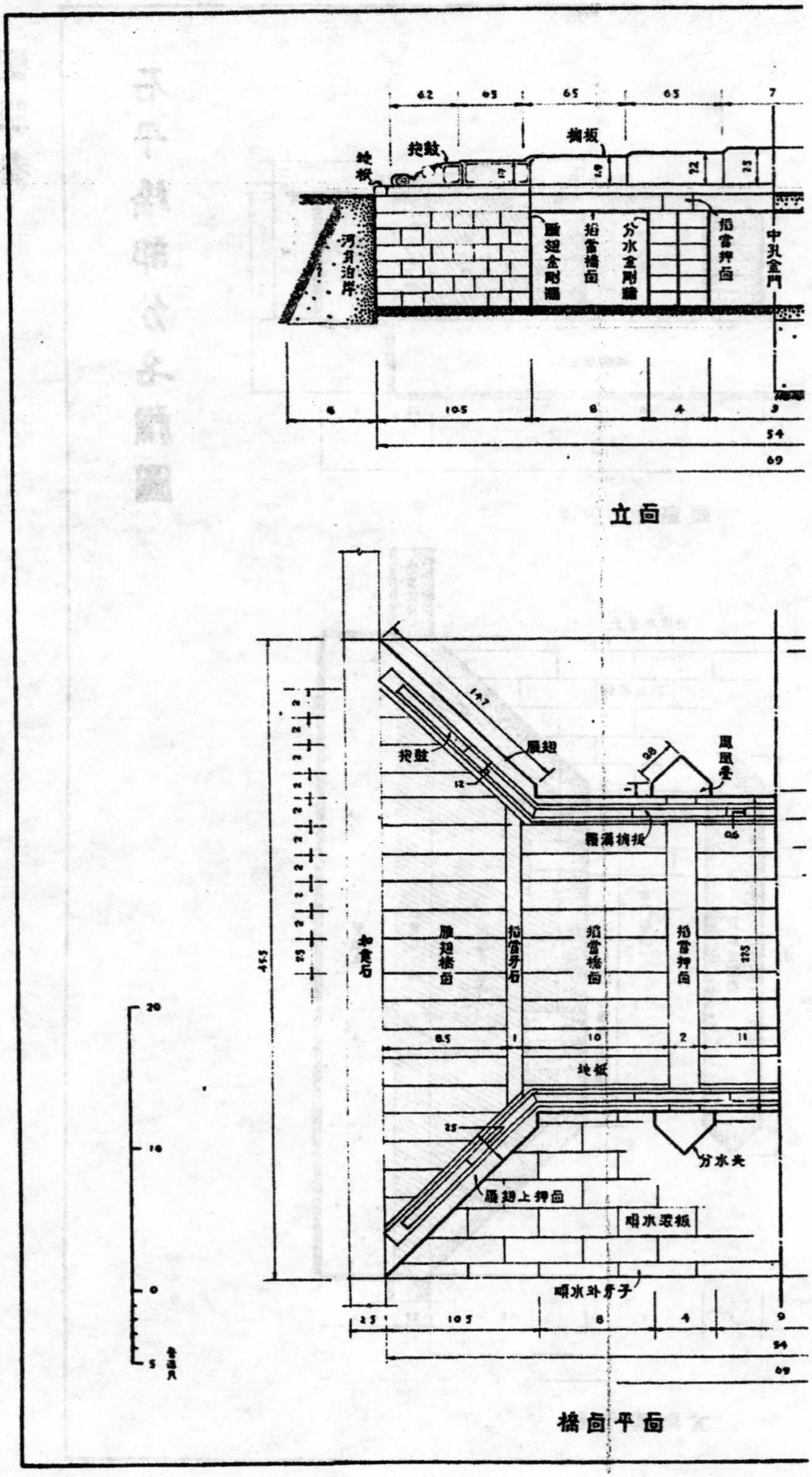
石平橋部分名稱圖
抱鼓
河身泊岸
分水金剛牆
中孔金門
立面
雁翅
抱鼓
分水尖
如意石
順水外牙子
橋面平面

圖版肆

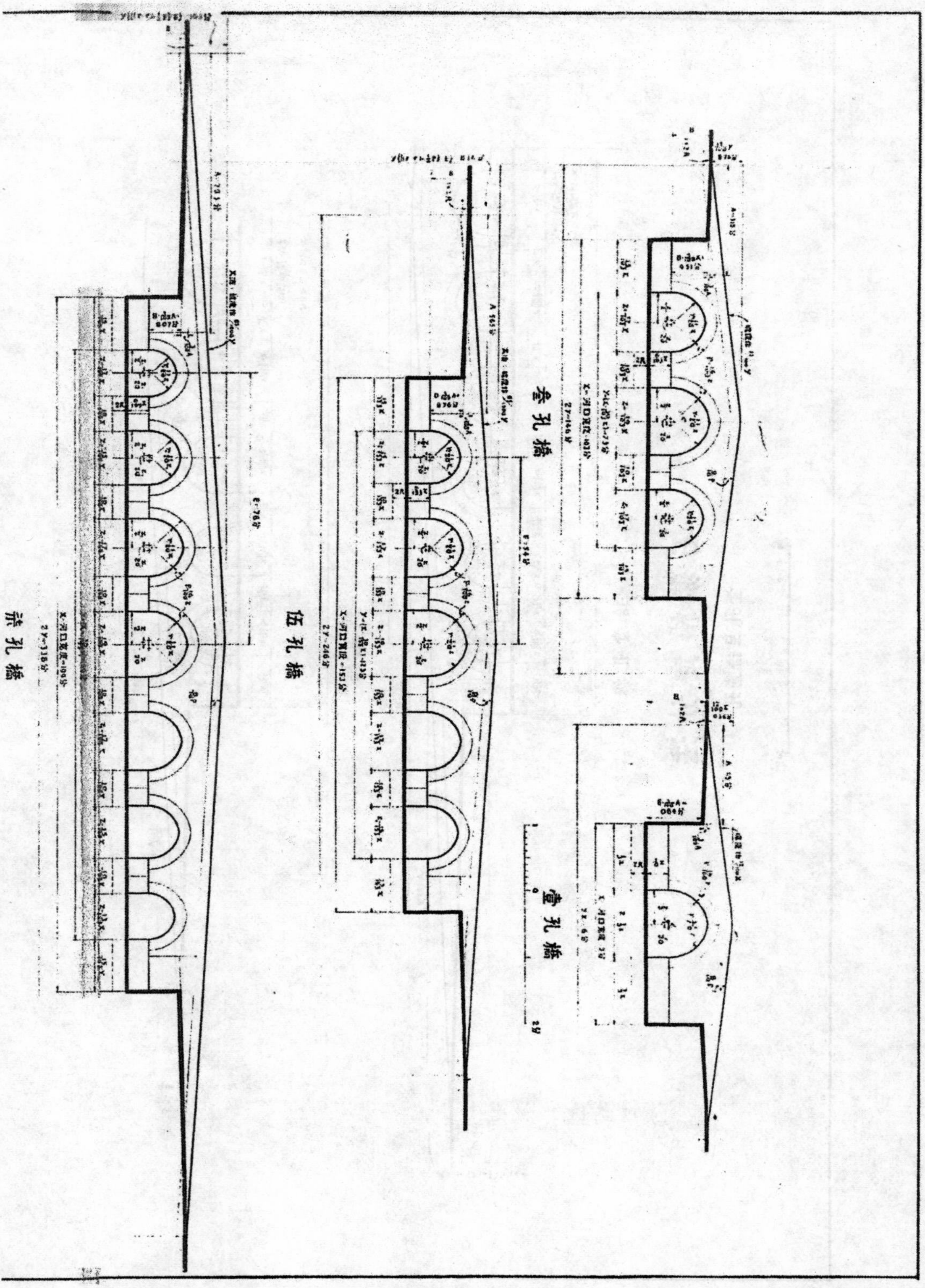

35319

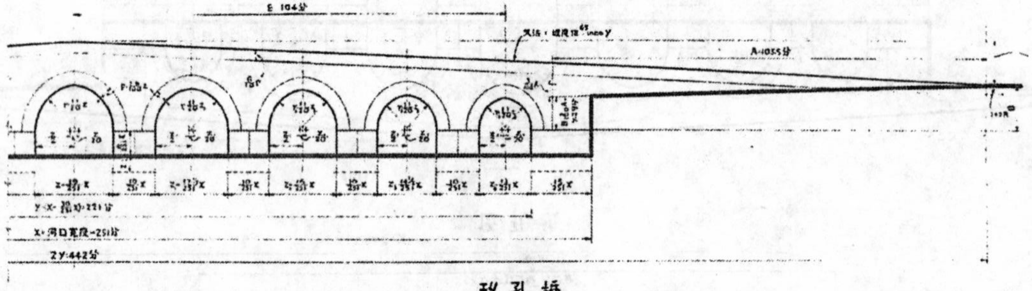

玖孔橋

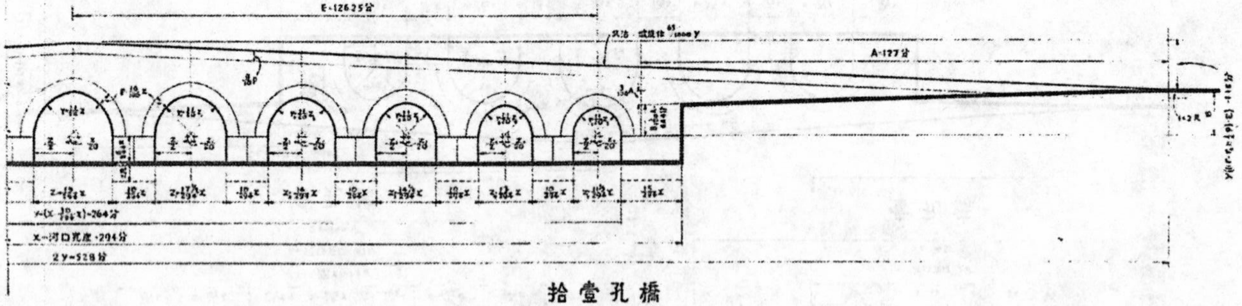

拾壹孔橋

石券橋定分法

壹孔至拾壹孔

圖版伍

石券橋定分法

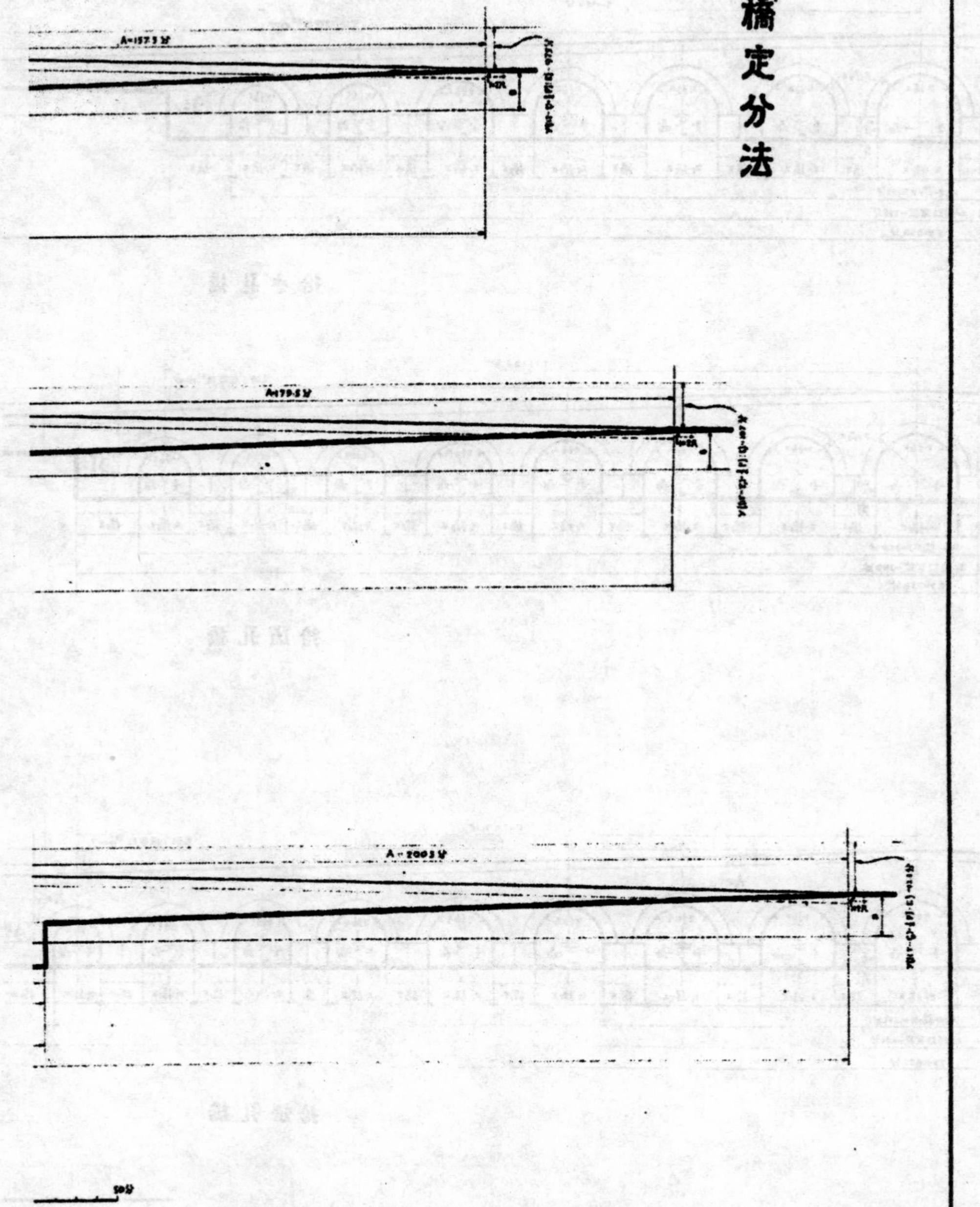

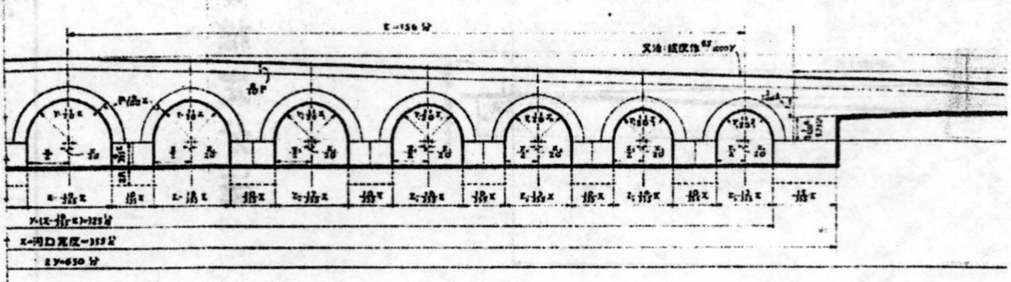

拾叁孔橋

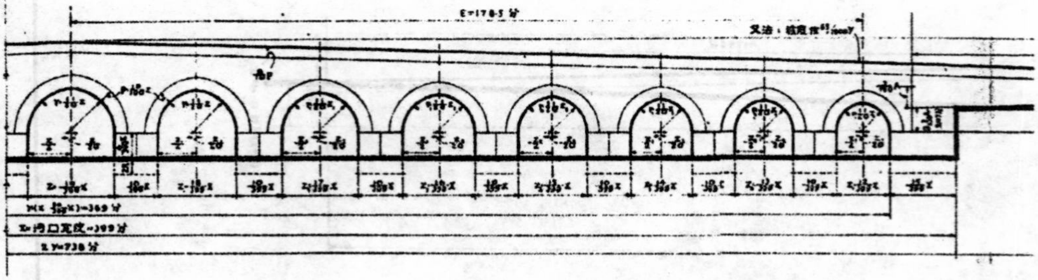

拾伍孔橋

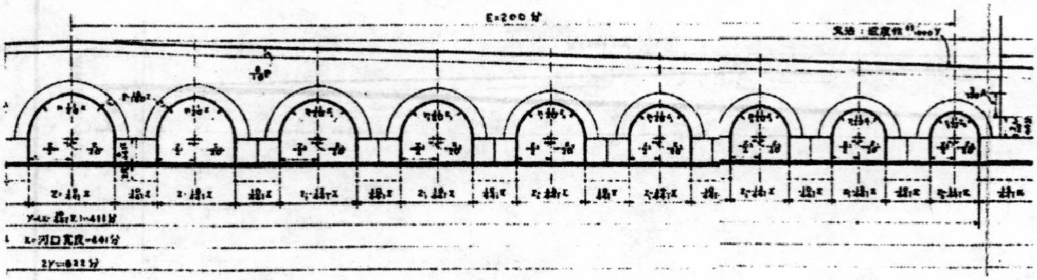

拾柒孔橋

（甲）一孔石券橋

（乙）崇陵五孔石券橋

（丙）崇陵五孔石券橋施工情形圖

崇陵三孔石平橋（甲）

崇陵五孔石平橋（乙）

石臉券 （甲）

石券內 （乙）

圖版玖

（甲）券橋橋面

（乙）擋券石及仰天石

圖版拾

（甲）券橋欄杆

（乙）八字折柱

圖版拾壹

杆欄及面橋橋平石 （甲）

鼓抱 （乙）

清官式石橋做法

王璧文

弁言

清代橋梁做法，未著錄工部工程做法則例一書，其偶見於檔册，簿錄，橋記，方志與乎私家文集者，又皆寥寥數語，無俾工事。唯近歲坊間發現之匠工秘藏底册，所述較爲詳盡。是項底本本社共收有數種，如已刊行之營造算例第九章橋座做法及新購石橋分法，工程備要隨錄二書，類皆紀錄官式橋梁做法之專篇。顧其內容胥以石造券橋爲主，磚橋木橋悉付闕如，惟工程備要隨錄列舉石平橋做法數則，最爲可貴。然是書挂一漏萬，於橋之高寬與搯當橋面押面欄杆等，亦未論及。至於定義之淆混，術語之艱深，尤爲諸書通弊，殆非今日讀者所能通曉。邇來國內外究心我國舊式橋梁工程者，頻相垂問質疑，本社亦感於此類孤本羅致之匪易，爰就前述三書及清崇陵工程做法所示尺度與國立北平圖書館及北平中法大學圖書館所藏清代帝妃陵寢石橋圖樣多種互相參照依其施工順序重新標題排比成清官式石橋做法一編。內分石作瓦作，土作，及搭材作四章章分券橋平橋二種。

本書着手之始最感困難者即所據之書或秩序凌亂或同爲一物而詞意各別甚至強爲分割，前後歧出極感不便。茲依結構性質一一爲之剖析釐正。略舉數例，以明眞象：

(一)合併之例　如分水金剛牆，兩邊金剛牆，及雁翅三則同屬金剛牆，原書則分列爲三不相連屬，茲爲合併標曰「金剛牆」。次如地栿仰天，及雁翅橋面三則，原書均前後兩見，實則前者乃爲券橋定寬之法後者係本身定法，自難含混，本編特將前者併入「橋寬定法」內，以醒眉目。　他如磚作金剛牆背後磚，撞券背後至橋面鋪底磚各欵併爲「背後磚與鋪底磚」　土作金剛牆背後灰土裝板下灰土各欵併爲「灰土」。　搭材作，金剛牆材盤架子，平橋架子各款併爲「材盤架子」。

(二)分錄之例　原書石料鑿打及鍋底券算法各節原皆屬於石作而反割裂另成一節，實屬未當，本編悉按其結構性質分別附入「金剛牆」「撞券石」「泊岸」及「券洞」各欵。　餘如裝板與牙子，原書參雜幷列，不易辨識，茲各依次錄之分作「裝板」與「裝板牙子」。　又如土作刨槽，灰土，及地丁各款，原書一貫排列，未能劃分清楚，茲各依其類，分爲「刨槽」「灰土」及「打樁」三欵。類此之例正多，不復縷述。

(三)順序改變之例　原書章次首爲石作，瓦作，搭材作，土作，而石料鑿打，及鍋底券算法次之。其石料鑿打，及鍋底券算法二節，已分別附入石作一章，至於土作因其施工較先於搭材，故爲前後倒置。全書順序，依工作改爲石作，瓦作，土作，搭材作。

關於橋座結構比例，及術語之定義，皆參照前列諸書，詢諸匠師，按其部位分別校正，間有不能定其甲乙者，則加按語小注，不敢凡定，并於編末附印原書三種，祈閱者自行研討，以求一當。此外券橋各部分配比例，繪成石券橋定分法一圖，復於各欵後，另附表式，俾便檢索。其餘分件名稱，見卷首石券橋部分名稱一圖。平橋一項，按崇陵工程做法，三孔石平橋實例尺度，繪成一圖，並附注名稱尺度，以供參閱。

是編經始於本年三月，迄八月始告蕆事。凡辭意增修刪改，及繪製圖樣，譜列表式，諸事，承劉敦楨，梁思成，邵力工三先生熱心指導，至足感謝；其橋座習用術語，及詳部名稱，得力於匠師鄉賓臣，武壽山二先生者實多，幷茲致謝。

第一章　石作

第一節　劵橋

【橋洞分配定例金剛牆附】　凡建造橋梁，無論劵橋或平橋，須先按河口按即河身，或曰河槽。寬度，與橋洞之多寡，分河口為若干分，然後再求橋洞面闊與金剛牆見「金剛牆」之寬度。　玆將一孔至十七孔橋座橋洞與金剛牆分配分數，縷述如次：

（一）一孔橋　按河口寬度，分為三分圖版肆。　中一分定為金門按即橋洞。面闊。　餘為兩邊雁翅直寬各一分。

（二）三孔橋　按河口寬度，分為一百〇三分圖版肆。　中孔金門按即正中之橋洞。面闊，以十九分定之。次孔按即中孔兩邊之橋洞。兩孔，各十七分。　分水金剛牆兩道各寬十分。　雁翅兩道，各直寬十五分。按兩邊金剛牆寬度包括在內。

（三）五孔橋　按河口寬度，分為一百五十三分圖版肆。　中孔金門面闊，以十九分定之。　次孔兩孔，各十七分。　梢孔按即橋身兩邊最外側之橋洞。　兩孔，各十五分。　分水金剛牆四道，各寬十分。　雁

35332

洞				金剛牆	
五次孔	六次孔	七次孔	梢孔	分水金剛牆	雁翅
					$E'=\frac{1}{3}x$ $2E'=\frac{2}{3}x$
				$E=\frac{10}{103}x$ $2E=\frac{20}{103}x$	$E'=\frac{15}{103}x$ $2E'=\frac{30}{103}x$
			$z_2=\frac{15}{153}x$ $2z_2=\frac{30}{153}x$	$E=\frac{10}{153}x$ $4E=\frac{40}{153}x$	$E'=\frac{15}{153}x$ $2E'=\frac{30}{153}x$
			$z_3=\frac{13}{199}x$ $2z_3=\frac{26}{199}x$	$E=\frac{10}{199}x$ $6E=\frac{60}{199}x$	$E'=\frac{15}{199}x$ $2E'=\frac{30}{199}x$
			$z_4=\frac{13}{251}x$ $2z_4=\frac{26}{251}x$	$E=\frac{10}{251}x$ $8E=\frac{80}{251}x$	$E'=\frac{15}{251}x$ $2E'=\frac{30}{251}x$
			$z_5=\frac{11\frac{1}{2}}{294}x$ $2z_5=\frac{23}{294}x$	$E=\frac{10}{294}x$ $10E=\frac{100}{294}x$	$E'=\frac{15}{294}x$ $2E'=\frac{30}{294}x$
$z_5=\frac{14}{355}x$ $2z_5=\frac{28}{255}x$			$z_6=\frac{13}{355}x$ $2z_6=\frac{26}{355}x$	$E=\frac{10}{355}x$ $12E=\frac{120}{355}x$	$E'=\frac{15}{355}x$ $2E'=\frac{30}{355}x$
$z_5=\frac{14}{399}x$ $2z_5=\frac{28}{399}x$	$z_6=\frac{13}{399}x$ $2z_6=\frac{26}{399}x$		$z_7=\frac{12}{399}x$ $2z_7=\frac{24}{399}x$	$E=\frac{10}{399}x$ $14E=\frac{140}{399}x$	$E'=\frac{15}{399}x$ $2E'=\frac{30}{399}x$
$z_5=\frac{14}{441}x$ $2z_5=\frac{28}{441}x$	$z_6=\frac{13}{441}x$ $2z_6=\frac{26}{441}x$	$z_7=\frac{12}{441}z$ $2z_7=\frac{24}{441}x$	$z_8=\frac{11}{441}x$ $2z_8=\frac{22}{441}x$	$E=\frac{10}{441}x$ $16E=\frac{160}{441}x$	$E'=\frac{15}{441}x$ $2E'=\frac{30}{441}x$

E＝分水金剛牆寬度， E′＝雁翅面寬

35333

	橋				
	中孔	次孔	再次孔	三次孔	四次孔
一孔橋	$z=\frac{1}{8}x$				
三孔橋	$z=\frac{19}{103}x$	$z_1=\frac{17}{103}x$ $2z_1=\frac{34}{103}x$			
五孔橋	$z=\frac{19}{153}x$	$z_1=\frac{17}{153}x$ $2z_1=\frac{34}{153}x$			
七孔橋	$z=\frac{19}{199}x$	$z_1=\frac{17}{199}x$ $2z_1=\frac{34}{199}x$	$z_2=\frac{15}{199}x$ $2z_2=\frac{30}{199}x$		
九孔橋	$z=\frac{19}{251}x$	$z_1=\frac{17\frac{1}{2}}{251}x$ $2z_1=\frac{35}{251}x$	$z_2=\frac{16}{251}x$ $2z_2=\frac{32}{251}x$	$z_3=\frac{14\frac{1}{2}}{251}x$ $2z_3=\frac{29}{251}x$	
十一孔橋	$z=\frac{19}{294}x$	$z_1=\frac{17\frac{1}{2}}{294}x$ $2z_1=\frac{35}{294}x$	$z_2=\frac{16}{294}x$ $2z_2=\frac{32}{294}x$	$z_3=\frac{14\frac{1}{2}}{294}x$ $2z_3=\frac{29}{294}x$	$z_4=\frac{13}{294}x$ $2z_4=\frac{26}{294}x$
十三孔橋	$z=\frac{19}{355}x$	$z_1=\frac{18}{355}x$ $2z_1=\frac{36}{355}x$	$z_2=\frac{17}{355}x$ $2z_2=\frac{34}{355}x$	$z_3=\frac{16}{355}x$ $2z_3=\frac{32}{355}x$	$z_4=\frac{15}{355}x$ $2z_4=\frac{30}{355}x$
十五孔橋	$z=\frac{19}{399}x$	$z_1=\frac{18}{399}x$ $2z_1=\frac{36}{399}x$	$z_2=\frac{17}{399}x$ $2z_2=\frac{34}{399}x$	$z_3=\frac{16}{399}x$ $2z_3=\frac{32}{399}x$	$z_4=\frac{15}{399}x$ $2z_4=\frac{30}{399}x$
十七孔橋	$z=\frac{19}{441}x$	$z_1=\frac{18}{441}x$ $2z_1=\frac{36}{441}x$	$z_2=\frac{17}{441}x$ $2z_2=\frac{34}{441}x$	$z_3=\frac{16}{441}x$ $2z_3=\frac{32}{441}x$	$z_4=\frac{15}{441}x$ $2z_4=\frac{30}{441}x$

z＝橋洞面闊　　　　x＝河口寬度

翅兩道，各直寬十五分。

(四)七孔橋　按河口寬度，分爲一百九十九分圖版肆。中孔金門面闊，以十九分定之。次孔兩孔，各十七分。　再次孔（按即次孔外側之橋洞。）兩孔，各十五分。　梢孔兩孔，各十三分。　分水金剛牆六道，各寬十分。　雁翅兩道，各直寬十五分。

(五)九孔橋　按河口寬度，分爲二百五十一分圖版肆。中孔金門面闊，以十九分定之。次孔兩孔，各十七分半。　再次孔兩孔，各十六分。　三次孔（按即再次孔外側之橋洞。）兩孔，各十四分半。　梢孔兩孔，各十三分。　分水金剛牆八道，各寬十分。　雁翅兩道，各直寬十五分。

(六)十一孔橋　按河口寬度，分爲二百九十四分圖版肆。中孔金門面闊，以十九分定之。次孔兩孔，各十七分半。　再次孔兩孔，各十六分。　三次孔兩孔，各十四分半。　四次孔（按即三次孔外側之橋洞。）兩孔，各十三分。　梢孔兩孔，各十一分半。　分水金剛牆十道，各寬十分。　雁翅兩道，各直寬十五分。

(七)十三孔橋　按河口寬度，分爲三百五十五分圖版伍。中孔金門面闊，以十九分定之。次孔兩孔，各十八分。　再次孔兩孔，各十七分。　三次孔兩孔，各十六分。　四次孔兩孔，各十五分。　五次孔（按即四次孔外側之橋洞。）兩孔，各十四分。　梢孔兩孔，各十三分。　分水金剛牆十二道，各寬十分。　雁翅兩道，各直寬十五分。

（八）十五孔橋　按河口寬度分為三百九十九分圖版伍。　中孔金門面闊，以十九分定之。次孔兩孔各十八分。再次孔兩孔，各十七分。三次孔兩孔各十六分。四次孔兩孔，各十五分。五次孔兩孔各十四分。六次孔按即五次孔外側之橋洞。兩孔各十三分。梢孔兩孔各十二分。分水金剛牆十四道各寬十分。雁翅兩道各直寬十五分。

（九）十七孔橋　按河口寬度分為四百四十一分圖版伍。　中孔金門面闊，以十九分定之。次孔兩孔各十八分。再次孔兩孔各十七分。三次孔兩孔，各十六分。四次孔兩孔，各十五分。五次孔兩孔，各十四分。六次孔兩孔各十三分。七次孔按即六次孔外側之橋洞。兩孔，各十二分。梢孔兩孔，各十一分。分水金剛牆十六道，各寬十分。雁翅兩道各直寬十五分。

按以上橋洞面闊，或以中孔金門為準，次梢諸孔各遞減二尺定之；或依橋座形式臨時酌定之，惟梢孔金門面闊須較分水金剛牆寬度稍加闊大，始合做法。

按上列一百〇三分，一百五十三分，一百九十九分，二百五十一分，二百九十四分，三百五十五分，三百九十九分，及四百四十一分等數，係橋洞面闊，與金剛牆寬度相加之和數。

【橋長定法】　券橋橋身長度有橋身直長及橋面通長二種。

（一）橋身直長　橋身直長卽橋兩端牙子石外皮至外皮間之平直長度。　一孔橋，按河口寬二倍定之；或按金門面闊加雁翅直寬二份，加倍定之。　三孔以上橋座，均按兩邊金剛牆裏皮至裏皮間之長度按河口寬度，除去雁翅直寬二份即是。　加倍定之圖版肆、伍。

（十二）橋面通長　橋面通長，卽橋面之弧面長度。　按弧矢求背法求之：其法先求圓之直徑，按弦長（以橋身直長爲弦。）二分之一，自乘，以矢寬（按卽矢高，以舉架高爲矢高。）除之得若干，再加矢寬卽直徑。　再以直徑除矢寬自乘之積，得數加倍，再加弦長共若干。　另以共矢（按直徑，除去弦長，再加矢寬二倍，卽共矢。）除百分之十四分直徑長，再以矢寬乘之得若干，與前得數相加，卽橋面通長。

橋長	一孔橋	三孔以上橋
橋身直長	$2x$ 又按 $2(z+2E')$	$2(x-2E')$
橋面通長	$\left\{\left[2\left(\frac{B^2}{D}\right)\right]+A\right\}+B\left(\frac{14/100D}{D-A+2B}\right)$ $D=\left(\frac{\left(\frac{A}{2}\right)^2}{B}\right)+B$	

x—河口寬度　z—橋洞面闊　E′—雁翅進寬　A—弦長　B—矢寬　D—直徑

【橋寬定法】　券橋橋身寬度，有橋身中寬及橋身兩頭寬二種。

（一）橋身中寬　橋身中寬，卽橋身中間一段，兩邊仰天石外皮至外間之寬度。　先定地栿裏口中寬（按卽兩邊仰天石上地栿裏皮至裏皮間之寬度。）橋長四丈以內，按四分之一定之；橋長四丈以上，按十分之二分遞加之；橋長九丈以上，按百分之五分遞加之。　或按走道寬窄臨時酌定。　以地栿裏口中寬加地栿本身寬（見「欄杆」）二份，及金邊寬（按金邊卽地栿外皮至仰天石外皮間所留出之窄長部分。金邊寬按橋長九丈以內，寬四寸；九丈以外，每丈遞加本寬一份。）石

（石橋分法作：橋長九丈往上，每丈遞加金邊寬一寸。按實例證之，石橋分法所載似較合理。）一二一份，即橋身中寬（圖版壹、貳）。

（二）橋身兩頭寬　橋身兩頭寬，即兩端雁翅外口之寬度。先定兩邊雁翅橋面寬：各按八字柱中（見『欄杆』。八字柱中心距梢孔兩邊金剛牆裏皮長，等於兩邊金剛牆寬一份。按崇陵工程做法五孔石券橋，八字柱中距梢孔兩邊金剛牆裏皮之長，約為三倍兩邊金剛牆之寬，其間距離遠近似可酌定。）至橋端牙子石外皮長百分之二十五分得若干，除去仰天石斜寬（按一二加斜，以一二乘正寬即是。）一一份，餘若干，加仰天石正寬（見『仰天石』）一份，即每邊雁翅橋面寬度，加倍再加仰天石裏口中寬（按橋身中寬除去仰天石本身寬二份即是。），共即橋身每頭寬度（圖版貳）。

橋寬			
橋身中寬	通寬	地栿裏口中寬＋2地栿寬＋2金邊寬	
	地栿裏口中寬	橋長四丈以內	$\frac{1}{4}$橋長
		橋長四丈以上	按$\frac{[illegible]}{10}$橋長遞加之
		橋長九丈以上	按$\frac{5}{100}$橋長遞加之 每丈遞加本寬1份 又法　按$\frac{1}{100}$橋長遞加之
	金邊寬	0.4尺	
	仰天裏口中寬	橋身中寬－2G	
橋身兩頭寬	通寬	仰天裏口中寬＋2雁翅橋面寬	
	雁翅橋面寬	$\left(\frac{25}{100}A-(1.2G)\right)+G$	

A＝八字柱中至橋端牙子石長　　G＝仰天石寬度

【橋高定法】　券橋橋身高度，有橋身中高，及橋身兩頭高二種。

（一）橋身中高　橋身中高，即由裝板上皮至正中仰天石（按即仰天石螻蝈。）上皮間之高度。　按中孔橋洞中高（見「橋洞」）。加舉架高即是。

1. 舉架　舉架即使橋面逐漸加高之方法，亦即正中仰天石上皮至橋端如意石上皮間逐漸低下之坡度。　舉架之法有二：（甲）按中孔券洞中高（見「券洞」）。除去梢孔券洞中高，餘若干，加中孔過河撞券高（高按券臉石高二分之一定之。按過河撞券，疑爲過河蹬券，待攷。），一份共若干，以中孔中至梢孔中之長除之，得每丈應舉若干，以之乘橋身直長二分之一之長度，得若干，即舉架高；（乙）按橋身直長二分之一之長度，按百分之十二分舉之，即是；如長逾十丈者，則按千分之六十五分舉之（按舉架高俱自如意石上皮往上加舉。圖版壹、肆、伍。）。

（二）橋身兩頭高　橋身兩頭高，即由裝板上皮至橋端如意石上皮間之高度。　按橋身中高，除去舉架高即是。

橋高		橋身中高	橋身兩頭高
	通高	中孔橋洞中高＋舉架高	橋身中高－舉架高
	舉架高	1. 高 $= y\left(\frac{Z-Z_1+\frac{1}{2}P}{E}\right)$ 2. 高 $= \frac{12}{100}y$ 3. 高 $= \frac{65}{1000}y$（橋長十丈以上適用之）	

Z＝中孔金門中高　Z_1＝梢孔金門中高　$\frac{1}{2}P$＝過河撞券高　E＝中孔中至梢孔中長　$y=\frac{1}{2}$橋身直長

【橋洞】　橋洞，卽橋下通水之孔道，或曰金門，或曰橋孔，(按孔或作空，虹。)或曰橋甕。(按平橋橋洞無橋甕之稱。)圖版陸。

劵橋橋洞面闊，按河口寬度定之，見「橋洞分配定例」圖版肆、伍。　進深按橋身中寬，除去兩邊梟兒往裏收進尺寸(按梟兒卽梟混，見「仰天石」。其收進尺寸，按仰天石厚十分之四分收之。)餘卽是圖版壹。　中高按金剛牆露明高，加劵洞中高(見「劵洞」。)卽是。

橋洞	
面闊	按河口寬定之
進深	橋身中寬－2$\left(\frac{4}{10}\right)$仰天石厚
中高	金剛牆露明高＋劵洞中高

【金剛牆】　金剛牆，卽劵脚下之承重牆，(按平橋金剛牆在橋面石下部。)或曰平水牆，或曰橋墩。　劵橋金剛牆，有分水金剛牆，兩邊金剛牆及雁翅三種。　在中孔與次孔，及梢孔內側劵脚下者，曰分水金剛牆，兩頭帶分水尖。(按分水尖最上一層爲平石，間有當中較兩邊稍爲凸起者。)　在梢孔外側劵脚下者曰兩邊金剛牆。　兩邊金剛牆兩端與河身泊岸間之三角形墩牆曰雁翅，或曰象眼牆，或曰壩臺。　兩邊金剛牆與雁翅係連接砌成，故又統稱曰雁翅，或曰橋幫，或曰兩邊雁翅金剛牆圖版壹、貳、陸(甲)(丙)。

(一)分水金剛牆　分水金剛牆通長，按橋洞進深，兩端各加鳳凰臺長一份，及分水尖長一份，卽是圖版壹、貳。　寬按河口寬度定之，見「橋洞分配定例」。　露明高(按卽露於裝板以上之高度。)按寬十分之六，或依河桶深淺酌定之；　埋深(按卽埋於裝板以下之深度。)按灰土若干步(見土作「灰土」。)及裝板厚(見「裝板」。)一份定之圖版壹至伍。

1. 鳳凰臺　鳳凰臺，即金剛牆兩端，與分水尖間之一部 按券橋如安閘板，閘板掐口即在鳳凰台兩邊鑿打。其鳳凰臺長度，可臨時酌加之。長按分水金剛牆寬十分之二。　寬露明高，及埋深同分水金剛牆 圖版壹、貳。

2. 分水尖　分水尖，即鳳凰臺外端伸出之三尖部分。　其角尖曰找頭，或誤爲好頭；迎水向者曰迎水尖找頭，其順水者，曰順水尖找頭 圖版陸(丙)。　分水尖長，按分水金剛牆寬二分之一，係正三角形。　露明高，及埋深同分水金剛牆 圖版壹、貳。

(二)兩邊金剛牆　兩邊金剛牆通長，按橋洞進深，兩端各加鳳凰臺長一份即是。　寬按分水金剛牆寬二分之一。　露明高，及埋深同分水金剛牆。

1. 鳳凰臺　鳳凰臺長，露明高，及埋深，均同分水金剛牆鳳凰臺。　寬同兩邊金剛牆。

(三)雁翅　雁翅直寬，按河口寬度定之，見「橋洞分配定例」圖版肆、伍。　直長等於直寬。　斜長以一．四一四乘直寬 或直長。即是，係正三角形 圖版貳。　露明高，及埋深，同分水金剛牆。

分水金剛牆	長	寬	高：露明高	高：埋深
通長	橋洞進深+2鳳凰臺長+2分水尖長	按河口寬定之	$\frac{6}{10}$寬	灰土若干步+1裝板厚
鳳凰臺長	$\frac{2}{10}$分水金剛牆寬	同分水金剛牆寬	同分水金剛牆露明高	,,
分水尖長	$\frac{1}{2}$分水金剛牆寬		,,	,,

分水金剛牆	通長	橋洞進深十2鳳凰臺長	$\frac{1}{2}$分水金剛牆寬	,,	,,
	鳳凰臺長	同分水金剛牆鳳凰臺長	,,	,,	,,
雁翅	直長	斜長	直寬按河口寬定之	,,	,,
	直長＝直寬	斜長＝直寬（或直長）×1.411			

附金剛牆石料

金剛牆石料　金剛牆石料，有外路石及裏路石之分，迎面所砌者曰外路石，或曰面石。按露於裝板以上之外路石，或統稱曰押面石。外路石背後者，曰裏路石，或曰背後石，或簡稱裏石插圖一。按其排列形勢言之，又分順石及丁石二種；與金剛牆平行者曰順石；橫砌者曰丁石。石料以寬二尺爲率；厚按寬二分之一。外路石露明部份用靑白石，或用豆渣石；埋深部份皆用豆渣石。每塊五面做細，僅後口做糙。其底面除最下層外，各須鑿打縫絆；按縫絆厚一寸，寬三寸至五寸不等，長不定。其上面除最上一層落擋券槽外，餘均落縫絆槽子，深廣如縫絆，須稍爲闊大，以便安砌。裏路石用豆渣石，每塊六面做糙，頭縫做鋸齒陰陽榫，不做縫絆。金剛牆石料，有分水金剛牆石料及兩邊金剛牆幷雁翅石料二種。

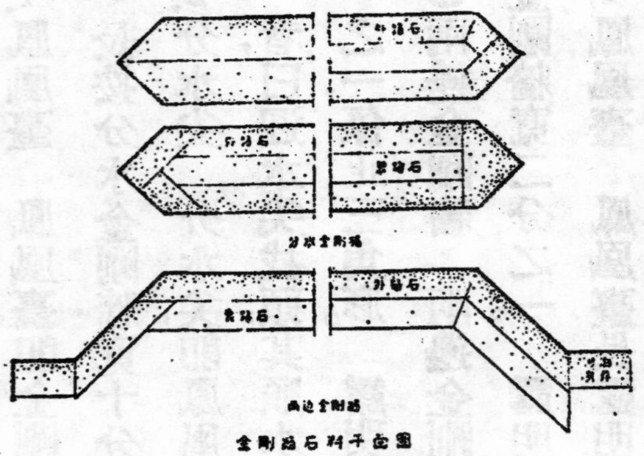

插圖一　金剛牆石料平面圖

（一）分水金剛牆石料　分水金剛牆石料排列形式不一，其分水尖最上一層，間有用整塊三角形石料砌之者，幷無定式。外路石外圍通長，按橋洞進深，加鳳凰台長二份，加倍，再加分水尖斜長各按分水尖直長以一·四一四乘之卽是。四份，即六面外圍長度；其裏口圍長，按外口長兩頭各除去石料本身寬二份及拐角尺寸（各按石料本身寬十分之四收之。）四份，餘即是。如背後有裏路石，通長按兩端分水尖至尖長，兩頭各除去外路石斜長尺寸（各按本身寬以一．四一四乘之即是。）即是。層數按金剛牆高度均勻定之。每層鑿打斜尖外路石鑿打八塊；裏路石如為一路者，每頭各鑿打二塊；二路者每頭各一塊。（按分水金剛牆石料，最上一層，如分水尖上部用整塊石料，其裏路石為平頭，不打斜尖。）

（二）兩邊金剛牆并雁翅石料　兩邊金剛牆並雁翅外路石通長，按兩邊金剛牆通長，加雁翅斜長二份即是；其裏口通長，按外口通長除去兩拐角尺寸四份，（各按石料本身寬十分之四收之。）再加二角尖長（各按石料本身寬一份。）二份即是。如背後有裏路石，其裏口長按兩邊金剛牆通長除去拐角尺寸二份（見前）即是；外口長，按裏口長加本身寬二份即是。（按裏路石如隨外路石形式疊砌，其長度可依外路石之法核算之。）層數同分水金剛牆。每層鑿打斜尖外路石鑿打四塊，裏路石每頭各一塊。（按雁翅如非正三角形，其石料上下口斜尖長，按勾股法求之，以雁翅直長為勾（或為股）；直寬為股（或為勾）；斜長為弦。如求上口斜尖長，先以勾除弦，得每勾一尺，有弦長若干，再以石料本身寬乘之即是。其下口斜尖長，先以股除弦得每股一尺，有弦長若干，再以石料本身寬乘之即是。）

附雁翅上象眼海墁石料

雁翅上象眼海墁石料，挨泊岸一路長，按雁翅直長，加鳳凰台共長若干，如泊岸係直砌者，踹攔券石一頭，須除去橋身雁翅外斜寬度，（按石料本身寬百分之廿五分收之即是。）另一頭除去雁翅外路石斜長尺寸（按本身寬以一．四一四乘之即是。）即是；如泊岸係斜砌者，再除去泊岸石斜寬尺寸，（按泊岸直寬，除泊岸斜長，得若干，以泊岸石正寬乘之，即是應除泊岸斜尺寸。鑿打斜尖，按泊岸直寬除直長，得每尺應直長若干，以石料本身寬乘之即是。）其餘各路，均照此法核算。寬按雁翅直寬，除去泊岸石寬一份，餘以每路寬二尺均勻分之即是。厚按寬二分之一。石料用青白石或豆渣石，每塊五面做細，底面做糙，上面占斧扁光。

【泊岸】　泊岸，即河身兩邊壘砌之石壁，或誤為博岸。泊岸有河身泊岸，及雁翅上泊岸二種。砌於河槽兩岸者，曰河身泊岸，（圖版壹、貳、陸、柒）在雁翅上壘砌者，曰雁翅上泊岸（按雁翅上泊岸，有斜砌者，有直砌者，有作曲尺形者，并無定式。圖版貳、陸(乙)(丙)。　泊岸石料用豆渣石，每塊五面做細，裏口一面做糙，上下面落繞絆及槽子同金剛牆落繞絆法。

(一)河身泊岸　河身泊岸長度不定。寬按河桶情形酌定之或二尺或四尺不等或按大料石寬度定之，按大料石有二種：大號寬二尺五寸，小號寬一尺五寸。厚按寬二分之一。或一進或二進不等。露明高按橋身兩頭高除去垂溜尺寸其垂溜尺寸按如意石至泊岸裏皮長百分之一，或百分之三定之。餘卽是。　埋深同金剛牆埋深或臨時酌定之圖版壹。

(二)雁翅上泊岸　雁翅上泊岸長按勾股法求之以雁翅直長加鳳凰臺長一份爲股雁翅直寬除去八字柱中至梢孔裏皮之長爲勾，按勾股求弦長得若干卽是。　高按金剛牆上皮至橋端如意石上皮高，按橋身兩頭高，除去金剛牆露明高，餘卽是。除去如意石至八字柱中垂溜尺寸其垂溜尺寸，按如意石至八字柱中長百分之一，或百分之三定之。餘卽是。圖版壹、貳。　石料本身寬厚同河身泊岸。　撞券一頭鑿打斜尖按本身寬百分之廿五分加斜。

泊岸	長	寬	高：露明高	高：埋深
河身泊岸	不定	2尺或4尺 大料石1進或2進	橋身兩頭高 − 1/100 或 (3/10) A′	同金剛牆埋深
雁翅上泊岸	長 $=\sqrt{(\text{雁翅直長}+1\text{鳳凰台長})^2+(\text{雁翅直寬}-B)^2}$	,,	(橋身兩頭高 − 金剛牆露明高) − 1/100 或 (3/100) A	

A = 如意石至八字柱中長　A′ = 如意石至泊岸裏皮長　B = 八字柱中至梢孔裏皮長

【裝板】 裝板，即河底鋪砌之海墁石，或曰地平石，或曰底石，或曰海墁板子（圖版壹、貳）。 裝板石料用豆渣石，每塊上面做細，五面做糙，頭縫做鋸齒陰陽榫，用鐵銀錠連貫之。 裝板有金門裝板，迎水（或曰上迎水）。裝板及順水（或曰下分水，或曰跌水）。 裝板三種。 在金門分位者曰金門裝板，金門裝板又分兩種：券內者曰搯當裝板；兩分水尖間者曰分水尖裝板。 迎水裝板，即鋪於橋身迎水一面兩雁翅間之裝板；其順水一面者曰順水裝板。

(一)金門裝板 金門裝板有搯當裝板及分水尖裝板二種：

1. 搯當裝板 搯當裝板，券內每路長各按橋洞面闊定之；通長按橋洞孔數湊長。 石料寬二尺。 厚大橋一尺，小橋七寸。 路數，按分水金剛牆通長除去兩頭分水尖長二份，餘按每路寬二尺均勻分之，須鋪成單路坐正中（圖版壹、貳）。

2. 分水尖裝板 分水尖裝板，每孔每路長各按橋洞面闊，兩頭各加本身寬（石料本身寬）。一份，即是通長按橋洞孔數湊長。 石料寬厚同搯當裝板。 路數，按分水尖長以每路寬二尺均勻定之。 加倍為兩邊路數（圖版壹、貳）。

按崇陵工程做法，五孔石券橋，金門裝板兩頭頂兩邊雁翅外皮，金剛牆即自裝板上皮壘砌之，此外裝板下尚有底墊石一層，下為灰土，再下為樁及地丁。

(二)迎水裝板 迎水裝板通長兩頭頂兩邊雁翅外皮第一路通長，按金門裝板外牙子外口通長，（見「裝板牙子」）。兩頭各加本身寬二份，即是第二路通長，按第一路外口通長，兩頭各加本身寬一份定之，餘仿此。石料寬厚同掐當裝板。　路數，按雁翅直長，除去分水尖長及金門裝版外牙子厚一份，餘以每路寬二尺均勻定之圖版壹、貳。

(三)順水裝板　順水裝板每路通長，及石料寬厚均同迎水裝板。

裝板		長		寬	厚		路數
					大橋	小橋	
金門裝板	掐當裝板	券內每路長	按橋洞面闊定之	石料寬2尺	1尺	0.7尺	按分水金剛牆兼鳳凰台長以寬2尺分定之
		通長	按橋洞孔數湊長				
	分水裝板	每孔每路長	金門面闊＋2本身寬	〃	〃	〃	按分水尖長以寬2尺分定之
		通長	按橋洞孔數湊長				
迎水裝板		第一路通長＝金門裝板外牙子外口長＋2本身寬 餘仿此		〃	〃	〃	按雁翅直長除去金門裝板外牙子及分水尖裝板分位餘以寬2尺分定之
順水裝板		〃		〃	〃	〃	〃

【裝板牙子】　裝板牙子即攔束裝板之窄石，有金門裝板外牙子，迎水外牙子及順水外牙子三種。　在金門裝板外口與迎水或順水。裝板裏口之間者曰金門裝板外牙子或曰分水尖外牙子；在迎水裝板外口者曰迎水外牙子；順水裝板外口者曰順水外牙子圖版壹、貳。　裝板牙子石料同裝板。按裝板牙子寬厚尺寸，均同裝板，因其立用故云牙子。

(一)金門裝板外牙子　金門裝板外牙子通長，按金門裝板末路外口通長，兩頭各加本身厚一份卽是。寬即高按裝板厚一份加灰土二步見「灰土」作。卽是。厚同掐當裝板。按金門裝板外牙子間有不用者。

(二)迎水外牙子　迎水外牙子通長按兩邊河身泊岸裏皮至裏皮間之寬度定之。按即河口寬度。寬，厚同金門裝板外牙子。

(三)順水外牙子　順水外牙子通長，寬及厚，均同迎水外牙子。按崇陵工程做法，五孔石券橋，迎順水外牙子厚僅及金門裝板外牙子厚十分之一。

裝板牙子	長	寬(高)	厚
金門裝板外牙子(分水尖外牙子)	通長＝金門裝板末路長＋2本身厚	1裝板厚＋灰土2步	同裝板厚
迎水外牙子	通長按河口寬度定之	,,	,,
順水外牙子	,,	,,	,,

【券洞】　券洞，卽金剛牆上部之尖圓形石券或曰甕圖版陸。券口面闊，及進深，均同橋洞。中高按即金剛牆上皮至龍門石下皮間縱中線之高度。先按橋洞面闊二分之一，再加此尺寸十分之一，共得卽是。即橋洞面闊二十分之十一分。按券洞中高尺寸，亦可酌量加高，如崇陵工程做法，五孔石券橋，中孔橋洞面闊一丈，券洞中高六尺，如按面闊二十分之十一分定之，中高應得五尺五寸，今中高六尺較原定例高出五寸，即其一例。

券洞面闊	進深	中高
券口面闊同橋洞	同橋洞	$\frac{11}{20}$ 橋洞面闊

35347

【券石】　券石或曰甕石有券臉石及內券石二種。　露於券洞迎面者，曰券臉石或曰券頭石，其正中一塊曰龍門石或曰龍門券或曰獸面石，又謂之戲水獸面。嘗刻做吸水獸，或作噴水獸。形狀。　其在券洞內部者曰內券石內券石正中一路因與龍門石相對故亦曰龍門券圖版壹、捌(甲)(乙)。

(一)券臉石　券臉石高按中孔金門面闊定之面闊一丈一尺以下每丈用高一尺六寸；按即百分之十六分，其不足一丈或一丈有餘，均按一丈計算。　面闊一丈一尺以上，按百分之九分遞加之。　長按高十分之十一分以長定路數須成單路坐正中再以路數均勻每塊背長。　厚按高十分之九分，按內券如用磚發券者，厚與高同。石橋分法作：厚按高七扣。　龍門石如做吸水獸另外加厚按高三分之一。　券臉石料用青白石者居多每塊五面做細占斧下面打瓦隴迎面扁光。

(二)內券石　內券石高按中孔金門面闊定之面闊一丈至一丈三尺，石橋分法作：一丈至二丈三尺。　用高一尺五寸面闊一丈以下按十分之一分遞減之面闊一丈三尺以上，石橋分法作：二丈三尺以上。　按十分之一分遞加之。　寬按高十分之六分以寬定路數須成單路坐正中再以路數均勻寬。　長按寬二倍再以券洞進深均勻定之。　內券石料用豆渣石每塊五面做細下面打瓦隴外做鋸齒陽榫。按崇陵工程做法三孔石券橋，內券石做鋸齒陽榫各長五寸。

按內券石尺寸大小，及路數多寡，或按券臉石尺寸路數定之，如崇陵工程做法五孔石券橋，券臉與內券高，厚尺寸及路數均相同，即其一例。

券石	高			長	厚
券臉石	中孔金門面闊一丈一尺以下：1.6尺	中孔金門面闊一丈一尺以上：按$\frac{9}{100}$面闊遞加之		$\frac{11}{10}$高	$\frac{9}{10}$高 又法 $\frac{7}{10}$高
內券石	中孔金門面闊一丈至一丈三尺（又作一丈至二丈三尺）：1.5尺	中孔金門面闊一丈以下：按$\frac{1}{10}$面闊遞減之	中孔金門面闊一丈三尺以上（又作二丈三尺以上）：按$\frac{1}{10}$面闊遞加之	寬 − $\frac{6}{10}$高	長 − 2倍寬

鍋底券

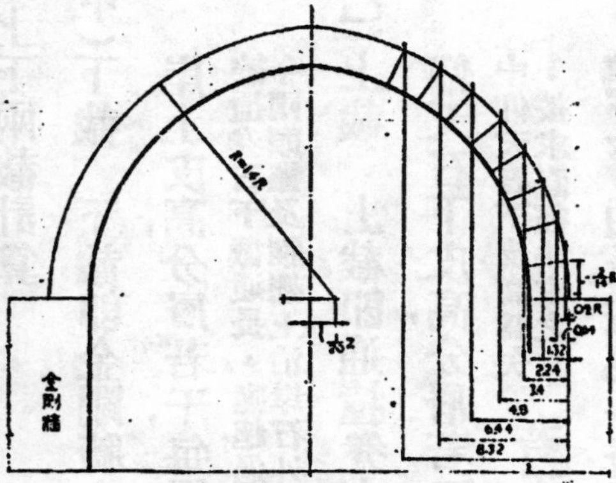

插圖二

附鍋底券算法　鍋底券即尖形券（插圖二）。其法先求弦徑外皮長按券洞連券臉石中高若干以十四分除之得每份若干核二份爲頭層券矢背寬，其矢寬按此尺寸十分之一定之。往上每加券一層即核高二份（按即十四分之二）爲券矢背寬，其矢寬先按此尺寸百分之三加前十分之一共若干，以之乘本層與頭層券矢背寬之和即得矢寬，遞加至核高十八份，俱照此法；自十九份往上每得中高十四分之二其矢寬按百分之二照前法遞加之。如第一層得矢寬若干，加倍由直徑內除去餘即下層弦徑外皮長。每層俱按下口弦徑核算。

【撞券石】　撞券石，卽橋身兩邊自金剛牆上皮至仰天石下皮間平砌之石之統稱。其在中孔券背上者曰過河蹬券；次孔及梢孔券背上者曰蹬券；券洞兩邊者曰撞券。雁翅上泊岸上皮，有通長一層曰通撞券，通撞券兩頭，與橋端仰天石扒頭下皮平，按通撞券亦有在泊岸下皮者。圖版壹。撞券石料用青白石每塊五面做細，迎面占斧背面做糙。高按券臉石高十分之七定之。厚按高三分之四定之應進零數核算。

長分上下兩截計算：

（甲）下截　下截即金剛牆上皮至雁翅上泊岸上皮間之一截。按金剛牆上皮至雁翅上泊岸上皮高分層若干每層通長各按八字柱中至柱中之長再加雁翅上泊岸寬二份即是。按撞券石下截通長，應超過雁翅上泊岸背後磚外口以外，始合做法，今兩頭僅及雁翅上泊岸石外口，與背後磚不相銜接，似嫌未當。

（乙）上截　上截即通撞券上皮至仰天石下皮間之一截。按通撞券以上之撞券或統稱曰蹬券。按通撞券上皮至仰天石下皮高分層若干，每層通長各按勾股求弦法得之先求直徑長以通撞券下口通長爲弦，通撞券上皮至正中仰天石下皮高爲矢，按求直徑法求之。若干以半徑除去矢寬一份餘即第一層撞券石下口通長按即通撞券上口通長。第二層通長按第一層下口通長加第一層撞券高一份爲勾以半徑爲弦按勾弦求股法，得股長加倍即第二層撞券石下口通長。其餘各層仿此。

以上兩截連通撞券一層共湊長若干再除橋洞分位先以券洞中高及券臉石高一份爲弦，按撞券石層數次第除之如除第一層即以第一層撞券石高爲勾，按勾弦求股法，得股長除去券洞提升尺寸，按即券口面闊二十分之一分。餘加倍即應除兩邊券臉石外皮至外皮間之長度插圖三。其餘各層仿此。按橋洞孔數有幾孔即除去幾孔。

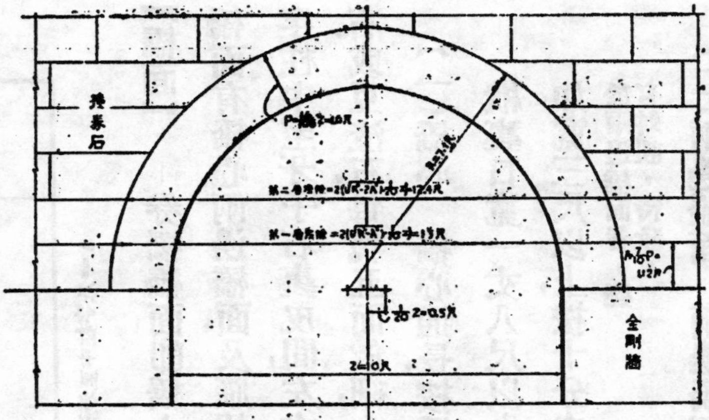

插圖三

撞券石	長	高	厚
下截	每層通長＝八字柱中至柱中長＋2雁翅上泊岸石寬	$\frac{7}{10}$P	$\frac{4}{8}$高
上截	第一層下口通長＝$\left(\frac{D}{2}\right)-A$ 第二層下口通長＝ $2\left[\sqrt{\left(\frac{D}{2}\right)^2-(\text{第一層撞券下口長＋本身高})^2}\right]$ 餘仿此		
通撞券	通長至兩頭仰天扒頭外皮齊		
券橋洞法	按撞券石層數次第除之，如除第一層： 兩邊券臉石外皮至外皮長＝$2\left[\sqrt{\left(R^2-\text{撞券石高}^2\right)}-\frac{1}{20}Z\right]$餘仿此		

D＝直徑　A＝矢寬　Z＝金門面闊　R＝券洞連券石中高　P＝券臉石高

【仰天石】　仰天石卽橋面石兩邊緣外沿之橫石，外口鑿打梟混 卽梟兒。或云氷盤沿，按仰天石厚十分之四收之。其正中一塊曰螻蟈，兩頭二塊曰扒頭，餘曰平身 圖版陸、玖(乙)。　仰天石通長按橋身直長除去八字柱中至柱中之長，餘折半爲股；按卽八字柱中至牙子石外皮間之長度。另按股長百分之二十五分爲勾，用勾股求弦法，得若干，加倍，再加八字柱中至柱中之長及弧背外加尺寸 按橋面通長，除去橋身直長，卽外加尺寸，見「橋長定法」。卽每道通長。　厚按券臉石高十分之八。　寬按本身厚三分之四，應進零數核算。　每邊塊數須成單數，坐橋中。　螻蟈長，按平身厚三倍。　另外加厚，按平身厚二分之一。　仰天石用青白石每塊六面做細，二迎面露明占斧扁光，迎面落舍道，（舍道或作色道。）做梟兒上面落地栿槽子。

仰天石	長	厚	寬
	$\left\{2\left[\sqrt{A^2+\left(\frac{25}{100}A\right)^2}\right]\right\}+\left[B+\left(C'-C'\right)\right]$	$\frac{8}{10}P$	$\frac{4}{3}$厚
	[illegible]長＝3平身厚	[illegible]厚＝$1\frac{1}{2}$平身厚	

A＝八字柱中至牙子石外皮長　B＝八字柱中至柱中長　C＝橋身直長　C′＝橋面通長　P＝券臉石高

【橋面】　一券橋面，即橋上兩邊仰天石裏皮至裏皮間之海墁石或曰橋板石或曰路板石。橋面有橋心，兩邊橋面及雁翅橋面三種。　橋面正中一路曰橋心，橋心兩邊者曰兩邊橋面，其八字柱中至牙子石裏皮間左右斜張之三角部分曰雁翅橋面（圖版壹、貳、玖（甲））。　橋面石料用青白石或豆渣石，每塊五面做細，上面占斧扁光，底面做糙。（按崇陵工程做法，五孔石券橋，橋面石下部，尚有底墊石一層，再下始鋪磚。）

（一）橋心　橋心通長，按橋面通長除去牙子石厚二份，餘即是。　寬按地栿裏口寬定之：如地栿裏口寬一丈八尺以內，按五分之一定寬；一丈八尺以外，按六分之一定寬。　厚按寬定之：如寬三尺以上，按十分之三定厚；如寬三尺以下，按十分之四定厚。（按橋心應比兩邊橋面略厚少許，如依此分數定之，嘗有較薄於兩邊橋面者，疑有舛誤，待攷。）

（二）兩邊橋面　兩邊橋面通長，同橋心。　通寬，按仰天裏口中寬（見「橋寬定法」）。除去橋心寬，餘折半，卽每邊寬度。路數，以每路寬二尺均勻定之，須成雙路。厚，按寬三分之一。

(三)雁翅橋面　雁翅橋面每面通長各按橋面通長除去八字柱中至柱中之長及牙子石厚二份，餘折半卽是。每面通寬各按橋端牙子石通長除去橋心及兩邊橋面共寬尺寸，(按卽仰天裏口中寬尺寸。)餘折半卽是。路數，按通寬以每路寬二尺均勻定之。每路寬，厚均同兩邊橋面。每路長以通寬除通長得每尺應收長若干，再按每路之寬以此尺寸收之卽是。

橋面	長	寬（地栿裏口寬 一丈八尺以內）	寬（地栿裏口寬 一丈八尺以外）	厚（寬三尺以上）	厚（寬三尺以下）	路數
橋心	C'－2牙子石厚	$\frac{1}{5}$F	$\frac{1}{6}$F	$\frac{3}{10}$寬	$\frac{4}{10}$寬	
兩邊橋面	,,	通寬＝仰天裏口寬－橋心寬 每邊寬＝$\frac{1}{2}$通寬 每路寬2尺		$\frac{1}{2}$寬		按每路寬2尺均勻定之 （此狀要雙路）
雁翅橋面	$\frac{C'-(G+2牙子石厚)}{2}$	$\frac{A-(B+B')}{2}$ 每路寬2尺		,,		,,

A＝牙子石通長　B＝橋心寬　B'＝兩邊橋面通寬　C'＝橋面通長　G＝八字柱中至柱中長　F＝地栿裏口寬

【牙子石】　牙子石，卽攔束橋面之牽石或云鎖口牙子，安於橋面石與如意石之間。圖版壹、貳。

券橋牙子石通長按橋心兩邊橋面及雁翅橋面，共寬若干即是。按牙子石兩頭與兩頭仰天石扒頭裏皮齊。寬按地栿裏口寬定之：如地栿裏口寬三丈以上，得牙子石寬二尺五寸；三丈以下得一尺五寸。厚按寬二分之一。牙子石用青白石或豆渣石每塊五面做細，上面占斧扁光底面做糙。按橋上牙子石間有不用者。

牙子石	長	寬		厚
		地栿裏口寬		
		三丈以上	三丈以下	
	通長＝橋心寬＋2兩邊橋面寬＋2雁翅橋面寬	2.5尺	1.5尺	$\frac{1}{2}$寬

【如意石】如意石，即橋端與牙子石并行之橫石圖版玖(甲)。通長按橋身兩頭寬若干即是。按如意石兩頭與兩邊仰天石扒頭外皮齊。寬二尺。厚按寬二分之一圖版壹、貳。如意石用青白石或豆渣石每塊上面，一肋并兩頭做細，上面占斧扁光底面并一肋做糙。

如意石	長	寬	厚
	通長＝橋身兩頭寬	2尺	$\frac{1}{2}$寬

【欄杆】欄杆，即橋上兩邊防人物下墜之障礙物。券橋欄杆有地栿，柱子，欄板及抱鼓四種。按券橋亦有用羅漢欄板者。地栿即欄杆最下層之橫石置於兩邊仰天石上，其正中一塊曰螻蟈；兩端者曰扒頭；餘曰平身。柱子或曰望柱或曰欄杆柱子，裝於地栿上，有正柱及八字折柱二種在雁翅橋面裏

端拐角分位者曰八字折柱，（或曰拐角柱子，或簡稱八字柱。）餘均曰正柱或簡稱柱子。 欄板卽夾於兩柱間之石版，其正中一塊曰螻蟈。 抱鼓或云戧鼓卽欄杆兩端之石版，裝於橋兩端望柱之外側。（圖版壹、陸（甲）（乙）、拾（甲）（乙）。）

（一）地栿 地栿通長，按仰天石通長除去兩頭至仰天石扒頭所留金邊，（按地栿扒頭至仰天石扒頭所留金邊之寬，按大橋留寬一尺，小橋五寸。石橋分法作：按柱通高四分之一得空。）餘卽是。 寬按欄板厚二倍。 厚按寬二分之一（圖版壹、貳。） 每邊塊數須成單數。 螻蟈長按厚五倍。 另外加厚同仰天石螻蟈加厚法。 地栿用青白石，每塊六面做細，三面露明占斧扁光，兩邊倒楞上落陰槽，（按卽落柱子欄板等槽子。） 兩頭做雲，間有平頭者。

（二）柱子 柱子有正柱及八字折柱二種。 柱子用青白石每根六面做細，五面占斧兩肋扁光，二面做盒子心兩肋落欄板槽，榫眼，底面做陽榫。 其柱頭做法種類甚多，如柱頭剔風雲盤，落龍胎鳳股，覆蓮花，揞珠子，蕃荷葉，栢榴頭，覆蓮頭，分瓣撕荷葉，扁珠子，光雲頭，番荷葉疊落雲子等，并有鑿做獅子者，形狀不一。

1.正柱 正柱見方按地栿裏口寬定之：如地栿裏口寬一丈五尺以內，得柱子見方七寸；二丈五尺以內得見方八寸；二丈九尺以內，得見方九寸；三丈以外得見方一尺。 柱身通高按柱頭高（高按柱子見方二倍。）一份，柱頭下皮至欄板上皮高（高按欄板高五分之一。）一份，及欄板高（見後）一份，卽是。 榫長三寸（按石橋分法，榫長作二寸；崇陵工程做法，五孔石券橋柱子榫長作一寸，其長度似無定規。） 圖版壹、貳。

2. 八字折柱　八字折柱柱身通高及櫸長均同正柱，寬按正柱見方二倍。（石橋分法作：按見方四分之六。）厚按正柱見方四分之五。（按八字折柱，寬厚尺寸，可依橋身拐灣大小酌定之，比正柱見方略加寬厚即可。圖版壹、貳。）

(三) 欄板　欄板螻蟈長按柱通高十分之十二分定之其餘每塊之長，按地栿通長，除去螻蟈欄板柱子抱鼓及抱鼓至地栿所留金邊等分位餘若干再均勻每塊之長度。高按柱子見方一尺得高二尺六寸，如柱子見方或大或小均按見方尺寸，每尺遞加減高五分定之。厚按高二十五分之六。櫸長兩肋并底面各長一寸五分。（石橋分法：欄板櫸長各按欄板高百分之五定之。）欄板用青白石做，每塊六面做細，五面占斧二大面一小面透禪板做寶瓶荷葉雲子柱線。寶瓶以下二面做盒子心。

(四) 抱鼓　抱鼓長，高厚，及裏肋并底面櫸長均同欄板。（按石橋分法抱鼓櫸長作一寸。）抱鼓用青白石，每塊六面做細五面占斧四面扁光二大面起框線做圓鼓子雲頭素線蕨葉頭，或角背頭。抱鼓有做蹲獸或捲雲者形狀不一。

欄杆	見方				高	櫸長
	地栿裏口寬度				通高＝1柱頭高＋$\frac{1}{5}$欄板高＋1欄板高	
	一丈五尺以內	二丈五尺以內	二丈九尺以內	三丈以上	柱頭高：柱頭下皮至欄板上皮高	
正柱	0.7尺	0.8尺	0.9尺	1尺	2見方　$\frac{1}{5}$欄板高	0.3尺或0.2尺

	長	高	厚	
子 八字折柱	寬＝2正柱見方 或 $\frac{6}{4}$ 正柱見方；厚＝$\frac{5}{4}$ 正柱見方	同正柱高		,,
地栿	通　長＝仰天石通長－2金邊 螻蝈長＝5本身厚	厚＝$\frac{1}{2}$寬	寬＝2欄板厚	落柱子榫槽深0.3尺 或0.2尺 落欄板槽深0.15尺
欄板	螻蝈長＝$\frac{12}{10}$ 柱通高 平身通長＝地栿通長－(柱子若干根＋2抱鼓＋2金邊＋螻蝈長) 每塊長按通長均勻分之	正柱見方：一尺 2.6尺；一尺以下 遞減$\frac{5}{100}$；一尺以上 遞加$\frac{5}{100}$	$\frac{6}{25}$ 高	0.15尺 或 $\frac{5}{100}$ 欄板高
抱鼓	同平身每塊長	裏端高同上	,,	0.15尺或0.1尺

第二節　平橋

【橋洞分配定例金剛牆附】平橋橋洞與金剛牆分配分數，可按券橋『橋洞分配定例』各欵定之。或按河口寬度酌量分配之。

【橋長定法】平橋橋身通長，按所建橋座，橋洞之多寡，依『橋洞分配定例』分數定之，見券橋『

35357

橋洞分配定例」。卽是橋長亦卽河口寬度。

【橋寬定法】　平橋橋身寬度，有橋身中寬，及橋身兩頭寬二種。

(一)橋身中寬　橋身中寬卽指當橋面通寬尺寸圖版叁。按券橋定地栿裏口寬法定之，見「券橋橋寬定法」。　或按分水金剛牆通長見「金剛牆」。　除去兩端分水尖長二份，及鳳凰台長二份，餘卽橋身中寬，亦卽橋洞進深。

(二)橋身兩頭寬　橋身兩頭寬卽橋兩端雁翅橋面外口之寬度圖版叁。　每頭寬，各按橋身中寬加鳳凰臺長二份，及雁翅直長二份卽是。　或臨時酌定之。

橋寬	
橋身中寬	按券橋地栿裏口寬法定之 又法　中寬＝分水金剛牆通長－(2分水尖長＋2鳳凰臺長)
橋身兩頭寬	橋身中寬＋(2鳳凰臺長＋2雁翅直長)

【橋高定法】　平橋橋身高度，卽由裝板上皮至指當橋面上皮間之高度圖版叁。　按分水金剛牆露明高見「金剛牆」。　加指當押面石厚見「押面石」。　一份，卽是。

橋高	
通高	分水金剛牆露明高＋1指當押面石厚

【橋洞】　平橋橋洞面闊，同券橋橋洞面闊定法。　進深，按橋身中寬卽是。見「橋寬定法」。　高按橋身

通高，除去掐當橋面石厚見「橋面石」。　一份，即是。

橋洞	面闊	進深	高
	同券橋橋洞面闊	同橋身中寬	橋身通高－1掐當橋面石厚

【金剛牆】　平橋金剛牆即橋面石下部之橋墩，有分水金剛牆，兩邊金剛牆及雁翅三種，圖版叁、柒（甲）（乙）。

（一）分水金剛牆　分水金剛牆通長，按橋座形勢酌定之；或按橋洞進深，加鳳凰臺長二份，及分水尖長二份，即是。　寬與券橋分水金剛牆寬度定法同。見券橋「金剛牆」。　露明高，及埋深，按河桶深淺酌定之。

1. 鳳凰臺　鳳凰臺長，按一尺餘或二尺定之。　寬，露明高，及埋深，同分水金剛牆。

2. 分水尖　分水尖長按分水金剛牆寬二分之一定之。　露明高，及埋深，同分水金剛牆。

（二）兩邊金剛牆　兩邊金剛牆通長按橋洞進深，加鳳凰臺長二份，即是。　寬按分水金剛牆寬二分之一定之。　露明高，及埋深，同分水金剛牆。

1. 鳳凰臺　鳳凰臺長，露明高，及埋深，同分水金剛牆鳳凰臺。　寬同兩邊金剛牆。

（三）雁翅　雁翅直寬，按券橋雁翅直寬定法定之見券橋「金剛牆」。　直長等於直寬。　斜長以一・四一四乘直寬或直長。即是。露明高及埋深，同分水金剛牆。

金剛牆		長	寬	露明高	埋深
分水金剛牆	通長	按橋座形勢酌定之 又法　通長＝橋洞進深＋(2鳳凰臺長＋2分水尖長)	同券橋分水金剛牆定寬法	按河槽深淺酌定之	
	鳳凰臺長	一尺餘或二尺	同分水金剛牆寬	,,	,,
	分水尖長	$\frac{1}{2}$分水金剛牆寬		,,	,,
兩邊金剛牆	通長	橋洞進深＋2鳳凰臺長	$\frac{1}{2}$分水金剛牆寬	,,	,,
	鳳凰臺長	同分水金剛牆鳳凰臺長	同兩邊金剛牆寬	,,	,,
雁翅	直長	直長＝直寬	直寬同券橋雁翅直寬定法	,,	,,
	斜長	直長(或直寬)×1.414			

附金剛牆石料

金剛牆石料　平橋金剛牆石料核算法及石料排列形勢，均同券橋金剛牆；僅外路石最上一層落橋面掐口，長按掐當橋面通寬；寬按外路石寬二分之一或臨時酌定，深一寸至二寸不等。但亦有不落橋面掐口者，僅掐當橋面兩頭各落絲絆槽子。其分水尖最上一層，如用甃坭正三角形石料，其裏路石係方頭不打斜尖。

【泊岸】　平橋泊岸，僅河身泊岸一種。

(一)河身泊岸　河身泊岸通長不定。寬與券橋河身泊岸寬度定法同。露明高，按河槽情形酌定之，或按橋身高度定之，其垂溜尺寸按本身寬百分之一，或百分之三定之。埋深，同金剛牆埋深。泊岸石料用豆渣石，做糙做細法，同券橋泊岸石料。

泊岸	長	寬	高	
			露明高	埋深
河身泊岸	不定	同券橋河身泊岸寬	按橋身高度定之	同分水金剛牆埋深

【裝板】 平橋裝板，有金門裝板，迎水裝板，及順水裝板三種，圖版叁。 裝板石料用豆渣石，做糙做細法，同券橋裝板石料。

(一)金門裝板 金門裝板有掐當裝板，及分水尖裝板二種：

1. 掐當裝板 掐當裝板長寬厚及路數定法，同券橋掐當裝板。

2. 分水尖裝板 分水尖裝板長寬厚及路數定法，同券橋分水尖裝板。

(二)迎水裝板 迎水裝板長寬厚及路數定法，同券橋迎水裝板。

(三)順水裝板 同迎水裝板。

裝板		長	寬	厚	路數
金門裝板	掐當裝板	同券橋裝板定長法	同券橋裝板定寬法	同券橋裝板定厚法	同券橋裝板定路數法
	迎水裝板	″	″	″	″
迎水裝板		″	″	″	″

35361

順水裝板	,,	,,	,,	,,

【裝板牙子】 平橋裝板牙子，有金門裝板外牙子，或曰分水尖牙子。迎水外牙子，及順水牙子三種 圖版叁。

裝板牙子石料，用豆渣石做糙做細法，同券橋裝板牙子石料。

（一）金門裝板外牙子 金門裝板外牙子長，寬，厚均同券橋金門裝板外牙子。按平橋金門裝板外牙子亦有不安者。

（二）迎水外牙子 迎水外牙子長，寬，厚均同券橋迎水外牙子。

（三）順水外牙子 同迎水外牙子。

裝板牙子	長	寬	厚
金門裝板外牙子（分水尖外牙子）	同券橋裝板牙子定長法	同券橋裝板牙子定寬法	同券橋裝板牙子定厚法
迎水外牙子	,,	,,	,,
順水外牙子	,,	,,	,,

【押面】 押面或作壓面，即金剛牆上部之平石。或稱掐當石，有掐當押面及雁翅上押面二種。在分水金剛牆上，掐於兩掐當橋面之間者，曰掐當押面。雁翅上沿外緣之橫石，曰雁翅上押面圖版叁。押面用青白石或豆渣石，每塊六面做細，露明占斧扁光，下面落罈絆，上面落地栿槽。

（十）掐當押面　掐當押面通長，按橋洞進深定之。　寬按分水金剛牆寬，除去兩邊橋面掐口寬（見「橋面」）。二份餘卽是。　厚同掐當橋面。

（十一）雁翅上押面　雁翅上押面每道通長，各按雁翅斜長定之。　寬二尺。　厚同掐當橋面。

押　面	長	寬	厚
掐當押面	每道通長按橋洞進深定之	分水金剛牆寬－2橋面掐口寬	同掐當橋面厚
雁翅上押面	每道通長同雁翅斜長	2尺或2.5尺	〃

【橋面】　平橋橋面，卽金剛牆上部所鋪之橋版石，或曰蓋面石，或曰過梁。　橋面有掐當橋面，及雁翅橋面二種。（圖版叁、拾壹（甲）。）　搭於分水金剛牆及兩邊金剛牆上者，曰掐當橋面。　平鋪於兩邊金剛牆及雁翅上者，曰雁翅橋面或曰海墁石。　橋面用青白石或豆渣石，每路以寬二尺爲率，每塊五面做細，底面做糙，露明占斧扁光，兩頭落縊絆槽，兩邊二路上面落地栿槽。

（一）掐當橋面　掐當橋面長，按橋洞面闊，兩頭各加橋面掐口寬一份卽是，如無橋面掐口，按金門面闊兩頭各長出一尺定之。（按崇陵工程做法石平橋掐當橋面長，按金門面闊兩頭各加長一尺，下面做縊絆槽子深二寸，金剛牆上不做橋面掐口。）　通寬按橋身中寬定之。　路數按通寬以每路寬二尺均勻分定之。　厚按寬二分之一；或十分之六。

35363

（二）雁翅橋面　雁翅橋面有滿砌者有墁幾路者，應臨時酌定之。其墁法又分順墁橫墁二種。如為順墁，長度按雁翅直寬除去掐當橋面掐口寬一份及掐當牙石寬一份，餘即是。通寬外口通寬按橋身兩頭寬除去兩邊雁翅上押面一·四斜之尺寸二份餘即是；如掐當牙石與如意石并行時，雁翅橋面外口通寬，按掐當牙石通長，除去押面斜寬尺寸即是。裏口通寬按外口通寬兩頭各除去本身長一份及押面一·四斜之尺寸二份餘即是。如為橫墁者，其第一路裏口長按兩邊金剛牆長兩頭各按外路石本身寬十分之四收長若干，餘即是外口長按裏口長兩頭各加本身寬一份即是，餘仿此遞加之。路數不定。

橋面		長	寬	厚
掐當橋面		金門面闊＋2橋面掐口寬	通寬按橋身中寬定之　石料寬2尺	$\frac{1}{2}$寬；$\frac{6}{10}$寬
雁翅橋面	順墁	長＝雁翅直寬－(1掐當牙石厚＋1橋面掐口寬)	外口通寬＝橋身兩頭寬－2(1.414×押面石寬) 裏口通寬＝外口通寬－〔2本身長＋2(1.414×押面石寬)〕	
	橫墁	第一路裏口長＝兩邊金剛牆長－2($\frac{4}{10}$外路石寬) 第一路外口長＝裏口長＋2本身寬 餘仿此遞加之	每路寬2尺　路數不定	〃

【掐當牙石】掐當牙石，即欄束掐當橋面之窄石，介於掐當橋面及雁翅橋面之間（圖版叁）。按掐當牙石亦有安在雁翅橋面外口與如意石并行者。通長按掐當橋面裏口通寬，兩頭各加本身寬一份即是。如與如意石并行，長按如意石通長兩

頭各減去雁翅上押面一四斜寬尺寸一份即是。寬一尺。厚同搯當橋面。牙子用青白石或豆渣石，每塊五面做細，底面做糙，上面占斧扁光。

搯當牙石	長	寬	厚
	1. 搯當橋面裏口通寬＋2本身寬 2. 如意石通長－2（1.414雁翅上押面石寬）	1尺	同搯當橋面

【如意石】　平橋如意石通長按橋身兩頭寬度定之。寬二尺五寸（按崇陵工程做法，三孔石平橋如意石寬二尺五寸。）厚同搯當橋面（圖版叁）。如意石用青白石或豆渣石，每塊五面做細，底面做糙，上面占斧扁光。

如意石	長	寬	厚
	通長按橋身兩頭寬度定之	2.5尺	同搯當橋面

【欄杆】　平橋欄杆，用羅漢欄板者居多，間有用柱子者極屬罕見。欄杆有地栿羅漢欄板及抱鼓三種（圖版叁、拾壹(甲)(乙)）。

（一）地栿　地栿通長按橋身通長，除去兩邊金剛牆裏皮至裏皮之長度，餘折半（即雁翅直寬一份。）為股，另核此長百分之二十五分為勾，按勾股求弦法得弦長，加倍再加兩邊金剛牆裏皮至裏皮間之長度，共若干即地栿通長。每塊長按通長均勻分之。寬按欄板厚二倍。厚按寬二分之一，或臨時酌定之。地栿用青白石或豆渣石，每塊六面做細，露明占斧扁光，下面落糙絆，上面落欄板槽，下鐵鋦。扒頭做雲頭，兩邊倒楞。

(二)羅漢欄板 羅漢欄板通長按地栿通長除抱鼓長二份及抱鼓去地栿金邊寬按抱鼓去地栿金邊，寬度不定。二份，餘卽通長；須成單數坐橋中。每塊長先定正中一塊長，餘各遞減一尺定之。高先定正中一塊高若干，餘各遞減三寸或二寸定之。厚按高二十五分之六定之。按欄板長，高，厚，定法不明，崇陵工程做法三孔石平橋，羅漢欄板中一塊長九尺，高二尺五寸，厚六寸，其餘每塊長各按正中一塊遞減一尺；高各遞減三寸。 羅漢欄板用青白石或豆渣石每塊六面做細露明占斧扁光。二面落盒子心下面并兩肋各作陽榫長一寸或一寸五分不等。

(三)抱鼓 抱鼓長按欄板最外側一塊長約減去一尺卽是。按崇陵工程做法，三孔石平橋，抱鼓長五尺，後高一尺五寸，厚六寸。高按欄板最外側一塊高減去三寸或二寸卽是。厚同欄板。裏觔并底面各加榫長一寸。抱鼓用青白石或豆渣石每塊六面做細露明占斧扁光，二大面起框線做圓鼓子。

欄杆	長	高	厚
地栿	$\left\{2\left[\sqrt{\left(\frac{C-y}{2}\right)^2+\frac{25}{100}\left(\frac{C-y}{2}\right)^2}\right]\right\}+y$	厚＝$\frac{1}{2}$寬	寬＝2欄板厚
羅漢欄板	通長＝地栿通長－（2抱鼓長＋2金邊寬） 每塊長按正中一塊各遞減1尺	按正中一塊高各遞減3寸或2寸	正中一塊＝$\frac{6}{25}$高
抱鼓	按欄板最外側一塊長約減去1尺定之	按欄板最外側一塊之高減去2寸或3寸	同欄板厚

C＝橋身通長 y＝兩邊金剛牆裏皮至裏皮長.

第二章　瓦作

第一節　券橋

【背後磚與鋪底磚】券橋背後磚與鋪底磚有兩邊金剛牆并雁翅背後磚，泊岸背後磚，撞券背後至橋面鋪底磚，如意石背底磚，及象眼兩邊撞券下磚之分。

（一）兩邊金剛牆并雁翅背後磚　兩邊金剛牆并雁翅背後磚，即兩邊金剛牆并雁翅外路石背後（如有裏路石，即在裏路石背後。）平砌之磚（圖版壹、貳、插圖四、五。）高同金剛牆；惟雁翅背後，須除去上面象眼海墁石分位，方是淨高尺寸。（如有丁石，須除去丁石後尾所佔分位。）

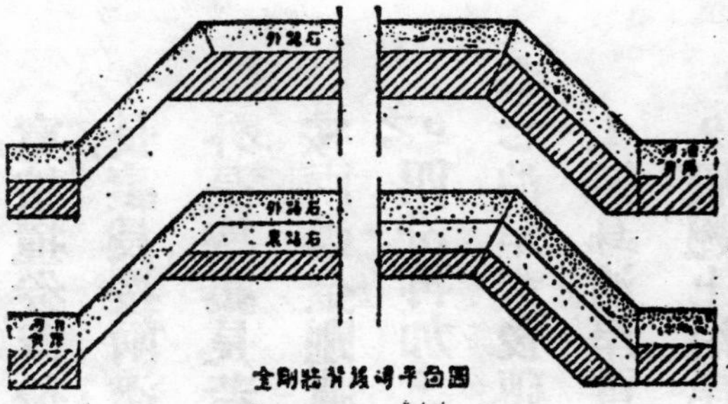

金剛牆背後磚平面圖

插圖四

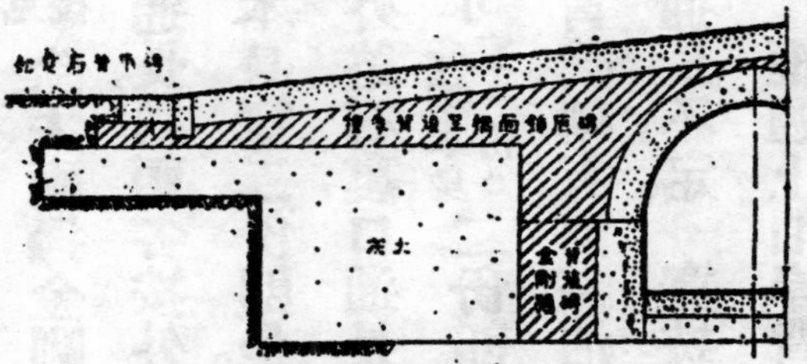

背後磚與鋪底磚斷面圖

插圖五

寬，按撞券背後磚通長，（見後）除去兩邊金剛牆外路石外皮至外皮之長，餘折半即每邊寬度。長，裏長按兩邊金剛牆通長，兩頭各按外路石寬十分之四收之，計除去若干，餘即磚裏口長；外長按裏長若干，再加本身寬二份即是。　如係隨兩邊金剛牆并雁翅形勢壘砌，磚裏口長，按兩邊金剛牆并雁翅外路石裏口通長，即是外口長，按裏口長除去兩拐角尺寸（各按本身寬十分之四收之。）四份，再加二角尖尺寸（各按本身寬一份。）二份即是。

（二）泊岸背後磚　泊岸背後磚，有河身泊岸背後磚，及雁翅上泊岸背後磚二種（圖版壹、貳）。

1. 河身泊岸背後磚　通長不定。　寬按泊岸石通寬，或臨時酌定之。　高同泊岸高。

2. 雁翅上泊岸背後磚　雁翅上泊岸背後磚，即平砌於雁翅上泊岸石背後之磚。　高與雁翅上泊岸高同。　寬與河身泊岸背後磚外皮齊。　長，裏長按雁翅上泊岸通長，一頭除去泊岸石寬百分之二十五分，餘即是；（即雁翅上泊岸石裏口長度。）外長按裏長除去本身寬百分之二十五分，餘即是。

（三）仰天石背後磚　仰天石背後磚，即仰天石裏口所填砌之磚（圖版壹、挿圖六）。　按仰天石寬除去金邊寬一份，餘若干，如比撞券石窄，即按空當部分填磚；如比撞券石寬須除去仰天本身所佔分位磚。

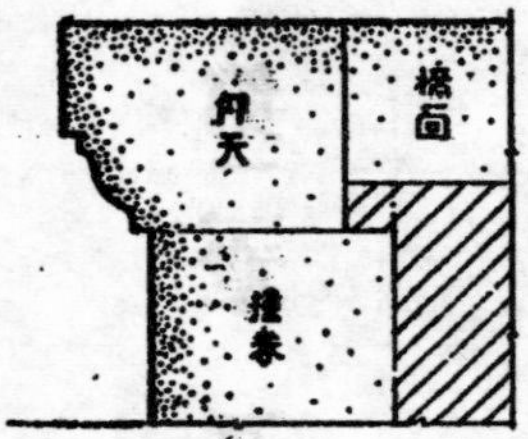

仰天背後磚斷面圖

挿圖六

(四)撞券背後歪橋面鋪底磚　撞券背後至橋面鋪底磚，卽橋身兩邊撞券石裏皮至裏皮，自金剛牆上皮至橋面石下皮間墁砌之磚圖版壹、貳　揷圖五。　通寬按橋身兩邊撞券石裏皮至裏皮之寬度定之，　高分爲上下兩截：

1.下截　下截卽撞券背後磚。　高按金剛牆上皮至如意石上皮高，除去如意石厚一份，及如意石下埋頭撞券厚，餘卽是。　長按八字柱中至柱中之長，再加兩頭往裏尺寸各按雁翅上泊岸石寬一份。卽是。

2.上截　上截，卽橋面石下部鋪底磚。　高按如意石上皮至橋面石下皮高，按弧矢法求之。　加如意石厚一份，及如意石下埋頭撞券厚一份卽是。按橋面石下部，有用豆渣石墊底者，墁磚時應除去其墊底石分位。　長按橋身直長，除去牙子石厚二份餘卽是。

以上兩截，共得若干，按其面積除去橋洞分位，其法可按撞券石除橋洞法除之，見券橋「撞券石」。　及橋心比兩邊橋面多厚若干餘卽得淨磚數。

(五)如意石背底磚　如意石背底磚，卽如意石下所鋪之墊底磚，　長按如意石通長，兩頭各加如意石寬一份，卽是。　寬按如意石寬一份半定之。　高按埋頭撞券厚一份，及仰天石厚一份，共若干，再除去如意石本身厚餘卽是圖版壹、揷圖五。

(六)象眼兩邊撞券下磚　象眼兩邊撞券下磚不明，待攷。

背後磚與鋪底磚		高	長	寬
兩邊金剛牆幷雁翅背後磚		同金剛牆高	1. 裏長＝兩邊金剛牆通長$-2\left(\frac{4}{10}\right.$外路石寬$\left.\right)$ 外長＝裏長＋2本身寬 2. 裏口長＝外路石裏口長 外口長＝$\left[\right.$裏口長$-4\left(\frac{4}{10}\right.$本身寬$\left.\left.\right)\right]$＋2本身寬	$\frac{\text{擡券背後磚長}-A}{2}$
泊岸背後磚	河身泊岸背後磚	同河身泊岸高	不定	同河身泊岸寬
泊岸背後磚	雁翅上泊岸背後磚	同雁翅上泊岸高	裏長＝雁翅上泊岸長$-\frac{25}{100}$泊岸石寬 外長＝裏長$-\frac{25}{100}$本身寬	寬與河身泊岸背後磚外皮齊
仰天背後磚				
擡券背後至橋面鋪底磚		下截　B－(1如意石厚＋埋頭擡券厚) 上截　B′＋1如意石厚＋埋頭擡券厚	下截　C＋2雁翅上泊岸寬 上截　橋身直長－2牙子石厚	按橋身兩邊擡券石裏皮至裏皮之寬度定之
如意石背底磚		(埋頭擡券厚＋1仰天石厚)－1如意石厚	如意石通長＋2如意石寬	$1\frac{1}{2}$如意石寬
象眼兩邊擡券下磚		不明待攷		

A＝兩邊金剛牆裏皮至裏皮長　B＝金剛牆上皮至如意石上皮高　B′＝如意石上皮至橋面下皮高　C＝八字柱中至柱中長

第三節　平橋

【背後磚與鋪底磚】

平橋背後磚與鋪底磚，有兩邊金剛牆并雁翅背後磚，及如意石背底磚二種。

(一)兩邊金剛牆并雁翅背後磚　裏口長按兩邊金剛牆通長，除去兩拐角尺寸各按外路石寬十分之四收之。二分餘卽是。　外口長按裏口長兩頭各加本身寬一份卽是。　寬按雁翅直寬，除去外路石寬一份如背後有裏路石，再除去裏路之寬，如有丁石，再除去丁石後尾所佔分位。餘卽是。　高同金剛牆圖版叁。

(二)如意石背底磚　如意石背底磚長同如意石通長。　寬同如意石寬。　高按臨時情形酌定之按崇陵工程做法石平橋，如意石背底磚高，按城磚層數定之，率以二層爲限，亦有與背後磚同高者。幷無定規。圖版叁。

背後磚與鋪底磚	高	長	寬
兩邊金剛牆幷雁翅背後磚	同金剛牆高	裏口長＝兩邊金剛牆通長－$2\left(\frac{4}{10}\text{外路石寬}\right)$ 外口長＝裏口長＋2本身寬	雁翅直寬－外路石寬
如意石背底磚	按城磚二層之高定之或同背後磚高	同如意石通長	同如意石寬

第三章 土作

第一節 券橋

【刨槽】 刨槽，即河底與兩岸間所掘之土槽。（如係舊河，其河底上皮至埋深石下皮間之一段，謂之墁槽，以其本係窪地無須刨掘也。） 券橋刨槽有橋身刨槽及橋兩頭刨槽二種。

（一）橋身刨槽 橋身刨槽，即兩邊金剛牆背後灰土（見「灰土」）。外皮至外皮間所掘之土槽。 長，按兩邊金剛牆背後灰土外皮至外皮之長度定之。 寬，按迎水外牙子外皮至順水外牙子外皮間之寬度加兩邊牙丁徑二份（如牙子石外口不下牙丁者，不加。）即是。 深，按地面上皮至金剛牆埋深石下皮深，加椿頭深五寸即是。 如係舊河，河桶一段深按河底上皮至埋深石下皮深，加丁頭深五寸即是。 兩邊河身泊岸刨槽深度，按河岸上皮至泊岸石埋深下皮深，加地丁頭深五寸即是。（如無地丁，即不加丁頭深。圖版壹、貳。）

（二）橋兩頭刨槽 橋兩頭刨槽，即橋身刨槽兩頭至橋端如意石外側間所掘之土槽。 每頭分爲裏外二段：

1. 裏段　裏段，卽橋身刨槽至橋端牙子石外皮間所掘之一段。　長，按橋身直長，見券橋長定法」。「橋除去橋身刨槽長餘折半卽每頭裏段之長。　外口寬與外段刨槽寬同；裏口寬按外口寬，兩頭共收長百分之五分餘卽是。　深，按地面上皮至地腳（按地脚卽橋兩頭鋪底磚下外段灰土，見「灰土」。）下皮深卽是。圖版壹、貳。

2. 外段　外段卽如意石下所掘之一段。　長，按如意石背底磚（見券橋「背後磚與鋪底磚」）。寬一份，加押槽寬（按如意石寬一份。）一份卽是。　寬，按如意石通長，兩頭各加押槽寬一份卽是。圖版壹、貳。

刨槽		長		寬	深
橋身刨槽		按兩邊金剛牆背後土外皮至外皮長度定之		A+2牙子徑	B+丁頭深5寸
橋兩頭刨槽	裏段	$\frac{(橋身直長-橋身刨槽長)}{2}$	裏段	外口寬同外段寬度 裏口寬＝外口寬－$\frac{5}{100}$外口寬	按地面上皮至地腳下皮深定之
	外段	如意石背底磚寬+1如意石寬	外段	如意石通長+2如意石寬	

A＝迎水外牙子外皮至順水外牙子外皮寬

B＝地面上皮至金剛牆埋深石下皮深

【灰土】　灰土卽石灰與黃土之混合土，或謂之三和土。　灰土有大夯灰土與小夯灰土二種；復因所在地位之異，同有地脚灰土與背後灰土或曰塡鑲（鑲或作廂）。灰土之分。　灰土厚度，以步數論，每步虛土一尺，得實厚五寸。　按小夯灰土（小夯灰土虛土七寸，得實厚五寸，按四六攙合，石灰四成，黃土六成。）築法，每步有旱活水活之分，先打旱活，次塡水活，其旱活每步按每一尺二寸分爲夯活，加活，衝活及踩活四道，第一步先用碢拍打槽底三次使平，次鋪虛土半步，（厚三寸五）

分窩打流星拐眼，再接鋪上半步虛土其流星拐眼，改爲每一尺二寸打一道，謂之分活。按所打拐眼行高夯頭夯打海窩廿四夯，二夯打錠廿四夯，餘夯跟溜打平，俱打廿四夯。按工部工程做法，小夯有廿四把，二十把，十六把夯之分。惠陵工程全案，小夯一槽廿四把，頭夯一把用二人打，兩班共四人，二夯二把用二人倒三換共三人，下餘廿一把夯，俱一人打，又留一人曰替死鬼，外設閒夫七人，以備此二十七人中休憩之用。打官，中夯，敲板（或曰裏板），調土，撥活及落水各一人共用四十人。謂之加活。按每十二夯爲一落，至廿四夯往前挪一位，次接所打夯印兩道平分，每邊六寸，再行高夯，頭夯至餘夯俱打廿四夯，謂之衝活。頭夯唱號，每一數打夯二下，餘夯隨唱，按唱號記數謂之道個子。即按所打夯印兩道平分，每邊三寸，行高夯俱打廿四夯，謂之跺活。旱活築畢，即可落水，先於旱活上鋪蓆，用脚將上面浮土踏平，先洒水花，次落水片，以濕透爲度。落水後再墁水活，按旱活層次打夯十二下，先洒渣子一層，打登皮夯一次，夯要斜下，將土皮登開；再打旋夯三次，要夯夫跳躍而打，其渣子隨打隨洒。頭遍先打流星拐眼一次，次落水花一層，及高夯一次，夯要平下，須將拐眼打平。末打旋夯三次，要一面轉打一次，渣子隨洒隨打。二遍，三遍打法同上，共三回九轉爲止。其周圍板口，走打高夯一遍。按板口須用方拐子，撥活用鐵排子。水活上須打硪三遍，橫硪豎硪及喘硪各一遍。第一步築完接築第二步，先趁濕打流星拐眼一次，撥江米汁一層，先洒水七層，次洒水三層，俾江米汁易於滲下，然後接上虛土，照第一步層次打法築之。每槽灰土，以見方一丈爲度。槽數要雙數。步數須相間築打，如第一步順打，第二步即橫打，第三步又順打，餘如之，按此法謂之馬連跺。俾灰土不致有裂縫之虞。券橋築打灰土，有裝板下灰土，迎水灰土，順水灰土，兩邊金剛牆並雁翅背後灰土，橋兩頭鋪底磚下灰土及如意石下灰土七種（圖版壹、貳、插圖七。）

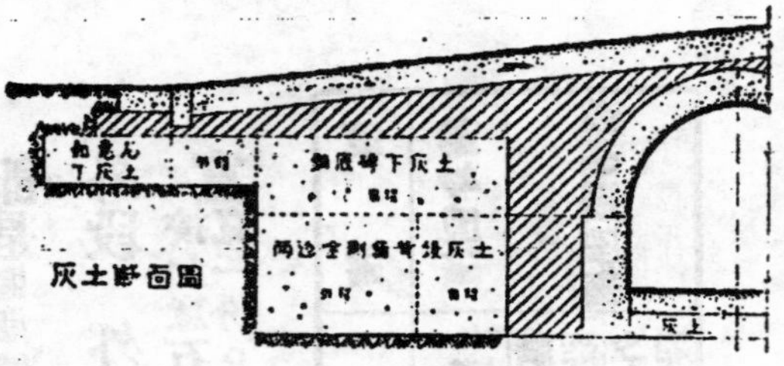

插圖七

(一)裝板下灰土　裝板下灰土卽裝板石下部所築之灰土，或曰地脚。按裝板下通常用小夯碣灰土。有金門裝板下灰土，迎水裝板下灰土及順水裝板下灰土三種 圖版壹。 灰土步數按裝板牙子寬除去裝板厚，餘以厚五寸爲一步分之，卽得此款僅築二步。按崇陵工程做法五孔石券橋，金門裝板下灰土爲十三步；石平橋築打八步或九步不等，應按河底情形酌定之，原書所舉，似非定規。

1. 金門裝板下灰土　金門裝板下灰土每孔長按橋洞面闊定之；通長按橋洞孔數湊長。寬按分水金剛牆通長定之。

2. 迎水裝板下灰土　迎水裝板下灰土裏口長按分水尖外牙子石外口通長定之；外口長按裏口長，加兩邊雁翅直寬二份卽是。 寬按雁翅直長除去分水尖長及分水尖外牙子厚一份，餘卽是。

3. 順水裝板下灰土　順水裝板下灰土長寬同迎水裝板下灰土。

(二)迎水灰土　迎水灰土，卽迎水外牙子外口所築之灰土。 長按河口寬度定之。 寬按雁翅直長一份定之。 灰土步數不過二步。

(三)順水灰土　順水灰土，卽順水外牙子外口所築之灰土。 長同迎水灰土。 寬按迎水灰土寬二倍。 灰土步數同迎水灰土。

(四)兩邊金剛牆并雁翅背後灰土　兩邊金剛牆并雁翅背後灰土，或曰塡廂灰土，按背後灰土通常用大夯碼灰土。即兩邊金剛牆幷雁翅背後磚外側所築之灰土插圖八。灰土步數，按金剛牆高以厚五寸為一步分之即是。每邊每步分為裏外二段：

1. 裏段 裏段寬按雁翅直寬，加雁翅尾按外路石與背後磚共寬一・四斜之尺寸半份即是雁翅尾之長。得若干，除去外路石如有裏路石，再除去裏路石寬度。與背後磚共寬尺寸，餘即本身寬。石橋分法作：寬按雁翅長用一・四一四歸除之即是。按即雁翅直寬一份。 長，裏口長應按兩邊金剛牆並雁翅背後磚外口長定之，外口長按裏口長，加本身寬二份即是。

按崇陵工程做法，五孔石券橋，金剛牆背後灰土，由外路石背後直築至橋端如意石裏皮為止。其寬度似可臨時酌定。

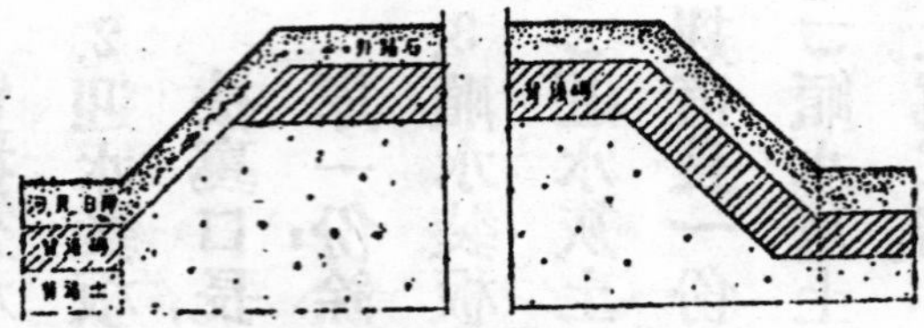
金剛牆背後灰土平面圖
插圖八

2. 外段 外段寬與雁翅上泊岸背後灰土外皮齊，按泊岸石寬一份，背後磚寬一份及背後土寬石橋分法作：泊岸土寬，按一石一磚，共即為寬。一份，三共若干，除去雁翅尾見前餘即是。 長按兩邊金剛牆通長，加雁翅直長二份，即是。石橋分法作：長按裏段外長，加兩頭拐角長，按本身石磚共寬，每尺兩頭共加八寸，共湊即長。

(五) 橋兩頭鋪底磚下灰土 橋兩頭鋪底磚下灰土，即兩邊金剛牆幷雁翅背後灰土上皮至橋兩頭鋪底磚下皮，由撞券背後磚外側，至橋端牙子石外皮間所築之灰土，或曰地脚。按此段灰土通常用大夯碼灰土。圖版壹、貳、陸(丙)，插圖七。每頭分為裏外二段。

1. 裏段 裏段寬，按雁翅上泊岸背後磚寬一份，與背後土寬一份。共若干即是。亦係與河身泊岸背後灰土後口齊。長，裏長按橋身兩邊擋券石外皮至外皮寬，兩邊各加橋身雁翅外寬尺寸（兩邊各按泊岸石寬百分之廿五分加之。）共得即是外長；按裏長，兩邊各按本身寬百分之廿五分加之，此款無押槽，兩頭項泊岸磚土。灰土步數，按金剛牆上皮至橋兩頭鋪底磚下皮高，以厚五寸爲一步分之即是。

2. 外段　外段寬，按橋身直長，（石橋分法作：寬按橋身槽通長。）除去擋券背後磚長，（見券橋「背後磚與鋪底磚」。）及裏段土寬二份，餘折半，即每頭寬度。長裏外長均按裏段之法定之，兩邊各須外加押槽寬（同如意石下押槽。）一份。灰土步數，按如意石與下部背底磚高度定之，按此高以每步厚五寸分之，即得步數。

（六）如意石下灰土　長寬與橋兩頭餡槽外段尺寸相同。灰土步數，與橋兩頭鋪底磚下外段灰土步數同。

灰土		長	寬	高	灰土步數
裝板下灰土	金門裝板下灰土	每孔長按橋洞面闊定之 通長按橋洞孔數湊長	按分水金剛牆通長定之		2步 （每步高5寸）
	迎水裝板下灰土	裏口長按分水尖外牙子外口通長定之 外口長＝裏口長十2雁翅直寬	雁翅直長－（1分水尖長十1分水尖外牙子厚）		,,
	順水裝板下灰土	,,	,,		,,
迎水灰土		按河口寬定之	1雁翅直長		,,
順水灰土		,,	2迎水灰土寬		,,

兩邊雁翅背後金剛牆灰土	裏段	裏口長=背後磚外口長 外口長=裏口長+2木身寬	(雁翅直寬+雁翅尾)−F′ 又法　雁翅斜長÷1.414	同金剛牆	按金剛牆高以每步厚5寸分定之
	外段	兩邊金剛牆通長+2雁翅直長	F−雁翅尾	,,	,,
牆下兩頭灰土	裏段	裏長=A+2(25/100泊岸石寬) 外長=裏長+2(25/100本身寬)	雁翅上泊岸背後磚寬+背後土寬	按金剛牆上皮至橋面鋪底磚下皮高定之	按高以每步厚5寸分定之
鋪底磚	外段	裏長=裏段外長+2押椿寬 外長=〔裏長+2(25/100本身寬)〕+2押椿寬	$\frac{C-(攏券背後磚長+2裏段土寬)}{2}$	如意石高+背底磚厚	按高以每步厚5寸分定之
如意石下灰土		同削椿長	同削椿長	,,	,,

A=橋身兩邊攏券石外皮至外皮寬　B=分水尖外牙子厚　C=橋身直長　F=泊岸石磚及灰土共寬　F′=外路石現背後磚共寬

【打椿】　打椿卽橋基下椿之謂或謂之下地丁。椿及地丁（按地丁或作地杠。）率爲柏木質但亦有用紅松或杉木做者。　木之徑大而長者曰椿，徑小而短者曰地丁，椿用鐵鍋築下，丁用鐵錘築下。（按崇陵工程做法去橋基下椿長一丈五尺，大徑七寸，小徑五寸，地丁長七尺，椿頭安鐵椿幅，下部砍尖，每根留出椿頭深五寸，其空當處搯以河光碎石，并灌灰漿以堅實之。工程備要隨錄有橋椿一種，長一丈至二丈，用於浮橋，地丁有長一丈，七尺及五尺者三種，長一丈者用於撥水土壩，其長五尺者用途不明。）　椿用於金剛牆下，地丁則多用於裝板及河身泊岸下，其排下於迎、順水外牙子及河身泊岸外側者曰牙丁，或曰護牙丁，或曰排椿（圖版壹、貳）。　橋基打椿有金剛牆下椿，裝板下地丁，牙子石外下牙丁，及河身泊岸下地丁及牙丁四種。

（一）金剛牆下椿　金剛牆下椿有二種：

1. 分水金剛牆下椿　按分水金剛牆形勢酌定之，或三路四路至十六路不等。

2.兩邊金剛牆并雁翅下樁　長按兩邊金剛牆并雁翅通長定之。　寬按外路石及背後磚共寬加金邊寬（寬按石磚共寬寸尺十分之一定之。）一份，共得若干，按其面積酌定之，通常率爲二路。（按崇陵工程做法五孔石券橋，分水金剛牆下樁十六路，兩邊金剛牆并雁翅下樁二路。五孔石平橋，分水金剛牆下樁三路，兩邊金剛牆并雁翅下樁二路。）

（二）裝板下地丁　裝板下地丁有三種：

1.金門裝板下地丁　按裝板形勢酌定之。

2.迎水裝板下地丁　按裝板形勢酌定之。

3.順水裝板下地丁　按裝板形勢酌定之。

（三）牙子石外側下牙丁　牙子石外牙丁有二種：

1.迎水外牙子外側下牙丁　按牙子石通長以一丁一空當核定之。

2.順水外牙子外側下牙丁　同迎水外牙丁。

（四）河身泊岸下地丁及外口下牙丁　河身泊岸下地丁，按泊岸長寬形勢酌定之。　泊岸外側下牙丁，按泊岸長以一丁一空當核定。（按崇陵工程做法河身泊岸外口，排下柏木地丁一路。下部路數不明。）

打	樁	樁		地丁	牙丁
金剛牆下	分水金剛牆下	3路——16路不等			
	兩邊金剛牆並雁翅下	長	寬		
		按兩邊金剛牆并雁翅通長定之	按外路石與背後磚及金邊寬度定之		

裝板下	金門裝板下		按裝板長寬形式酌定之	
	迎水裝板下		〃	
	順水裝板下		〃	
外側牙子石	迎水外牙子外側			按牙子石通長以一丁一空當核定
	順水外牙子外側			〃
河身下及泊岸外側	泊岸灰土下		按泊岸長寬形勢酌定之	
	泊岸外側			按泊岸長以一丁一空當核定

第二節　平橋

【刨槽】　平橋刨槽，僅橋身刨槽一種。

（一）橋身刨槽　橋身刨槽，即橋端如意石外皮至外皮間所掘之土槽。按如意石外口如築有灰土，即刨至灰土外口為止。長按兩頭如意石外皮至外皮間之長度定之。寬及深同劵橋刨槽圖版叁。

刨槽	長	寬	深
橋身刨槽	按如意石外皮至外皮長定之	同劵橋橋身刨槽寬	同劵橋橋身刨槽深

【灰土】 平橋築打灰土有裝板下灰土，迎水灰土，順水灰土，及兩邊金剛牆并雁翅背後灰土，或曰橋兩頭背後灰土。四種圖版叁。

(一)裝板下灰土 裝板下灰土，有金門裝板下灰土迎水及順水裝板下灰土三種：

1. 金門裝板下灰土 同券橋金門裝板下灰土。
2. 迎水裝板下灰土 同券橋迎水裝板下灰土。
3. 順水裝板下灰土 同迎水裝板下灰土。

(二)迎水灰土 同券橋迎水灰土。

(三)順水灰土 同券橋順水灰土。

(四)兩邊金剛牆并雁翅背後灰土 平橋兩邊金剛牆并雁翅背後灰土長按如意石通長定之。高同背後磚。寬按臨時情形酌定之。按崇陵工程做法石平橋背後土寬五尺。

灰土		長	寬	高	步數
裝板下灰土	金門裝板下灰土	同券橋金門裝板下灰土	同券橋金門裝板下灰土		同券橋灰土步數
	迎水裝板下灰土	,,	,,		,,
	順水裝板下灰土	,,	,,		,,
迎水灰土		同券橋迎水灰土	同券橋迎水灰土		,,

順水灰土	同券橋順水灰土	同券橋順水灰土		〃
兩邊金剛牆并雁翅背後灰土	按如意石通長定之	不定	同金剛牆	按高以每步厚5寸分之

【打樁】　平橋橋基打樁同券橋。見券橋「打樁」。

第四章　搭材作

第一節　券橋

【材盤架子】　材盤架子，卽隨安砌金剛牆券石，撞券仰天欄杆，泊岸時所搭之木架子。　有金剛牆材盤架子，撞券材盤架子，平橋架子，（或曰平水橋。）與泊岸材盤架子四種（圖版陸(丙)）。

（一）金剛牆材盤架子　金剛牆材盤架子，如隨分水金剛牆成搭，通長按分水金剛牆六面外圍長定之；如隨兩邊金剛牆并雁翅成搭，按兩邊金剛牆并雁翅通長定之。　寬按金門形勢酌定之，或二尺或二尺五寸不等。　搭拆次數，按金剛牆高，每高三尺，搭拆一次。

(二)擋券材盤架子　擋券材盤架子長按八字柱中至柱中之長度定之。　搭拆次數，按金剛牆上皮至橋面上皮高，每高三尺，搭拆一次。　寬度酌定。

(三)平橋架子　平橋架子長，外長按河口寬度定之；裏長按兩邊金剛牆裏皮至裏皮之長度定之。　寬按雁翅直長除去分水尖長一分餘即是。　搭拆次數，同金剛牆材盤架子。　又往上改搭，長按八字柱中至柱中之長度定之。　寬按雁翅直長加鳳凰台長即是。　搭拆次數，同雁翅上泊岸材盤架子。

(四)泊岸材盤架子　泊岸材盤架子，有河身泊岸材盤架子，或曰脚手架子。及雁翅上泊岸材盤架子二種：

1. 河身泊岸材盤架子　河身泊岸材盤架子，長按泊岸長度定之。　寬按河桶情形酌定之。　搭拆次數，按泊岸高每高三尺，搭拆一次。

2. 雁翅上泊岸材盤架子　雁翅上泊岸材盤架子，長按泊岸長度定之。　寬搭拆次數，同上。

材盤架子	長		寬	搭拆次數
金剛牆材盤架子	隨分水金剛牆成搭	按六面圍長定之	2尺或2.5尺	按金剛牆高每高3尺搭拆一次
金剛牆材盤架子	隨兩邊金剛牆并雁翅成搭	按通長定之		

擺係材盤架子	按八字柱中至柱中長定之		按金剛牆至橋面高每高3尺搭拆一次
平橋架子	外口長=河口寬 裏口長=兩邊金剛牆裏皮至裏皮長	雁翅直長一1分木尖長	同金剛牆材盤架子
	又往上改搭按八字柱中至柱中長定之	雁翅直長十1風風合長	同雁翅上泊岸材盤架子
泊岸材盤架子	隨河身泊岸成搭	按泊岸長度定之	按泊岸高每高3尺搭拆一次
	隨雁翅上泊岸成搭	,,	,,

【券子】 券子（或作券仔。）即發券時成搭之半圓形木架子（圖版陸（丙））。 券子係用柱子，縐梁，桁條，及頂樁等組成。 其柱子，縐梁，桁條及頂樁（或曰頂梁。）等直徑，均按金門面闊定之；如面闊一丈以內，按百分之五定之，面闊一丈以上，按面闊五十分之一遞加之。 路數按金門面闊及進深定之；以頂樁直徑四份之和分除面闊及進深，即得路數，惟面闊路數須成雙行，進深不拘。 層數按券洞中高，以縐梁及桁條得徑尺寸均分定之。（石橋分法作：如磚券，按中高除提升，除平水，餘若干，用縐梁桁條湊徑若干分之，如不是雙層，將頂用雙桁條即同。）

（一）柱子 柱子長，中一路至最上層縐梁上皮即是；次二路各遞減一縐梁及一桁條徑，餘即是；餘仿此。（按柱子如用架木鋸截作者，不必核長。）

（二）縐梁 縐梁第一層長，按券口面闊，兩頭除去螻蟈撬厚一份，餘即是；第二層長，按券洞中高為弦，另以縐梁及桁條各一層之高為勾，按勾弦求股法，得股長除去提升尺寸（按即券口面闊二十分之一分。）一份，及螻蟈撬厚一份，餘加倍即是。 餘仿此。

(三)桁條　桁條長，按劵洞進深定之，但進深逾一丈五尺以外者，可分爲兩截，其搭頭長每根各加本身徑一份卽是。

(四)頂椿　頂椿長，按金剛牆露明高定之。

(五)拉扯戧木　拉扯戧木，或簡稱拉扯，用架木做，每面闊與進深折平面一丈，用架木四根。

(六)螻蟈搔　螻蟈搔，每縉梁一層用四箇，(內桁條上用二個)。各長按縉梁徑一·二斜定之。寬按長二分之一(石橋分法作：寬按長六分之四)。厚按寬二分之一。

(七)撐頭木　撐頭木長，按桁條徑二份。徑同柱子。根數按空當核算。

劵子	路數		層數
	面闊路數	進深路數	按劵洞中高以縉梁及桁條得徑尺寸均分之
	$\frac{Z}{4D}$ 要雙行	$\frac{Z'}{4D}$	

	長	寬	厚	徑
柱子	中二路長至最上層縉梁上皮 次二路長各比中二路減一桁條及一縉梁徑 餘各仿此遞減			金門面闊 一丈以下 $\frac{5}{100}Z$ 一丈以上 遞加 $\frac{1}{50}Z$
縉梁	第一層長＝Z－2B 第二層長＝ $2\left\{\left[\sqrt{R^2-(A+A')^2}\right]-\left(\frac{1}{20}Z+B\right)\right\}$			
桁條	按橋洞進深定之如逾15尺分兩截做每頭各加本徑1份			,,
頂椿	同金剛牆露明高			,,
拉扯戧木	每方丈用四根			
螻蟈搔	每縉梁一層用四個 每個長1.2A'	$\frac{1}{2}$長 或 $\frac{4}{6}$長	$\frac{1}{2}$寬	
撐頭木	2A			,,

Z'＝金門進深　Z＝金門面闊　L＝頂樁徑
R＝劵洞中高　A＝桁條徑　A'＝縉梁徑
B＝螻蟈搔厚

第二節　平橋

平橋成搭材盤架子，僅金剛牆材盤架子一種。

【材盤架子】　金剛橋材盤架子，同劵橋金剛牆材盤架子搭法。見劵橋「材盤架子」。

(一)金剛牆材盤架子

1. 分水金剛牆材盤架子　同劵橋分水金剛牆材盤架子。
2. 兩邊金剛牆并雁翅材盤架子　同劵橋兩邊金剛牆并雁翅材盤架子。

材盤架子	長		寬	搭拆夫數
金剛牆材盤架子	隨分水金剛牆成搭	同劵橋金剛牆材盤架子	同劵橋金剛牆材盤架子	同劵橋金剛牆材盤架子
	隨兩邊金剛牆并雁翅成搭	〃		

清官式石橋做法附錄目錄

橋座做法（原載營造算例）

第一節 石作

【橋洞】 中孔以十九分定之，次孔，梢孔比中孔各遞減二分。金剛牆以十分定。 雁翅直寬以十五分定。 先定河口寬若干，再以河口寬定孔數。

如定三孔：按河口寬以百〇三分除之。 內用十九分作中孔面闊。 十七分作次孔面闊，加倍。 十分作分水金剛牆寬，加倍。 十五分作每邊雁翅直寬，加倍。 如定五孔：按河口寬以一百五十三分除之。 以十九分爲中孔，十七分爲次孔，十五分爲梢孔，十分爲分水金剛牆之寬，十五分爲雁翅直寬。 如定七孔：按河口寬以一百九十九分除之。 以十九分爲中孔，十七分爲次孔，十五分爲再次孔，十三分爲梢孔，十分爲分水金剛牆，十五分爲雁翅直寬。 如定九孔，十一孔：各按中面闊十九分，其除面闊各減一分半。 如定十三孔，十七孔：各按中面闊十九分，其餘次梢孔面闊各遞減一分。 如定一孔：按河口尺寸，以三分分之內一分，爲金門，二分每分爲雁翅直寬。

以上橋洞，或以中孔爲準，次梢孔各遞減二尺，看現在形式而論，不可執一，惟梢孔面闊要比金剛牆稍加闊大比分水金剛牆之寬小者不合做法。

【橋長】 如三孔至十五孔，俱按梢孔兩邊金剛牆裏口至裏口長若干，加倍即是橋上兩頭牙子外口直長丈尺。

如一孔按金門面闊尺寸，再加兩頭雁翅直寬尺寸，三共湊長若干，加倍即是牙子外皮至外皮直長尺寸。

【地栿】 裏口寬按橋長四丈得寬一丈。 自長四丈至九丈，每長一丈遞加寬二尺。 自長九丈得寬二丈，自長九丈往上，每長一丈遞加寬五寸。

以上寬窄，亦有核走道之寬窄者，應臨時酌定核算。

【仰天】 外口寬按地栿裏口寬若干，外加地栿之寬二份，再加兩金邊二份，共湊即是外口尺寸。　橋長九丈以內，金邊各寬四寸。　長九丈以外，金邊各寬，按長一丈遞加金邊一份。

【橋洞進深】　按仰天外口通寬尺寸，除每邊鳧兒往裏收進尺寸，按仰天厚四扣，得每邊收進若干，淨即是橋洞進深尺寸。

【金剛牆】　長按橋洞進深若干，外加兩頭鳳凰台，各按金剛牆寬，每寬一丈，外加長二尺。　分水尖每頭各長，按寬折半即是。　以橋洞進深加鳳凰台長二份，分水尖長二份，共湊即是金剛牆通長尺寸。　露明高，按寬六扣，再以河深淺酌定，埋頭深按灰土步數，裝板厚一份即是。

【券洞中高】　俱按橋洞金門面闊，折半得若干，再按此尺寸加一成尺寸，提升共得即是中高。

【舉架】　自如意石往上舉起，按中孔中高尺寸，相減若干，加中孔過河撞券，按券臉高折半，二共若干，以中孔中至梢孔中長若干，除之得每丈舉架若干，即以牙子外口至橋中長若干，以所得尺寸，每丈因之即得。　或按橋通長折半，每丈加舉一尺二寸。　如十丈以外，每丈加舉六寸五分。

【平水牆至如意石上皮高】　按裝板上皮，至仰天上皮通高若干，除去平水牆高若干，又除去舉架高若干，淨餘若干，即是平水至如意石上皮高尺寸。

【雁翅】　長按直寬，用一四一四因，即是斜長，高與平水牆同。　八字柱中至梢孔裏皮尺寸，按兩邊平水牆寬一份即是。

【雁翅上泊岸】　長按雁翅直長，加鳳凰台長尺寸，共得為股；另將雁翅直寬，除八字柱中尺寸，餘若干為勾，用勾股求弦法得長。　高按平水上皮至如意石上皮高若干，除去如意石至八字柱中垂溜尺寸，按每丈垂溜一寸，餘若干即是。

【兩邊金剛牆】　寬按分水金剛牆寬折半即是。

【雁翅橋面】　寬按八字柱中至牙子外皮長尺寸若干，用二五因之，加翅，如長一丈，得二尺五寸，核得寬若干，內除仰天實一份，定一二斜計，除去若干，淨餘若干，再加仰天正寬一份，即是雁翅橋面寬。

【搯當裝板】　券內長按金門面闊，有幾孔算幾孔，共湊即是長。　以金剛牆長，除去分水尖長，每路寬二尺分之，即是路數；裝路數成單坐中。

【外分水尖裝板】　按分水尖長用寬二尺分之，即是路數；加倍即兩頭路數。　每路湊長按每孔金門面闊，每路兩頭各遞加本身寬一份，即是每孔之長。　有幾孔算幾孔，即是每路湊長。　俱寬二尺。　大橋厚一尺，小橋厚七寸。

【分水尖外牙子】　長按分水尖裝板末一路湊長，兩頭頂雁翅外皮，每頭各加本身厚一份，即是長。　寬按裝板厚一份，灰土二步共湊，即是寬。　厚同裝板厚。

【迎水順水裝板】　按雁翅直長，除分水尖長，並分水尖外牙子厚一份，餘長尺寸以每路二尺分之，即是路數。　兩頭頂雁翅每路遞加長，每頭各按本身寬一份，共得即是長。　其餘路數，各按第一路遞加。　厚按搯當裝板厚。

【迎順水外牙子】　長按兩頭泊岸，寬厚同上牙子一樣。

【分水金剛牆石料】　外路淨長按金剛牆至鳳凰台長，再加分水尖長，用一四斜，將斜長尺寸加倍，併入金剛牆尺寸，加倍即是六面外圍尺寸，內除本身寬二份，再除四拐角尺寸，寬一份，計四分，共得前淨尺寸，即是周圍石料通長丈尺。　每層應鑿打斜尖八塊。　寬按金剛牆之寬均分路數，石料寬二尺不等。　厚按寬折半。　分層數，按金剛牆高均勻，外加落繨絆厚一寸。　如分水金剛牆中有背後石長按金剛牆尖至尖尺寸，除外尖斜尺寸二份，淨若干即是長。　如二路者加倍，厚不加繨絆一寸。　鑿打斜尖，一路者每頭二塊，二路者每頭一塊。

【兩邊金剛牆石料】　長按分水金剛牆尖至尖尺寸，再加雁翅長尺寸二份，共得若干，內除二拐角尺寸，按外路石寬每尺兩頭各收四寸，共收若干，再加二角尖尺寸，各按本身寬一份，計二份，共得即是長。

每層應鑿打斜尖四塊。　寬厚俱同分水金剛牆外一路。　如裏路背後以金剛牆外皮是雁翅明長尺寸；係外路外口共得若干，內除外路石寬每尺收四寸，計四份，即是裏路石外口長；再以本身寬每尺收四寸，計二份得若干，除去外口再加角尖尺寸二份，各按本身寬一份，即是裏路淨得長。　每層亦鑿打斜尖四塊。　寬厚同分水金剛牆裏路石。

【雁翅上泊岸石料】　寬厚同河身泊岸。

【雁翅後象眼海墁】　長按雁翅直長，按鳳凰台長，二共得若干，一頭除橋身雁翅外寬，按泊岸通寬，內除本身寬，其餘尺寸以每尺，應收長二寸五分，共收長若干，再除去泊岸石寬一份，淨即是換泊岸第一路長。其第二三四路俱照此法相增減。 長寬按雁翅直寬除泊岸大料石寬。 其餘路數，以每路尺寸均分。 其寬厚同裝板。每路應鑿斜尖一塊。

【券臉石】 高按中孔面闊自一丈一尺往下每面闊一丈用高一尺六寸。 自一丈一尺往上，每加一尺遞高九分。 長按高十分之十一，以長核路數，要成單，再以路數均背長。 厚按高九扣。

如中一塊有吸水獸者，外加厚按高三分之一。

如內券用磚發券者，券臉石厚與高同，其餘同上。

【內券】 券石高按中孔面闊。

如面闊一丈至一丈三尺者，用高一尺五寸。 如面闊一丈往下者，每尺遞減一寸。

如面闊一丈三尺往上者，每尺遞加一寸。 寬按高十分之六，再與路數均勻尺寸。 長按寬加倍，再以進深均勻尺寸。

券臉內券俱同一樣路數。

【券石算背法】 按券口法得若干，每尺收一分即是弦長。中一塊每寸收一分五厘即是弦長。 加矢高按收背若干，加一倍半即是。

【撞券石】 高按券臉高七扣。 寬按高三分之四，應進零算。長按平水上皮至雁翅上泊岸上皮高若干層，每層長按八字柱中至柱中若干，兩頭加泊岸石寬二份，共得長若干。 再加泊岸上皮撞券，有通長一層，兩頭至仰天兩頭與仰天下皮平。通撞券上皮至中仰天下皮高若干，分層若干，各長按弧矢求弦長若干，以上共得長若干，內除券洞中高加券石高一分為弦。 如除第一層，按第一層尺寸為勾，按勾弦求股法得股長若干，除去提升一份，淨若干，加倍即是除券石至券石外皮尺寸，其餘層數俱照此法。 有幾孔除幾孔，所有得淨尺寸，再加倍即是二面厚長。 兩邊斜尖並換券口，俱應鑿打。

【仰天】 長按橋面通長，內除八字柱中至八字柱中長若干，其餘尺寸折半為股；將股用二五因得若干為勾；用勾股求弦法得弦長加倍，再加八字柱中至中尺寸，共得若干；再加弧矢背長，按弧矢求背法得外加若干，通共併得若干即是長。 高按券臉高八扣，寬按本身高三分之四，應進零算每邊分單塊數，內中一塊鑼鍋長按厚三份，外加厚以淨厚加半倍，即是外加厚。

【橋心】　湊長按橋通長，除去牙子厚淨若干，再外加弧背長即是。　寬按橋地伏裏口寬，如寬一丈八尺以內，用五分之一得寬，如一丈八尺往上，用六分之一得寬。　厚俱按寬，如寬四尺至三尺，俱按寬十分之三，如寬三尺以下，厚按寬十分之四。

【兩邊橋面】　通長與橋心同。　寬按仰天裏口若干，除去橋心寬，餘若干，用寬二尺除之，得路數，要成雙，再以路數均分寬。　厚按寬折半。

【雁翅橋面】　各長按橋牙子外皮至牙子外皮長，內除八字柱中至泊岸外皮，入角至入角淨若干，折半得若干，再除裏拐角分位，按仰天寬每寬一尺得除二寸五分，淨即是長。　寬按牙石通長，除中寬尺寸，餘折半即是寬。　每路寬厚俱同橋面。　其各路之長，以通厚尺寸歸除通長，每尺應收若干，以每路之寬用此收尺寸收之，即是各路收長。

【如意石】　長按仰天外口齊，寬二尺，厚按寬折半。

【牙子石】　長按仰天裏口齊，寬按地伏裏口寬，自三丈往上，寬二尺五寸，三丈往下，寬一尺五寸。　厚按寬折半。

【柱子】　見方按地栿裏口寬，一丈五尺以內，得見方七寸；二丈五尺以內，得見方八寸；二丈九尺以內，得見方九寸，三丈往上，見方一尺。　柱頭高按見方加倍。　柱頭下皮至欄板上皮高，按欄板高五分之一。　柱通高按欄板上皮至柱頭下皮高一份，柱高一份，以上三共得若干，即是高。　外加下榫長三寸。　八字折柱，長同上。　寬按正寬見方加倍。　厚按正柱見方四分之五。

【欄板】　坐橋中要單。　長按柱子淨高加二成，用一二因得長。　其餘按地栿長，除金邊並柱子抱鼓均分尺寸。　高按柱子見方一尺，得高二尺六寸，如見方或大或小，俱按見方每寸遞加減高五分。　厚按高二十五分之六。　以上兩頭，並下面加陽榫，各長一寸五分。

【抱鼓】　長寬厚與欄板同。　只一頭並下面，各加陽榫長一寸五分。　一頭做抱鼓，其抱鼓去地栿金邊，大橋一尺，小橋五寸。

【地栿】長按仰天長除兩頭至仰天金邊，與抱鼓至地栿頭金邊同。寬按欄板厚加倍。高按寬折半。每邊塊數要單內一塊羅鍋長按厚五分外加厚法同仰天。

第二節　瓦作

【金剛牆並雁翅背後】高與金剛牆高同。長按金剛牆並雁翅外皮明長若干，再按石寬每尺收四寸，共得尺寸若干，四分因之得除若干即是磚裏口長。以裏外口共得尺寸折半即是均折長。高內應除象眼海墁石分位方是淨磚層數。寬按橋身下截撞券背後長若干除去兩頭金剛牆外皮至外皮長若干，除折半即是寬。

【撞券背後至橋面鋪底】高按平水牆上皮至橋面上皮中高若干，除去橋面厚即是通高。分為兩截內下一截自平水上皮至如意石上皮高若干，內除如意石厚，又除如意石下撞券厚淨即高。長按八字柱中至柱中長若干，再加兩頭往裏按泊岸石寬二份即是長。上一截自如意石上皮至橋面下皮高若干，按弧矢法折高若干，加如意石厚又加如意石下撞券厚，共得即是高。長按橋長至如意石外皮長即是。各通寬按橋身寬除兩邊撞券石寬分位淨即寬。

以上共得長若干，內除橋洞分位，按弦矢折除磚若干，又除橋心石比橋面石多厚若干，除磚若干即是磚數。

其如意石下，埋頭撞券石厚一份共得若干，除本如意石厚淨即是埋頭深。

【仰天】除金邊淨寬若干，如比撞券窄，外兩邊再加兩條窄若干背後磚如比撞券寬再除本身所佔之寬分位磚如同撞券一樣，不除不加。

【象眼兩邊撞券下】係地脚上如意石下磚。與象眼背後磚下皮平。

【如意石下背底磚】長按如意石長兩頭各加如意石寬一份共得即是。寬按如意石一份半。高按深。

【雁翅上泊岸背後磚】長按泊岸長，內除泊岸石寬，每寬一尺除二寸五分除若干即是裏長。外長按裏長再除橋雁翅，按本身寬每寬一尺除二寸五分，除若干，即是外長。裏外均折即是長。寬按河身泊岸背後磚齊。高與泊岸同。

第三節　搭材作

【隨金剛牆搭材盤架子】長按分水金剛牆六面得長並二邊金剛牆連雁翅湊長若干即是。寬按金門高大小高矮或二尺，或二尺五寸不可拘定，俱看大小形式而論。高按金剛牆高每高三尺，搭拆一次，即得幾次。

【雁翅上泊岸材盤架子】長按泊岸長共湊即是，搭拆幾次同上。

【擋券兩頭材盤架子】長按八字柱中至柱中若干即是。高按平水至橋面高分，搭拆幾次同前。

【橋身兩邊搭平橋架子】長隨平水牆長。按河寬雁翅尖至尖為外長。兩邊金剛牆裏口至裏口為裏長。以此裏外口相併，折半即是折長。寬按兩雁翅直長若干，內除分水尖長若干，凈若干即是寬，搭拆幾次，與金剛牆同。又往上隨擋券改搭長按八字柱中至柱中即是長。寬按雁翅直長，加鳳凰台長，二共即是寬。搭拆幾次，與雁翅上泊岸同。

【券子】柱子，襯梁，桁條，頂樁，按面闊一丈，用徑五寸，自一丈往上，每高面闊五尺，遞加徑一寸。路數按面闊進深定按頂樁徑四分得若干，各按進深面闊分之，得面闊幾路，要成雙進深路數不拘。層數按中高除平水若干，用襯梁桁條得徑若干，分之即是。

【柱子】中二路至頂上襯梁上皮即是長。次二路各遞減一桁條一襯梁徑，共得即是長。各路數照前遞減徑一寸，與上同。間有用架木鋸截做者，不必核長。

【頂樁】長按金剛牆高即是長。徑同上。

【襯梁】第一層，長按券口面闊，兩頭除去羅鍋擡（似應作橋）厚，餘即是長。第二層以中高尺寸為弦，再以襯梁桁條各一層得高為勾，按勾弦求股法，得若干，除去提升尺寸一份，再除羅鍋擡厚一份，餘若干，加倍即是第二層長。其餘往上各層，俱照此法算長。

【桁條】長按券進深。如過一丈五尺以外者，分為兩截算。搭頭長按徑二份。每根只加一份即是長。徑同上。

【拉扯戧木】用架木做，每面闊進深，折平面一丈，用架木四根。羅鍋擡每襯梁一層用四個。內桁條上二個，各長俱按槽梁徑一二斜即是。寬按長減半倍。厚按寬折半。

【擗頭木】長按桁條徑二份即是長。徑同上。根數按空當算。

第四節　土作

【橋身刨槽】長按兩邊金剛牆背後土外皮至外皮即是長。寬按迎水、順水牙子石外皮至外皮若干，加牙釘之徑二份，共湊即是寬。如無牙釘即不用加。深自地面上皮至埋頭下皮，外加丁頭深五寸，共得即是深。如係舊河中間深自河底上皮至埋頭下皮，再加丁頭，共湊即是中間深。兩頭泊岸分位自河岸上皮至河埋深下皮即是深。如無丁，即不用加丁頭深。

橋身兩頭刨槽每頭長二段，內如意石下一段長按如意石背底磚寬一份，又押槽加如意石寬一份，共湊即是長。寬按如意石長再加兩頭押槽，按如意石寬二份即是寬。裏一段長按牙子至牙子外皮直長若干，除去橋身槽長若干，折半即是長。外寬與如意石下之寬同，裏寬按外寬每長一丈，兩邊共收五尺即是寬。深按地面上皮，至地脚下皮，即是深。其地脚灰土並石磚所佔之深，應加如意石厚一份，再加下埋頭磚高一份，再照此尺寸加一倍即是通深。

【金門裝板並順水迎水裝板下築打灰土】步數按牙子石高，除裝板淨厚若干，每厚五寸得一步。此款只算二步。長分三截，內一截按金門面闊共湊即是長。寬按金剛牆至尖長即是寬。兩頭二段，裏長各按金門湊面闊，外加分水金剛牆共寬若干，共湊即是裏口長。外口長按此長再加雁翅直寬二份，即是外長。裏外口共湊折半即是均折長。寬按雁翅直長即是寬，內除分水尖長一份，再除分水尖外牙石厚一份，餘即是兩邊各淨寬尺寸。

【迎水順水裝板牙子石外築打灰土迎水順水】迎水寬按雁翅直長若干尺寸一份即是。順水寬按迎水土寬加倍即是。長俱合河口之寬窄算。以上灰土不過二步。

【兩邊金剛牆磚背後灰土】步數按金剛牆高，每厚五寸得一步。每邊每步分二段。內裏一段寬按雁翅直寬，再加雁翅尾，按石磚湊寬一四斜之尺寸半份，共湊即是通寬。內除外皮石磚湊寬若干，除去即是淨寬。　裏長，按金剛牆外皮明長尺寸內除石磚得寬尺寸，每尺兩共除八寸，淨若干即是裏長。外皮按裏長再加本身二份，共湊即是外長。

外一段寬隨泊岸背後土外皮齊，按河身舊泊岸石磚共寬尺寸一份再背後土寬一份，共湊若干內除雁翅尾按金剛牆石磚共寬，用一四斜尺寸半份，淨即是寬。　長按金剛牆並雁翅直長二份，即是長。

【橋兩頭鋪底磚下築打灰土】　自金剛牆上皮至鋪底下皮高若干，每高五寸得灰土一步。　每頭分為二段：內裏一段寬按雁翅泊岸磚寬一份，共即是寬，亦係土後口與河身泊岸土後口齊。　裏長按橋身寬外加兩頭雁翅長，按泊岸石寬，每寬一尺，兩頭共湊五寸，共加即是裏長。　外長按至河身泊岸土後口齊通寬，每寬一尺兩頭共加五寸，再加橋身寬共湊即是外長。　此欵無押槽灰土步數俱按前高。

外一段長按橋身至牙子外皮通長，除去橋身下截背後磚長，裏一段土寬餘若干折半即是。　寬與前兩頭刨槽同。　裏外之長，與前橋兩頭刨槽同。　其灰土步數，按如意石厚一份再

加下埋頭磚深若干，共湊若干，即灰土分位，每步用五寸分之，即得步數。

【兩頭如意石下築打灰土】　長寬尺寸，俱同前刨槽尺寸。灰土步數與橋外一段步數同。

【分水金剛牆】　並裝板土下，長寬隨板形勢算。

【牙子石外下牙丁】　按牙子石長以一丁一空算。

【兩邊金剛牆下】　長按金剛牆長，二雁翅長，共湊若干即是。寬按石寬磚寬二共寬若干，加一成為金邊，共湊即是寬。　以上兩頭，按河身泊岸再算河身泊岸尺寸。

第五節　石料鑿打

自攛券往上各層攛券之長，係勾股求弦法得長。　如通攛券下口通長四丈，自通攛券往上至仰天下皮矢高五尺。　如五層每層高一尺，將通長四丈為弦，往上高五尺為矢。　用弦矢求通徑法得通徑八丈五尺，折半得四丈二尺五寸為勾股之弦。　再以半徑除去今矢高五尺，淨三丈七尺五寸。

第二層下口之長，即將第一層攛券本身之高一尺，並入前淨

尺寸內，共湊係三丈八尺五寸爲勾，以通徑折半爲弦，用勾弦求股法得股長一丈八尺，加倍得三丈六尺，即第二層下口之長。如往上每間一層，下口之長即勾內再加層厚相併用勾弦求股法得數加倍即是。餘仿此。兩頭挨擋券鑿打，係平弧矢，以一頭上口較下口收長若干爲半弦，即將此加倍得若干爲正弦，用求弧矢法折之得若干，折半，再以寬乘之即是一頭擋券鑿打見方尺寸。

雁翅上泊岸石料擋券鑿打斜尖，按本身寬每尺應斜尖長二寸五分，如寬二尺，得斜尖長五寸，係象眼形，折半核折寬二寸五分。以寬厚乘之，即是鑿打見方尺寸。

雁翅上象眼海墁石，每路一頭，㴞擋券鑿打。亦按本身寬每尺應斜尖長二寸五分，同前。一頭外路除泊岸斜寬，以泊岸直寬歸除外路泊岸斜長，每尺應得若干，即以泊岸石正寬，以前所得每尺斜長若干尺寸因之，即是應除外路石料寬尺寸。鑿打斜尖，以泊岸直寬歸除直長，每尺得直長若干，即以本身寬，以前每尺應得直長若干因之，即是斜尖長。折半即是折長。再以寬厚折之，即是鑿打見方尺寸。

其弧矢求通徑法，按弦長折半自乘，再用矢寬（弧矢即弦矢也）除之，再加矢寬尺寸即是。

第六節　算鍋底券法

算鍋底券法，先要得弦徑外皮長，按券口連券石中高若干，用十四份除之，得每份若干，核二份，即頭一層券矢背寬，每份做十分之一，即得一邊矢寬。再往上每加一層券，核高二份，矢背寬做一百分之三，得若干，加前十分之一，共若干，連前頭層矢背寬，共得若干，因之即得矢寬。遞加至核高十八份，俱照此法。自十九份往上，每得中高十四分之二，做一百分遞加二分，得矢寬若干，加倍用通面闊連券石徑若干，除兩頭矢寬餘若干，即爲弦徑外皮尺寸。每層俱按下口弦徑核算。假如券口連券石中高一丈四尺，用十四份除之，得每份一尺，核二份，即二尺，係頭層每份一尺，得矢寬一寸，頭層矢背二尺，得一邊矢寬二寸。餘矢餘弦即二層下長。又往上二層矢背寬二尺，即十四分之二，將二尺做一百分之三，得六分，即每一尺遞加六分，並前每尺得一寸，共每尺加一寸六分，連前矢背二尺，共矢背四尺，用一六因之，得矢背六寸四分，加倍得兩矢寬一尺二寸八分，用通徑除去兩頭矢寬，餘若干，即爲三層下弦徑。再往上第三層矢背寬二尺，照前遞加法每尺六分，加前一寸六分，共得二寸二分，並前一二層矢背寬四尺，共六尺，用每尺二寸二分因之，得一尺三寸二分，加倍二尺六寸四分，用通徑若干，除去兩頭矢寬，餘即各弦徑若干。

凡橋座雁翅並上抑面斜長若干爲弦，直長爲股（或爲勾）。直寬爲勾（或爲股）。用通勾歸除通股，每勾一尺，得股若干，即是抑面上下口斜尖寬，（若踏跺垂帶，即是下馬蹄長。）如求上口直斜寬，以通股歸除通弦長，核每股一尺，得弦長若干爲實，用抑面本身寬爲法因之，得上口直斜寬。（如踏跺垂帶，即是上口斜厚。）

假如勾三尺，股四尺，得弦長五尺，如本身寬一尺，得上下口斜寬一尺六寸六分六厘，（若垂帶，即下馬蹄也。）上口直斜寬一尺二寸五分。（若垂帶，即上口斜厚也。）

如迎順水掐嘗裝板並橋兩頭橫鋪海墁石，每路加長兩頭各按每勾一尺得股長若干，加之即是。

如整一四一四斜之勢，即按每路石寬若干，每路兩頭各遞加本身寬一份即是。

石橋分法

石作

【橋洞】 中孔十九分。次，梢孔比中孔各遞減二分。金剛牆十分。雁翅直寬十五分。先定舊河口寬若干，再以舊河口寬定孔數。

如定三孔：按舊河口寬，用一百零三分除之，得每份若干，用十九分因之得中孔面闊；十七分因之得次孔面闊；十分因之得金剛牆寬；十五分因之，得每邊雁翅直寬。　如定五孔：按舊河口寬用一百五十三分除之，得每份若干，只用十五分因之，得梢孔面闊，其餘同上。　如定七孔：用一百九十九分除之，得每份若干，只用十三分因之，得梢孔面闊，其餘同上。　如定九孔，十一孔；次梢孔比中孔各遞減一分半。　如定十三孔，十五孔：次梢孔比中孔各遞減一分，只要金剛牆寬比梢孔面闊小，方合做法。　如一孔橋：按舊河口尺寸，用三分除之，內一分為金門面闊，二分為每邊雁翅直寬。

【橋長】 按梢孔兩邊金剛牆裏口至裏口長若干，加倍，即橋端牙子外皮至牙子外皮直長尺寸。

如一孔橋，按一孔尺寸，加二個雁翅直寬尺寸，三共加倍，即是牙子外皮至牙子外皮直長尺寸。

【地栿裏口寬】 按橋長至四丈，得寬一丈；自四丈往上至九丈，每長一丈，外加寬二尺；長九丈，得寬二丈；自九丈往上每長一丈遞加五寸；或隨走道寬窄定之。

【仰天石外口寬】 按地栿裏口寬，加地栿本身寬二份，再加兩邊金邊寬，按橋長至九丈，金邊四寸；九丈往上，每長一丈，外加金邊一寸，共湊是仰天石外口寬尺寸。

【橋洞進深】 按仰天外口通寬尺寸，除每邊梟兒往裏束進深尺寸，按仰天厚四扣，得每邊束進尺寸，淨若干，即是通進深尺寸。

【分水金剛牆】長按橋洞進深外加鳳凰台長按寬二成，每寬一丈加長二尺，分水尖長按寬折半，共湊是通長。露明高，按寬六扣即是。

【中孔面闊中高加提升】俱按面闊折半得若干，按一成加提升。

【舉架】自如意石往上舉架，按中孔中高若干，梢孔中高若干，二宗相減餘若干加中孔過河撞券，按券臉折半二共若干，用中孔中至梢孔中長尺寸除之即得每丈舉架若干。

【平水牆至如意石上皮高】按裝板上皮至仰天上皮通高若干，除去平水牆高舉架高淨餘若干，即是平水至如意石高尺寸。

【雁翅】長按直寬（或直長）用一四一四斜即是長，高同平水牆高。八字柱中至梢孔平水牆裏皮長若干按平水牆寬一份即是。

【雁翅上泊岸】長按雁翅直長加鳳凰台，共湊若干爲股；另將雁翅直寬除去至八字柱中若干，餘若干爲勾，用勾股求弦即得長。高按平水上皮至如意石高若干，除去如意石至八字柱中垂溜，每丈垂溜一寸，淨得高若干。

【兩邊金剛牆】寬按分水金剛牆寬折半即是。

【雁翅橋面】寬按八字柱中至牙子外皮長若干，用二五因加雁翅，有長一丈得寬二尺五寸，共得寬若干，除仰天寬，加一二五斜除若干淨餘若干再加仰天寬一份，即是雁翅仰天橋面矢寬。

【掐當裝板】券內長按金門面闊是長，從鳳凰台往外每路按金門面闊外加兩頭斜出按本身寬每頭各加一份；往外路數，如每頭遞加按本身寬一份。分路數，按金剛牆分水尖至分水尖長若干用寬分之要路數坐中。寬二尺。大橋厚一尺；小橋厚七寸。

【分水尖外牙子】長按兩頭頂雁翅外皮，加本身厚即是長。寬按金剛牆埋頭即裝板厚裝板下打土共湊是寬。厚同裝板厚。

【迎水順水裝板】以分水尖牙子外皮至雁翅尖爲寬。分路數長兩頭頂雁翅，每路遞加長每頭按本身寬一份。寬，厚，同掐當裝板。迎水順水外皮牙子長兩頭頂泊岸。寬，厚同上牙子。

【分水金剛牆石料】 外路淨按金剛牆至鳳凰台長，再用分水尖長用一四斜，將斜尺寸加倍，並入金剛牆長尺寸內，再加倍是六面外圍內除去本身寬二個，再除四拐角尺寸，按本身寬，每寬一尺，得斜拐四寸，四拐角共餘若干，淨若干，外加四角尖尺寸，按除斜拐角尺寸用一四歸除得若干，並入前淨尺寸內，即是外皮路淨長尺寸。 石寬二尺不等，分路數按金剛牆寬均每路寬。 厚按寬折半。 層數，按金剛牆高均每層高。 如中闊有路數，按金剛牆尖至尖尺寸除外皮斜尺寸，淨若干，即是中路長尺寸。

【兩邊金剛牆石料】 兩邊金剛牆各連二雁翅長若干，外按通長除二拐角尺寸，加頭按泊岸連拐角算，加四角尖尺寸，加二角斜尺寸，同分水金剛牆一樣法。 如兩頭無泊岸接散水做，通長出二角角尺寸，加二角尖尺寸。 如是連雁翅長，如接泊岸，長同外一路長一樣。 如散頭做金剛牆長，按外明長，每頭有外路石寬一尺，裏路四寸。 裏路金剛牆連二雁翅通長若干，再除斜拐角加併尖尺寸，同外一路散水法。 寬厚同分水金剛牆。

【雁翅上泊岸石料】 寬，厚同河身泊岸。

【雁翅後象眼海墁】 長按雁翅直長若干，加鳳凰台長若干，二共湊長若干，除雁翅石寬，按石寬一六斜得若干，即除去淨若干，即是長。 寬隨長，係三尖形。 石寬，厚同襯板。

【內券石】 高按中孔面闊一丈至二丈三尺，俱用高一尺五寸；如一丈往下，每尺遞減一寸；二丈三尺往上，每尺遞加一寸。 寬按高十分之六分，再以路數均分尺寸。 長按寬加倍，以進深均分。

【券臉石】 高按中孔面闊自一丈一尺往下，每面闊一丈，用高一尺六寸，用一六因；自一丈一尺往上，遞加高九分。 長按高十分之十一分，以長核路數若干，只要單路數，再以路數均背長。 厚按高七扣，如中塊有吸水獸，外加厚按高三分之一分，得外加厚尺寸。 券臉，內券，俱同一樣路數，如內券是磚發券，厚同高一樣，其餘俱同上。

【券石算背長】 按券口法得若干，每尺收一分，即是長；中一塊每尺收一分五厘，是弦，加矢高，按收長若干，加一倍半，是矢高。

【撞券石】 高按券臉高七扣，寬按高三分之四分，湊長按平水上皮，至雁翅上泊岸高若干層，每層長按八字柱中至柱中長若干，兩頭加泊岸石厚，共長若干，再泊岸上皮通券臉一層兩頭至仰天兩頭，係在仰天兩頭下皮，通撞券上皮至中仰天下皮高若干，分層若干，長按弧矢得弦長法算，以上共湊長若干，內除券空並券石，按券口連券石高得若干層，每層長，按券口得弧矢法算，只以每層上皮除之。

【仰天】 長按橋通長內除八字柱中至八字柱中長若干，折半爲股，將股用二五因，得若干爲勾，用勾股求弦得若干，加倍再加八字柱中尺寸，共湊若干，再外加弧矢背長，按弧矢背法得外加若干，二共若干，即爲長。 高按券臉高八扣。 寬按本身高三分之四分。 每邊分單塊數，內中一塊羅鍋，長按厚三份。 外加厚，以長爲弦，以弦得矢高，即外加厚。

【橋心】 長按橋通長，除去兩頭牙子厚淨若干，再外加弧矢背長，同仰天，共若干，即得長。 寬按地栿裹口寬，至一丈五尺，用五分之一分得寬，裹口寬自一丈五尺，得寬若干；一檩自長一丈八尺往上，用六分之一分得寬。 厚按寬四尺往上，十分之三分得厚；寬四尺至三尺，俱按寬四尺得厚，一檩自寬三尺往下，十分之四分得厚。

【兩邊橋面】 長同橋心長。 寬以橋身仰天裹口寬若干，除去橋心寬若干，餘若干，用寬二尺除之，得若干路數，要雙路數，再以路數均寬。 厚按寬自二尺往下，按寬折半得厚；自二尺往上，俱同寬二尺得厚一檩。

【如意石】 兩頭至仰天外口齊，長按橋身仰天外皮至外皮通寬若干，外加八字柱子至牙子外皮長若干，用二五因得若干，加倍，是兩邊寬，再加前通寬，共湊是如意石長。 寬二尺。 厚折半。

【牙子石】 兩頭至仰天裹口齊，長按橋身仰天裹口寬若干，外加兩邊雁翅橋面三，共湊若干，即是牙子石長。 寬按橋身地栿裹口寬自三丈往下，寬一尺五寸。 厚按寬折半。

【柱子】 見方按地栿裹口寬，至一丈五尺，得見方七寸；一丈六尺至二丈五尺，得見方八寸；二丈六尺至二丈九尺，得見方九寸；自三丈往上，得見方一尺。 柱頭高按見方加倍；柱頭下皮至欄板上皮高，按欄板寬五分之一分即得高；柱高按欄板寬一分，再加欄板上皮至柱頭下皮若干，柱頭若干，三共湊即是柱高；外加榫長二寸。 八字折柱寬按正柱見方四分之六分。 厚四分之五分。

【欄板】座橋中長按柱淨高加二成，用一二因即得長。再按橋通長均分。 寬按柱子見方一尺，得高二尺六寸；每柱見方加一寸即加寬五分；減一寸即減寬五分。 厚按寬二十五分之六分。 並下面每頭入榫，各寬按明寬十分之半分。

【抱鼓】長，寬，厚俱同欄板；只一頭外加入榫一寸，同欄板。一頭至地栿空，按柱長四分之一分得空。

【地栿】長按仰天長，除兩頭至仰天空，同抱鼓至地栿一樣。寬按欄板厚加倍，厚按寬折半。 每邊分單塊數，內中一塊羅鍋長按厚五分爲長。 外加厚，同仰天外加厚。

瓦作

【金剛牆並雁翅背後磚】 高按金剛牆高。 長按兩邊金剛牆並雁翅明長若干即是長；兩頭做長按石明長，磚裏長分均即是長。若得磚長若干，內除象眼石得磚裏長，明長若干，連石代磚寬若干，每寬一尺，裏口即短四寸，核算金剛牆兩頭短除二分，雁翅各一頭短除一分。 寬按橋身下截撞券背後長若干，除去兩邊金剛牆石外皮至外皮長若干，餘折半即爲寬。

【撞券背後並橋面鋪底磚】 通高按平水牆上皮至橋面上皮中高若干，除橋面厚，即是通高，分兩截，內下截平水上皮至如意石上皮高若干，除如意石厚，又除如意石下撞券厚，淨高若干。 長按外撞券入角至入角長若干，再加兩頭往裏按泊岸石厚二份加之即是通長。 上截，如意石往上至橋面高，除橋面石厚，淨若干，高按弧矢法折高若干，再加如意石厚，如意石下撞券共湊高若干。 長按橋直長至牙子外皮長即是。 各通寬按橋身寬除兩邊撞券寬即是。 以上共得若干磚，內除橋洞分位，按弧矢法除之；橋心牙子比橋面厚若干，除若干。 四象眼各長按橋通長，除去八字撞券外入角淨若干，折半得若干，再除裏拐角分位，撞券每寬一尺，得短二寸五分，淨即是長。 寬按牙子石長除中寬若干，淨若干，折半即是寬。 高按如意石厚若干，加如意石下埋頭深，去一橋面厚，淨高若干，再加如意石舉高，按本身長核舉高得若干，用三歸得若干，即是加高，加前淨高二共湊即是折高，共得磚若干，再除牙子石比橋面厚若干，得除若干。　如意下埋頭，撞券厚一份，仰天厚一份，共湊若干，除本身如意石厚，淨即是埋頭。

【仰天】　除金邊淨寬若干，如此撞券窄，外兩邊再加兩條磚；如比撞券寬，再除磚，如同撞券一樣，不除不加。

【象眼兩邊撞券下】　係地脚上，如意石下，磚同象眼撞券下皮平。

【如意石下背磚】　長按如意石長，兩頭外加如意石寬一份共湊為長。　寬按如意石寬一份半。　高按深。

【雁翅上泊岸背磚】　長按泊岸長，內除石寬一尺除二寸五分，除若干，即為裏長；外長按裏長，再除橋雁翅，按本身寬，每寬一尺，除二寸五分，除若干，餘即外長。　寬隨河身泊岸背後磚寬。　高隨泊岸高。

搭材作

【踏跺架子】　按分水金剛牆六面湊長，並兩邊金剛牆連雁翅湊長，共若干。　搭幾次，按金剛牆高，每高三尺，得一次，即是幾次。　又雁翅上泊岸湊長，按泊岸長，共湊即是。　搭幾次同上。

又橋身撞券兩頭各湊長，　按八字柱中至柱中長若干。　高按平水至橋面高分搭幾次，同上。

【兩邊搭平水橋】　隨平水牆長，按河身寬，雁翅尖至雁翅尖即為外長，兩邊金剛牆裏口至裏口為裏長。　寬按雁翅長，得直長若干，內除分水尖長若干，餘若干，即是寬。　搭幾次同金剛牆一樣。

又往外隨撞券改搭，長按八字柱中至柱中為長。　寬按雁翅直長，加鳳凰台二共即是寬。　搭幾次，與雁翅上泊岸一樣。

【券子】　柱子，踏梁，桁條，頂椿，徑按面闊一丈，用徑五寸；自一丈往上，每多面闊五尺，遞加徑一寸。

柱子頂椿，面闊進深路數，按頂椿四份得若干，各按面闊進深分之，即得面闊要雙路數，進深不拘。

桁條，踏梁層數，按中高除平水，餘若干，用踏梁桁條湊徑若干，分之即得層數。　如磚券按中高除提升除平水，淨若干，用前法分之。如不是雙層，將頂用雙桁條即同。

【柱子】長中二路至頂續梁上皮即算長，凡次路即遞短一桁條一續梁尺寸。徑同上。

【頂梁】即頂椿。長按平水高即是。徑同上。

【續梁】第一層長按券口面闊兩頭除去羅鍋搓厚即是長，往上層數按券中高加倍得若干，除本層梁上皮至券口下皮高若干，將前券口尺寸除此高尺寸，餘若干，將本層梁下皮至券口下皮高若干乘之得若干，用開平方除之得若干，除去提升尺寸，一頭羅鍋搓厚一份，餘若干加倍即得長。

【桁條】長按券洞進深，如過一丈五尺以外，分兩截算，搭頭長按徑二份，每根只加徑一份即是長。徑俱同上。

【拉扯戧木】用架木每進深面闊折平面一丈，用架木四根。

【羅鍋搓】每續梁一根用四個，內桁條上二個，各長按續梁徑一二斜卽得長。寬按長六分之四分。厚按寬折半。

【矮老】按桁條徑定長，徑同上。如不用矮老，用撐頭木長按桁條徑二份即是長。徑同桁條。根數同空當。

土作

【橋身刨槽】長按兩邊金剛牆背後土外皮即爲長。寬按迎水、順水牙子石外皮至外皮若干，加牙子丁徑二份，共湊即爲寬。如無牙子丁，即不用加。深自地面上皮至埋頭下皮，外加丁頭深五寸，共湊即爲深。

【橋兩頭刨槽】每頭分二段，如意石下一段，長按如意石背後磚寬一份，押墻按如意石寬一份，二共爲長。寬按如意石長再加押墻二份，各按如意石寬，共湊若干即爲寬。裏一段，長按橋牙子至牙子外皮直長若干，除去橋身長若干，餘若干，折半即爲每頭長。寬按外一段寬即是裏寬；按外寬每長一丈兩頭各收分五尺，即得裏寬。深按地面上皮至地脚下皮。地脚步數按如意石上皮至埋頭磚下皮高若干，即是地脚高，每高五寸得一步。

【金門裝板並迎水順水裝板下築打灰土】步數按牙子寬，除去裝板厚淨若干，每厚五寸得一步。長寬按本身牙子石裏口按外口均算，除金剛牆並分水尖中二道牙子石厚，餘即是淨尺寸。

【迎水順水灰土】 迎水順水外築打迎水順水，內迎水寬按雁翅直長即是外皮迎水土寬。 順水土寬按迎水土寬加倍即得寬。 長俱核河口寬窄算。

【兩邊金剛牆磚背後灰土】 步數按金剛牆高每五寸得一步每邊每頭分二段內裏一段，寬按雁翅長用一四一四歸除之，即得寬裏長按金剛牆石外皮長，除石寬並磚共湊每寬一尺，兩頭除八寸餘即爲裏口外長按裏長加本身寬二份共湊即爲外長。 外一段，寬隨泊岸土後口齊泊岸土寬按一石一磚共即爲寬。 長按裏一段外長加兩頭拐角長按本身石寬磚寬共若干，每寬一尺兩頭加八寸共湊即爲長如散頭做即隨散頭做法。

【隨兩頭鋪底磚下築打灰土】 自金剛牆上皮至鋪底磚下皮高若干每厚五寸得一步，每頭分二段內裏一段，寬按雁翅泊岸磚寬一份土寬一份二共即爲寬。 長按橋身寬外加兩頭雁翅長，按泊岸石寬每寬一尺，兩頭加五寸，共湊即爲裏長；外長按裏長外加兩頭雁翅長，按本身寬法同上。 外一段寬按橋身增通長除去橋身下截背後磚長裏二段土寬餘若干，折半爲寬。 裏外長並加雁翅長法同上。 外加兩頭押增同如意石下土押增一樣。 裏一段無押增兩頭順泊岸磚土。

【隨兩頭如意石下築打灰土】 長按寬。 分段數按倒增尺寸。 步數即隨前法。

【分水金剛牆裝板下下丁】 長寬隨裝板形式。

【牙子石外下牙丁】 按牙子石長按一丁一當核。

【兩邊金剛牆下下丁】 長按金剛牆長二雁翅長共若干，爲長寬按石寬磚寬二共寬若干加一成爲後金邊共若干爲寬。

石平橋做法(原載工程備要隨錄)

凡算石平橋，分水金剛牆，埋深高幾層，每層長，即分水尖至尖尺寸，係方頭不打斜尖。　露明分水金剛牆高幾層，內惟上一層平頭，只算至分水尖後口即長，即金門進深；橋面之寬，比此下石每邊收一尺零，或二尺即是。　牆厚一丈，其分水尖幾層每層樣式如金門進深二丈，金剛牆厚一丈，各項石俱寬二尺。應直長五尺．共通長三丈，其分路數，以寬二尺爲率，每路幾塊，以長五尺爲率，鑿打斜尖俱二個折一個算，以寬湊長，以寬爲寬。　兩邊雁翅，金剛牆，以明長若干，其算石塊數，再加斜尖尺寸，如金門進深二丈，雁翅各斜長一丈四尺，其後口之長，以斜長用一四歸之，得通長四丈，算明塊數，按明長若干，內金剛牆長二丈，每頭加寬二尺，得幾塊，雁翅明長一丈四尺，除斜長二尺八寸三分，加寬二尺，得幾塊，三共若干，數同則均長．不同則分算，埋深如之，通高若干，算至橋面上皮，即是再核層數上一層爲押面，中間打掐口，如長過三塊者，除兩頭二塊鑿打外，其餘俱算掐當石。橋兩頭海墁，有滿砌者，有墁幾路者，臨時酌定。　其算裏口長，以金剛牆長，每頭加寬二尺，除斜尖二尺八寸三分，即是其外口長，以通長四丈，除兩斜尖五尺六寸六分，即是通寬若干，除押面寬即是，兩頭斜，淨長一丈一尺二寸，直方八尺。　其海墁石頭路石長，按裏口尺寸，兩頭加斜尖，每頭以本身寬若干，加長若干即是，此至理也。　餘路倣此，末安牙石。

掐當裝板，金門內各孔皆同，金門外至金剛牆外口，中夾孔仍同前，惟邊孔一頭加斜尖同海墁算法。　此外迎水，順水裝板若干路，臨時酌定，其每路仍應加斜尖長。

(附)石券橋擅券法　除平水用方石外，挨券口第一層厚若干，內有機面半分，仍係直平下口，其上口扒長若干，須用勾弦求股法，以本厚爲勾，半徑爲弦，得股若干，倍之，即上口尖至尖尺寸，刨除即得。　若問此石做細折長尺寸，先用弧矢求背若干，再除本厚之矢高，尖至尖之弦長，又求背若干，以此減彼，餘數若干，二塊分之即得。　第二層下口，即頭層上口尺寸，其上口又扒長若干，又用勾弦求股法，以共厚爲勾，半徑爲弦，得股若干，倍之，即上口尖至尖尺寸，刨除即得。若問此石做細尺寸，先用求背法，其矢高除頭層厚筭，其弦長用頭層尖至尖尺寸爲弦長，得背長若干，又除本層厚之矢高，上口尖至尖之弦長，求背若干，以此減彼餘數二塊分之即是。第三層，第四層，均做此，第四層上口抓長只除機面一分，即得。其機面，按券洞面闊十分之三。

平郊建築雜錄（續三卷四期）

林徽因
梁思成

四　由天寧寺談到建築年代之鑑別問題

本文曾在二十四年二月二十三日大公報藝術週刊發表，茲得編者同意，略加删改，轉載本刊。

一年來，我們在內地各處跑了些路；反倒和北平生疏了許多，近郊雖近在我們心裏却像遠了一些，北平廣安門外天寧寺塔的研究的初稿竟然原封未動，許多地方竟未再去圖影實測，一年半前所關懷的平郊勝蹟，那許多美麗的塔影城角小樓殘碣於是全都淡淡的委曲的在角落裏初稿中儘睡着下去。

我們想國內愛好美術古蹟的人日漸增加，愛慕北平名勝者更是不知凡幾，或許對於如何鑑別一個建築物的年代也常有人感到興趣，我們這篇討論天寧寺塔的文字或可供研究者的參考。

關於天寧寺塔建造的年代，據一般人的傳說及康熙乾隆的碑記，多不負責的指爲隋建，但依塔的式樣來做實物的比較，將全塔上下各部逐件指點出來，與各時代其他磚塔對比，再由多面引證反證所有關於這塔的文獻，誰也可以明白這塔之絕對不能是隋代原物。

國內隋唐遺建，純木者尚未得見，磚石者亦大罕貴，但因其爲佛教全盛時代，常留大規模的圖畫彫刻蹤蹟於各處，如燉煌雲岡龍門等等，其藝術作風，建築規模，或花紋手法，則又爲研究美術者所熟諳。宋遼以後遺物雖有不載朝代年月的，可考者終是較多，且同時代同式樣同一作風的遺物亦較繁夥，互相印證比較容易。故前人泥於可疑的文獻，相傳某物爲某代原物的，今日均不難以實物比較方法，用科學考據態度，重新探討，辯證其確實時代。這本爲今日治史及考古者最重要亦最有趣的工作。

我們的平郊建築雜錄，本預定不錄無自己圖影或測繪的古蹟，且均附遊記，但是這次不得不例外。原因是藝術週刊已預告我們的文章一篇，一時因圖片關係交不了卷，近日這天寧寺又儘在我們心裏欠伸活動，再也不肯在稿件中間繼續睡眠狀態，所以決意不待細測全塔，先將對天寧寺簡略的考證及鑑定提早寫出，聊作我們對於鑑別建築年代方法程序的意見，以供同好者的參考。希望各處專家讀者給以指正。

×　×　×　×　×

圖版壹

北平天寧寺塔

圖版貳

天寧寺塔詳部

圖版叁

塔雁大西陝 (甲)

塔奘玄西陝 (乙)

圖版肆

(甲) 嵩山嵩嶽寺塔

(乙) 河南淨藏禪師塔

圖版伍

(甲) 正定臨濟寺青塔

(乙) 房山縣雲居寺南塔

圖版陸

(甲) 通州磚塔

(乙) 北平慈壽寺塔

廣安門外天寧寺塔，是屬於那種特殊形式，研究塔者竟有常直稱其爲「天寧式」的，因爲此類塔散見於北方各地，自成一派，天寧則又是其中最著者（圖版壹）。此塔不僅是北平近郊古建遺蹟之一，且是歷來傳說中頗多誤認爲隋朝建造的實物。但其塔型顯然爲遼金最普通的式樣，細部手法亦均未出宋遼規制範圍，關於塔之文獻方面材料又全屬於可疑一類，直至清代碑記，及順天府志等，始以堅確口氣直稱其爲隋建。傳說塔最上一層南面有碑（註一），關於其建造年代，將來或可在這碑上找到最確實的明證，今姑分文獻材料及實物作風兩方面而討論之。討論之前，先略述今塔的形狀如下。

簡略的說，塔的平面爲八角形，立面顯著的分三部：一，繁複之塔座；二，較塔座略細之第一層塔身；三，以上十二層支出的密簷。全塔磚造，高五七・八〇公尺，合國尺十七丈有奇。

塔建於一方形大平台之上，平台之上始立八角形塔座。座甚高，最下一部爲須彌座，其「束腰」（註二）有壺門花飾，轉角有浮雕像。此上又有鏤刻着壺門浮雕之束腰一道。最上一部爲勾欄斗栱俱全之平座一圍，闌上承三層仰翻蓮瓣（圖版貳）。

纖細的第一層塔身立於仰蓮座之上，其高度幾等於整個塔座，四面有栱門及浮雕像，其他四面又各有直欞窗及浮雕像。此段塔身與其上十三層密檐是劃然成塔座以上的兩個不同部分，十三層密檐中最下一層是屬於這第一層塔身的，出檐稍遠，檐下斗栱亦與上層稍稍不同。

上部十二層每層僅有出檐及斗栱各層重疊不露塔身。寬度則每層向上遞減，遞減率且向上增加使塔外廓作緩和之卷殺。

塔各層出檐不遠，檐下均施雙抄斗栱。塔的轉角為立柱，故其主要的柱頭鋪作亦卽為其轉角鋪作。在上十二層兩轉角間均用補間鋪作兩朶。惟有第一層只用補間鋪作一朶。第一層斗栱與上各層做法不同之處在轉角及補間均加用斜栱一道。

塔頂無刹，用兩層八角仰蓮，上托小須彌座，座承寶珠。塔純為磚造，內心並無梯級可登。

歷來關於天寧寺的文獻，日下舊聞考中殆已搜集無遺，計有神州塔傳，續高僧傳，廣宏門集，帝京景物略，長安客話，析津日記，陝志，艮齋筆記，明典彙，冷然志及其他關於這塔的記載，以及乾隆重修天寧寺碑文及各處許多的詩。（康熙天寧寺禮塔碑記並未在內。）所收材料雖多但關於現存磚塔建造的年代則除却年代最後的那個乾隆碑之外，綜前代的文獻中無一句有確實性的明文記載。

不過順天府志將日下舊聞考所集的各種記述，竟然自由草率的綜合起來，以確定的語氣說：「寺為元魏所造，隋為宏業，唐為天王，金為大萬安寺，當元末兵火蕩盡，明初重修，宣德改曰天寧，正統更名廣善戒壇，後復今名。……寺內隋塔高二十七丈五尺五寸……」等。

按日下舊聞中文多重複抄襲及迷信傳述，有朝代年月及實物之記載的，有下列重要的幾段。

(一)神州塔傳：「隋仁壽間幽州宏業寺建塔藏舍利。」此書在文獻中年代大概最早，但傳中並未有絲毫關於塔身形狀材料位置之記述，故此段建塔的記載，與現存磚塔的關係完全是疑問的。仁壽間宏業寺建塔藏舍利，並不見得就是今天立着的天寧寺塔，這是很明顯的。

(二)續高僧傳：「仁壽下勅召送舍利于幽州宏業寺，即元魏孝文之所造，舊號光林……自開皇末舍利到前山恒傾搖……及安塔竟山動自息……」續高僧傳，唐時書，亦爲集中早代文獻之一。按此則隋開皇中「安塔」，但其關係與今塔如何則仍然如神州塔傳一樣，只是疑問的。

(三)廣宏明集：「仁壽二年分布舍利五十一州建立靈塔。幽州表云，三月二十六日，于宏業寺安置舍利，……」這段僅記安置舍利的年月，也是與上兩項一樣的與今塔(即現存的建築物)並無確實關係。

(四)帝京景物略：「隋文帝遇阿羅漢授舍利一囊……乃以七寶函致雍岐等十三州建一塔，天寧寺其一也，塔高十三尋，四週綴鐸萬計……塔前一幢，書體遒美，開皇中立。」

這是一部明末的書，距隋已隔許多朝代。在這裏我們第一次見到隋文帝建塔藏舍利的歷史與天寧寺塔串在一起的記載。據文中所述高十三尋綴鐸的塔頗似今存之塔，但這高十三尋綴鐸的塔是否卽隋文帝所建則仍無根據。

此書行世在明末，由隋至明這千年之間除唐以外遼金元對此塔既無記載，隋文帝之塔本可幾經建造而不爲此明末作者所識。且六朝及早唐之塔據我們所知道的，如洛陽伽藍記所述之「胡太后塔」及日本現存之京都法隆寺塔，均是木構（註九）。且我們所見的鄧州大興國寺仁壽二年的舍利寶塔下銘，銘石圓形，亦像是埋在木塔之「塔心柱」下那塊圓礎下層石，這使我們疑心仁壽分布諸州之舍利塔均爲隋時最普遍之木塔，這明末作者並不及見那木構原物，所謂十三尋綴鐸的塔倒是今日的磚塔。至於開皇石幢，據析津日記（亦明人書）所載，則早已失所在。

(五)析津日記：「寺在元魏爲光林，在隋爲宏業，在唐爲天王，在金爲大萬安，宣德修之曰天寧，正統中修之曰萬壽戒壇，名凡數易。訪其碑記，開皇石幢已失所在，卽金元舊碣亦無片石矣。蓋此寺本名宏業，而王元美謂幽州無宏業，劉同人謂天寧之先不爲宏業，皆考之不審也。」

析津日記與帝京景物略同爲明人書，但其所載「天寧之先不爲宏業」？及「考之不審

35420

也」這種疑問態度與帝京景物略之武斷恰恰相反，且作者「訪其碑記」要尋「金元舊碣」對於考據之慎重亦與景物略不同，這個記載實在值得注意。

（六）陝志：不知明代何時書，似乎較以上兩書稍早。文中「天王寺之更名天寧也，宣德十年事也，今塔下有碑勒更名勅，碑陰則正統十年刊行藏經勅也。碑後有尊勝陀羅尼石幢，遼重熙十七年五月立」。

此段記載性質確實之外，還有個可注意之點，即遼重熙年號及刻有此年號之實物，在此輕輕提到，至少可以證明兩樁事：（一）遼代對於此塔亦有過建設或增益，（二）此段歷史完全不見記載，乃至於完全失傳。

（七）長安客話：「寺當元末兵火蕩盡，文皇在潛邸，命所司重修。姚廣孝曾居焉。宣德間，勅更今名」。這段所記「寺當元末兵火蕩盡」因下文重修及「姚廣孝曾居焉」等語氣，似乎所述僅限於寺院，不及於塔。如果塔亦蕩盡，文皇（成祖）重修時豈不還要重建塔？如果真的文皇曾重建個大塔，則作者對於此事當不止用「命所司重修」一句。且長安客話距元末至少已兩百年，兵火之後，倒底什麼光景，那作者並不甚了了，他的注重處在誇揚文皇在潛邸重修的事耳。

（八）冷然志：書的時代既晚，長篇的描寫對於塔的神話式來源，又已取堅信態度，更不足憑信。不過這裏認塔前有開皇幢，或爲遼重熙幢之誤。

關於天寧寺的文獻完全限於此種疑問式的短段記載。至於康熙乾隆長篇的碑文雖然說得天花亂墜，對於天寧寺過去的歷史似乎非常明白毫無疑問之處，但其所根據也只是限於我們今日所知道的一把疑雲般的不完全的文獻材料，其確實性根本不能成立。且綜以上文獻看來，唐以後關於塔只有明末清初的記載中間要緊的各朝代經過除遼重熙立過石幢，金大定易名大萬安禪寺外並無一點記述，今塔的眞實歷史在文獻上可以說並無把握。

× × × ×

文獻資料既如上述的不完全不可靠，我們惟有在形式上鑑定其年代。這種鑑別法，完全賴觀察及比較工作所得的經驗，如同鑑定字畫金石陶瓷的年代及眞僞一樣，雖有許多爲絕對的，且可以用文字筆墨形容之點，也有一些是較難乃至不能言傳的，只好等觀者由經驗去意會。

其可以言傳之點，我們可以分作兩大類去觀察：（一）整個建築物之形式，（也可以說是圖案之概念）；（二）建築各部之手法或作風。

關於圖案概念一點，我們可以分作平面（Plan）及立面（Elevation）討論。唐以前的塔，我們所知道的，平面差不多全作正方形。實物如西安大雁塔圖版叁（甲），小雁塔，玄奘塔圖版叁（乙）香積寺塔，嵩山永泰寺塔，及房山雲居寺四個小石塔……河南山東無數唐代或以前高僧墓塔，如山東神通寺四門塔，靈岩寺法定塔，嵩山少林寺法玩塔……等等等等。刻繪如雲岡，龍門石刻，敦煌壁畫等等平面都是作正方形的。我們所知的惟一的例外，在唐以前的惟有嵩山嵩嶽寺塔平面作十二角形這十二角形平面不惟在唐以前是例外就是在唐以後也沒有第二個，所以它是個例外之最特殊者是中國建築史中之獨例圖版肆（甲）。除此以外則直到中唐或晚唐方有非正方形平面的八角形塔出現這個罕貴的遺物卽嵩山會善寺淨藏禪師塔圖版肆（乙）。按禪師於天寶五年圓寂這塔的興建絕不會在這年以前這塔短穩古拙亦是孤例而比這塔還古的八角形平面塔除去天寧寺——假設它是隋建的話——別處還未得見過。在我們今日，覺得塔的平面或作方形或作多角形沒甚奇特。但是一個時代的作者大多數跳不出他本時代盛行的作風或規律以外的——建築物尤甚——所以生在塔平面作方形的時代能做出一個平面不作方形的塔來，是極罕有的事。

至於立面（Elevation）方面我們請先看塔全個的輪廓及這輪廓之所以型成。天寧寺的塔。是在一個基壇之上立須彌座，須彌座上立極高的第一層第一層以上有多層密而扁的檐的。這種第一層高以上多層扁矮的塔最古的例當然是那十二角形嵩山嵩嶽寺塔，但除它而外，是須到唐開元以後纔見有那類似的做法，如房山雲居寺四小石塔。在初唐期間磚塔的做法，多如大雁塔一類各層均等遞減的（見圖）。但是我們須注意唐以前的這類上段多層密檐塔，不惟是平面全作方形而且第一層之下無須彌座等等彫飾，且上層各檐是用磚層層壘出，不施斗栱，其所呈的外表完全是兩樣的。

所以由平面及輪廓看來，竟可證明天寧寺塔爲隋代所建之絕不可能，因爲唐以前的建築師就根本沒有這種塔的觀念。

至於建築各部的手法作風，則更可以輔助着圖案概念方面不足的證據，而且往往更可靠，更易於鑑別。我們不妨詳細將這塔的每個部分提出審查。

建築各部構材，在中國建築中佔位置最重要的，莫過於斗栱。斗栱演變的沿革，差不多就可以說是中國建築結構法演變史。在看多了的人，差不多只須一看斗栱，對一座建築物的年代，便有七八分把握。建築物之用斗栱，據我們所知道的，是由簡而繁。磚塔石塔最古的例如北周神通寺四門塔及東魏嵩嶽寺十二角十五層塔，都沒有斗栱。次古的如西安大雁塔及香積寺磚塔，皆屬初唐物，只用斗而無栱。與之約略同時或略後者如西安興敎寺玄敎寺，圖版叁（乙）則用簡單的一斗三升交蝎蚱頭在柱頭上。直至會善寺淨藏塔圖版肆(乙)，我們始得見簡單人字栱的補間鋪作。神通寺龍虎塔建於唐末，只用雙抄偸心華栱。眞正用磚石來完全模倣成朶複雜的斗栱的，至五代宋初始見，其中便是如我們所見的許多「天寧式」塔。此中年代確實的有遼天慶七年的房山雲居寺南塔，金大定二十五年的正定臨濟寺青塔圖版伍(甲)(乙)遼道宗太康六年（一〇七九）的涿縣普壽寺塔，見本刊本期劉士能先生河北省西部古建築調查紀略 圖版拾伍乙。 還有薊縣白塔等等在那時候還有許多磚塔的斗栱是木質的，如杭州雷峯塔保俶塔六和塔等等。

天寧寺塔的斗栱，最下層平坐用華栱兩跳偸心補間鋪作多至三朶。 主要的第一層斗栱出兩跳華栱，角柱上的轉角鋪作，在大斗之旁，用附角斗補間鋪作一朶用四十五度斜栱。 這兩個特點，都與大同善化寺金代的三聖殿相同。 第二層以上，則每面用補間鋪作兩朶補間鋪作之繁重，亦與轉角鋪作相埒，都是出華栱兩跳，第二跳偸心的。 就我們所知，唐以前的建築，不惟沒有用補間鋪作兩朶的，而且雖用一朶亦只極簡單純處於輔材的地位的直斗或人字栱等而已。 就斗栱看來，這塔是絕對不能早過遼宋時代的。

承托斗栱的柱額，亦極清楚的表示它的年代。 我們只須一看年代確定的唐塔或六朝塔，凡是用倚柱（engaged column）的，如嵩嶽寺塔，玄奘塔，淨藏塔，都用八角形（或六角？）柱，雖然有一兩個用扁柱（pilaster）的，如大雁塔，却是顯然不模倣圓或角柱形。 圓形倚柱之用在磚塔，唐以前雖然不能定其必沒有，而唐以後始盛行。 天寧寺塔的柱，是圓的。 這圓柱之上，有額枋，額枋在角柱上出頭處斫齊，如遼建中所常見，薊縣獨樂寺，大同下華嚴寺，都有如此的做法。 額枋上的普拍枋，更令人疑它年代之不能很古，因爲唐以前的建築，十之八九不用普拍枋，上文所舉之許多例，率皆如此。但自宋遼以後，普拍枋已佔了重要位置。這額枋與普拍枋，雖非絕對證據，但亦表示結構是遼金以後而又早於元時的極高可能性。

在天寧寺塔的四正面有圓栱門，四隅面有直櫺窗。這誠然都是古制，尤其直櫺窗那是宋以後所少用。但是圓門劵上不用火焰形劵飾，與大多數唐代及以前佛教遺物異其趣旨。雖然其上浮彫瓔珞寶蓋略作火焰形，疑原物或照古制，爲重修時所改。至於門扇上的菱花格櫺，則尤非宋以前所曾見。唐五代磚石各塔的門及敦煌畫壁中我們所見的都是釘門釘的板門。

欄杆的做法又予我們以一個更狹的年代範圍。現在常見的明清欄干，都是每兩欄版之間立一望柱的。宋元以前只在每面轉角處立望柱而「尋杖」特長（註十二）。天寧寺塔便是如此。這可以證明它是明代以前的形制。這種的欄杆，均用斗子蜀柱（註十一）分隔各欄版，不用明清式的荷葉墩。我們所知道的遼金塔，斗子蜀柱都做得非常清楚，但這塔已將原形失去，斗子與柱之間只馬馬虎虎的用兩道線條表示，想是後世重修時所改。至於欄版上的幾何形花紋，已不用六朝隋唐所必用的特種卍字紋，而代以較複雜者。與薊縣獨樂寺觀音閣內欄版及大同華嚴寺壁藏上欄版相同。凡此種種，莫不傾向着遼金原形而又經明清重修的表示。

平坐斗栱之下，更有間柱及壺門。間柱的位置，與斗栱不相對，其上力神像當在下文討論。壺門的形式及其起線，軟弱柔圓，不必說沒有絲毫六朝剛强的勁兒，就是與我們所習見的宋代扁桃式壺門也還比不上其健穩。我們的推論也以爲是明清重修的結果。

至於承托這整個塔的須彌座，則上枋之下用梟混（Cyma recta）而我們所見過的須彌座，自雲岡龍門以至遼宋遺物，無一不是層層方角疊出間或用四十五度斜角線者。梟混之用最早也過不了五代末期，若說到隋，那更是絕不可能的事。

關於彫刻，在第一主層上夾門立天王，夾窗立菩薩，窗上有飛天，只要將中國歷代彫刻遺物略看一遍，便可定其大略的年代。由北魏到隋唐的佛像飛天，到宋遼塑像畫壁，到元明清塑刻，刀法筆意及佈局姿勢，莫不清清楚楚的可以順着源流鑑別的。若與隋唐的比較，則山東青州雲門山，山西天龍山河南龍門，都有不少的石刻。這些相距千里的約略同時的遺作，都有幾個或許多個共同之點，而絕非天寧寺塔像所有。近來有人竟說塔中造像含有犍陀羅風，其實隋代石刻，雖在中國佛教美術中算是較早期的作品，但已將南北朝時所含的犍陀羅風味擺脫得一乾二凈，而自成一種淳樸古拙的氣息。而天寧寺塔上更是絕沒有犍陀羅風味的。

至於平坐以下的力神，獅子和墊栱板上的卷草西番蓮一類的花紋，我想勉强說它是遼金的作品，還不甚够資格，恐怕仍是經過明清照原樣修補的，雖然各像衣褶仍較清全盛時單純靜美，無後代繁褥雲朵及俗氣逼人的飄帶。但窗櫺上部之飛仙已類似後來常見之童子，與隋唐那些脫盡人間煙火氣的飛天，不能混做一談。

綜上所述，我們可以斷定天寧寺塔絕對不是隋宏業寺的原塔。而在年代確定的磚塔中，有房山雲居寺遼代南塔見圖版伍（甲）與之最相似。此外涿縣普壽寺遼塔及確爲遼金而年代未經記明的塔，如雲居寺北塔，通州塔圖版陸（甲）及遼寧境內許多的磚塔，式樣手法都與之相彷彿。正定臨濟寺金大定二十五年的靑塔也與之相似，但較之稍淸秀。與之採同式而年代較後者，有安陽天寧寺八角五層磚塔，雖無正確的文獻紀其年代，但是各部作風純是元明以後法式。北平八里莊慈壽寺塔圖版陸（乙）建於明萬曆四年，據說是仿照天寧寺塔建築的，但是細查其各部，則斗栱，檐椽，格欞，如意頭，蓮瓣，欄干（望柱極密）平坐梟混，上脚，由頂至踵，無一不是明淸官式則例。

所以天寧寺塔之年代，在這許多類似磚塔中比較起來，我們可暫時假定它與雲居寺南塔時代約略相同，是遼末（十二世紀初期）的作品；較之細瘦之通州塔及正定臨濟寺靑塔稍早，而其細部則有極晚之重修。在未得到文獻方面更確實證據之前，我們僅能如此鑑定了。

我們希望「從事美術」的同志們，對於史料之選擇及鑑別，須十分愼重；對於實物制度作風之認識，尤絕不可少；單憑一座乾隆碑，追述往事，便認爲確實史料，則未免太不認眞。以前的皇帝，考古家，儘可以自由浪漫的記述；在民國二十四年以後，一個老百姓美術家說句話，都得負得起責任的。

35428

最後我們要向天寧寺塔賠罪，因爲急於辯證它的建造年代，我們竟不及提到塔之現狀，其美麗處，如其隆重的權衡，淳和的色斑，及其他細部上許多意外的美點，不過無論如何天寧寺塔也絕不會因其建造時代之被證實，而減損其本身任何的價值的。喜歡寫生者只要不以隋代古建，唐人作風目之，誤會宣傳此塔之古，則當仍是寫生的極好題材。

× × × ×

註一 日下舊聞考引冷然志。

註二 須彌座中段板稱「束腰」其上有椇形池子稱壼門。

註三 日本京都法隆寺五重塔乃「飛鳥」時代物，適當隋代，其建造者乃由高麗東渡的匠師，其結搆與洛陽伽藍記中所述木塔及雲岡石刻中的塔多符合。

註四 每段欄干之兩端小柱高出欄杆者稱望柱，欄杆最上一條橫木稱尋杖，在尋杖以下部分名欄板，欄板之小柱稱蜀柱。隔於欄板及尋杖之間之斗稱斗子，明清以後無此制。

識小錄

陳仲篪

營造法式所載之門制

營造法式一書自王煥重刋以來，天水舊刋，久成絕響，後世賴以流行者，率爲傳鈔本而魯魚之誤，觸目繽紛，讀者苦之。至若詳部結構與乎名辭術語，隨時嬗遞，今非昔比，更無俟言。年來本社對於是書石作大木作彩畫作數章迭有新釋，而小木作獨付闕如，爰就載籍鑽孾所得，與讀者作初步之商榷，爲異日新釋之準備焉。

法式小木作制度自卷六至卷十一，凡五卷。關於門制者，首爲版門，次烏頭門，次軟門，次格子門，茲依原目次第分述如左。

一　版門

法式所載版門之制，高度自七尺至二丈四尺，包括範圍不謂不廣。據法式版門一圖，背面列有横楅（圖版壹（甲））則其正面必有門釘，殆爲當時宮闕通用之門制也。惟本社調查大同華嚴寺海會殿及大雄寶殿，其扉俱施門釘，是宮闕之外又可用於堂殿。至於王維田家詩，「鷄鳴白版扉」及陸放翁郊行詩「豆莢離離映版扉」則凡田舍民居以版爲扉者皆可稱爲版門，不能以李書概括一切也。

版門有雙扇單扇之分，法式所圖屬於前者，然單扇亦偶道及，如「獨扇用者高不過七尺」是也。今日民間所謂之「風門子」「風窗子」殆其遺制歟？

古者門可通車，故版門之制，有普通版門與斷砌門二種之別。法式雖舉斷砌之名，而所述大部屬於前者，本文一依其例，惟於地栿名件中存斷砌之制。

法式一書，讀者引爲難曉者，乃名件部位之難定，非尺度不明也。版門諸制亦不外此。茲將名件部位，縷述於次，兼及名辭之來源。

版・　版爲造扉之主要用材，亦卽「版門」所由產生，爲材有三：

一曰肘版・　肘者，軸也，俗稱曰鑢，殆卽古之樞（注一），焦理堂謂一名椳，蓋本諸爾雅。肘版構造

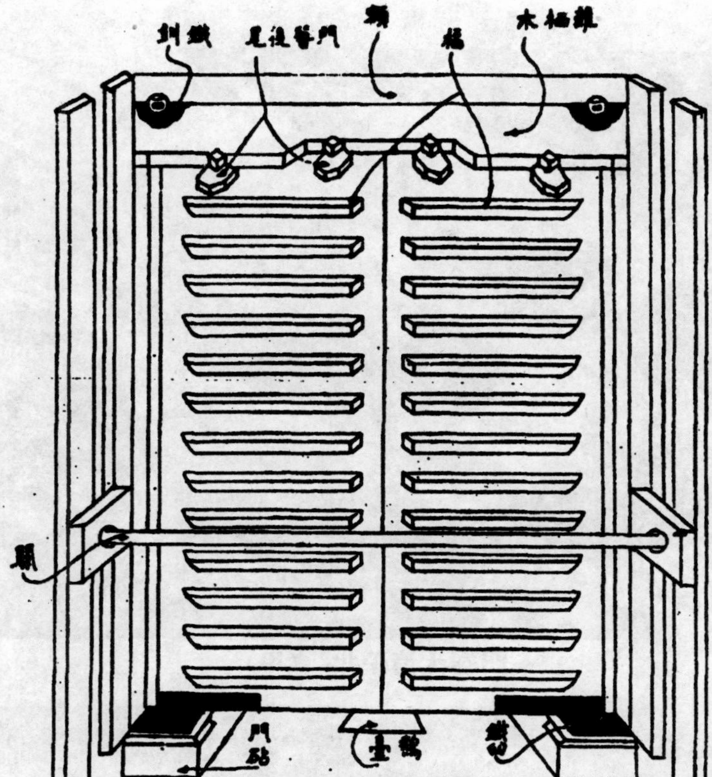

(甲) 故宮本營造法式版門背面

大門裝修

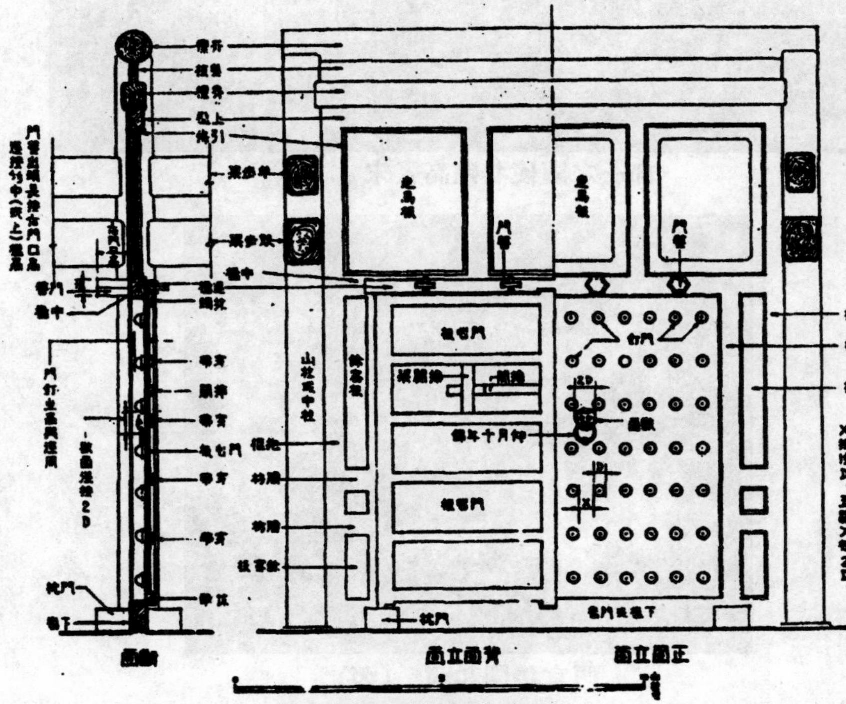

(乙) 清式營造則例大門裝修圖

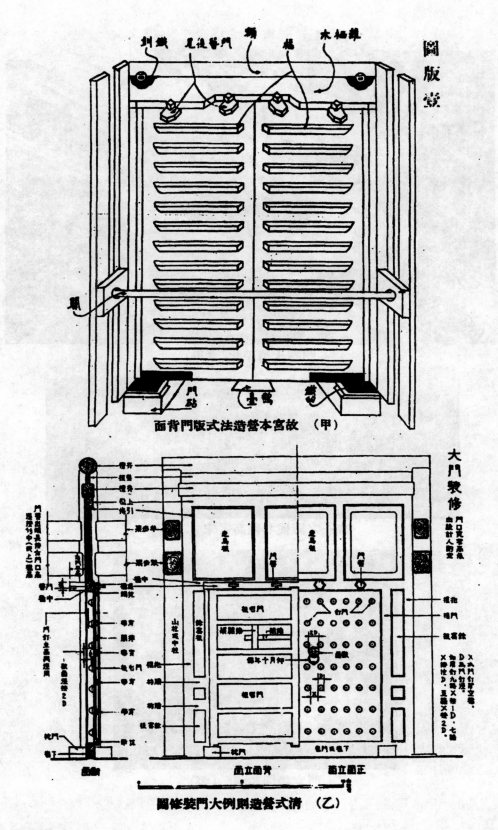

圖版貳

（甲）北平清太廟門

（乙）宋畫高宗北使圖之一部

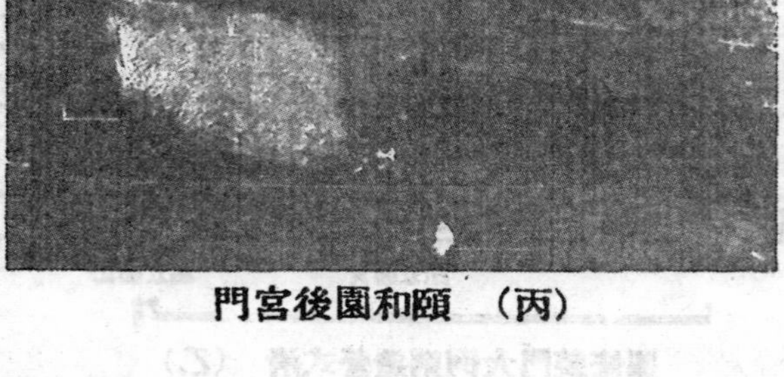

（丙）頤和園後宮門

時，其長度視門高爲準但上下須留肘鑅餘地——清式之轉軸，——故名肘版，又曰通肘版，言與肘同以一材製成也。

二曰副肘版 與通肘版相輔，合縫作一材計，故長廣均同肘版，僅厚度視肘版稍殺。 其性質爲通肘版之副材，故曰副肘版。

三曰身口版 此合扉身扉口二者而言，清式統稱爲門版，亦曰門心版。 長與上同。 厚以門高百分之二爲準。 廣無限定，惟視材之廣狹，與肘版合足一扇之廣而已。

注一 賈昌朝羣經音辨『槇戶軸也』

楅 楅者言木有所畐系也。 橫系扉後，以防散脫，故楅之位置與門釘橫列之位置一致。 清式上下抹頭及穿帶 圖版壹，殆其遺制。 南方謂之背銷。

額 額爲門上橫材，圖版壹(甲) 蓋導源於古之衡。 惟爾雅釋宮稱門戶上橫梁曰楣。 釋名則曰『楣者眉也，近前各兩若面之有眉也，』故楣又有訓伏兔——清式曰連楹——之意。 然額所居部位，如人面之額，宜以前者爲近。

額在清式曰檻——俗曰枕。 額上如施斗栱曰上檻圖版貳(甲)。 不施斗栱而裝走馬版者，則曰中檻。 因走馬版上仍施上檻圖版壹(乙)故以別之。

雞棲木 雞棲木之部位，係用門簪聯繫於額後，兩端連伏兔爲之以持扉上之楅 圖版壹(甲)及插圖一，卽古之楣也。說文木部『楣，門樞上橫梁』徐鍇曰『橫木門上，樞鼻所附，或連兩鼻爲之』所訓與法式雞棲木形制若合符節，知此制在宋以前已有之矣。惟雞棲一辭，甚難索解。按毛詩君子于役篇及爾雅釋宮『雞棲于弋曰榤』郝懿行釋曰『弋卽橛也』爾雅則謂橛者檃也，在牆謂之楎，在地謂之臬。以焦理堂羣經宮室圖臬之位置證之插圖二，正當淸式連二楹部位。連二楹在宋代曰伏兎，用以承托扉之下樞者；而雞棲木則固持扉之上樞，位置雖反，功用實一。基是以言，毛詩爾雅之雞棲，與法式雞棲木之來源，或具有相當關係？特無佐證判定其蛻變之跡耳。

插圖一

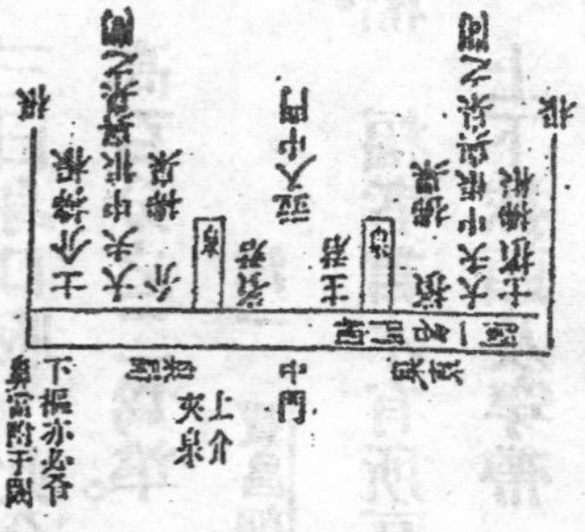
插圖二

伏兎插圖三　法式稱伏兎有二：一爲淸式之插關梁，古之管閉。一爲淸式之連楹，所以承扉之下樞者，疑卽臬之遺制。臬之訓釋，自來說者咸謂爲短木，位于門中，與宋式鵝臺同一性質，不知鵝臺爲斷砌門止扉之具，不宜用于堂門。揆諸常理，有所未安，而禮經中所言中門及棖闑之間諸文，亦無法詮釋矣。惟焦理堂羣經宮室圖所示插圖二，棖卽宋之立頰，淸之抱框。臬則當宋之伏兎，淸之連二楹。抱框與連二楹之間，卽古之闑東闑西；二連二楹之間，卽古之中門，此卽焦氏之說也注二。

插圖三

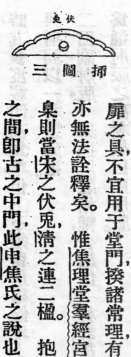

然則伏兎之名，始於何時？ 據考工記「加軫與轐焉」注「轐謂伏兎也」。疏「伏兎，漢時名，今人謂之車屐是也。」 又說文「轐，車伏兎也」段注「為伏兎之形，附於軸上」。 準此，則古代承軸之具，皆可以伏兎名之，法式之伏兎，或卽淵源於此。 他如梓人遺制所載立機子一圖，其承軸之木曰兎耳，與法式伏兎同一形狀，本社朱桂辛先生每言宮室制度導源於車制，此其一證也。

注二 焦理堂羣經宮室圖門三「……古止一門，必分三處，故以兩臬限之中為中門，東為闑東，西為闑西」。

門簪 門簪用以連繫額與雞棲木，拙著識小錄門飾之演變條已論及之，茲不復贅。

立頰 立頰疑為立夾之訛。 如說文「夾，持也」；朱駿聲引儀禮旣夕禮注「左右曰夾」；穆天子傳「夾以左右佩曰夾佩」；皆足為立夾命名之本。 然釋名釋形體又曰「頰，夾也」；說文通訓定聲「夾輔也」；則夾與頰，在昔本可通用，此殆立夾之改立頰之故歟？

惟立頰為宋代之名，前此何稱，尚無確證。 僅爾雅釋宮以門兩旁之木為棖。 據論語皇侃疏「門左右兩槏邊各竪一木，名之為棖」。 說文「棖，杖也」，蓋棖之言杖持也 注三，與夾訓同。 朱駿聲亦言「棖與楔略同，柱也」。 則知棖為立頰之先身，明人謂之貼方 注四，淸式謂之門框者是已。

注三 說文通訓定聲：「杖持也，轉注謂倚任也，見漢書李尋傳近臣已不足杖矣。及高帝紀杖義而西注。 又敔傳：杖馬箠，注謂柱之也。』

注四　明方以智通雅：『根者門兩旁長木，今謂貼方。』

地栿。　法式近地橫材皆謂爲地栿。　本節所載者則指門限而言，卽淸之下檻也。　按門限古謂之柣，亦曰閾，見爾雅『柣謂之閾』注『閾門限也。』邢疏曰『柣者，孫炎云門限也，經傳諸注皆以閾爲門限，謂門下橫木以爲內外之限也，俗謂之地柣，一名閾。』　基此，甚疑地栿二字應爲地柣之誤。　蓋栿字不載於說文，至廣韻始著錄之。　而栿之爲義，梁也。　法式乳栿三椽栿諸名，皆架空之梁，不近地面，與廣韻同。　其近地者似應作柎。　說文『柎闌足也。』　急就篇顏師古注曰『柎謂下施足也。』　宋賈昌朝羣經音辨『柎足也，』柎栿音同，而栿柣形近，傳鈔筆誤，似爲事所難免。　卽以法式言，陶本作『地栿版』者，故宮文淵文津丁氏諸本胥作『地柣板』，別條柣字，亦有誤爲抶扶之例　注五　而法式復載有立柣臥柣之制，凡此皆足爲誤柣爲栿之證。　至以二書年代言，則邢昺爾雅疏之完成，先乎崇寧刊本法式約百年　注六，似邢說較爲可信。

地栿之制，長厚尺度與額同，廣——卽高——與頰同；此一般門限也。　其在斷砌門，則無地栿，另於兩頰之下，安臥柣立柣。　欲究臥柣立柣之爲何物，請先考斷砌門之來源。

考砌與切通，亦作楣，乃柣之古音。　如說文『閾門楣也』『楣限也』段注『柣卽楣字，漢人多作楣。』　郝懿行釋之最詳，其言曰『楣從屑聲，古音同切。　釋文郭千結反，卽切之音。　古謂門限爲切，故考工記輪人鄭衆注眼讀如限切之限，限切卽門限也。漢書外戚傳云，切皆銅沓黃金塗，集注以切爲門限，切通作砌，廣雅柣砌也。」基此則砌與柣同爲門限之通稱，是斷砌云者卽斷門限之謂也。

然何爲乎斷砌?蓋古者門可通車，門限不能交於兩立頰之下，故將中部切斷之，以利車之出入，是謂之斷砌造。惟「砌」實有二義，除上述門限一種外，建築物之階基亦稱爲「砌」。如說文新附「砌階甃也」。此外見於漢賦者，若「玄墀釦砌」，若「設切厓隒」，皆指堂殿之階基而言。若祇斷門限而階基不變，則車仍難通行，故須與階基並斷之。宋院畫中，如高宗北使圖圖版叁(乙)所表示門廡階砌並斷之制，與法式所述合若符契，最爲珍貴。今北平遺物，如頤和園後宮門圖版叁(丙)僅斷門限而不斷階，惟東北角門及平民住宅則純爲斷砌遺制也。

門既斷砌，則立頰下端必致虛懸，於是以立柣承之，另貫以臥柣，承托門扇之下肘。此制在宋以前亦可考見，如說文繫傳「爾雅棖謂之楔注曰門兩旁木柣，卽今府署大門脫限者兩旁斜柱兩木于橛之耑是也」。案脫限疑爲脫限之誤，脫限——清式曰脫落下枕——卽斷砌，已詳前文，則兩旁斜柱兩木於橛之端，卽立柣也。清式謂之地脚。

惟法式復有地栿版之制，長隨立柣之廣，廣同階之高，厚量長廣取宜，每長一尺五寸用楅一枚。此雖可窺階砌之關係，然其施於何處，與其形制功用，均待考證。

注五　營造法式校勘記：『卷二第五頁十五行陶本「限謂之丞柣」故宮本文津本汀本柣作扶』。又『同頁二十一行陶本「柣限謂之閫」故宮文淵文溯本扶作柣，文津汀本作扶』。

注六　蔣元卿校讎學史頁九五：『咸平三年（一〇〇〇）命國子祭酒邢昺領二禮三傳孝經論語爾雅七經義疏事……爾雅取孫炎高璉疏約而修之……翌年九月丁亥表上之……十月九日命摹印頒行，朝野皆遵行之』。

四部叢刊續編本爾雅疏王觀堂跋：『咸平四年九月丁亥邢昺上孝經論語爾雅正義，十月十日命杭州刻版』。

關於營造法式之版本，參見本社彙刊第四卷第一期謝剛主先生營造法式版本源流考。

挿圖四

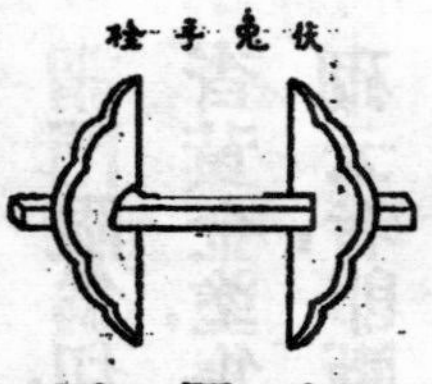

挿圖五

門砧•（挿圖四）　門砧清式曰門枕，古制何名，難以考索。據爾雅釋宮『椹謂之榩』，注『斫木櫍也』，疏云『一名榩，又名櫍。』釋文云『椹或作砧』。陳奐之疏毛傳則曰『椹質候中的也，二尺曰正，質即正也，方二尺，四邊以木爲榦，是謂之椹質，今以椹質爲門中之闑，則闑高當二尺而復以裘纏其上也』。基此，知椹之形狀與門砧殆無甚大差別。惟椹，櫍，榩，俱從木，豈古之門砧石質以外亦有木爲之者歟？

關與栓•　關即今日之橫栓，漢以來即有此稱，如說文『關以木橫持門戶』是也。至法式所稱之栓（挿圖五）實即今日之門插關。義訓謂之門持戶，蓋本『橫持門戶』之義，即古之楗也。據說文『楗歫門也』；朱駿聲曰『今蘇俗謂之木鎖其牝爲管爲閉其牡爲楗」茲訓至明，不復贅矣。

鵝臺　鵝臺爲斷砌門止扉之具，位于門中，如城門之將軍石。　考古者止扉之具曰閣，見說文「閣所以止扉者。」　惟爾雅謂「止扉謂之閎，」郝懿行段玉裁咸疑爲閣之誤，以郭注及爾雅上文「長杙謂之閣」證之，似應作閣。　今日民家止扉用  形石礅，當爲閣之遺制。　至鵝臺，是否由閣衍繹而出，因無旁證，無由臆定。

鐵桶子　鐵鐧　鐵釧　戲鞾臼　版門定制，高一丈二尺以上者，用鐵鵝臺及石門砧，而肘版兩鑊則安鐵桶子，殆今之鐵匝也。　門高二丈以上者，上鑊安鐵鐧，殆卽清式鵝項轉軸，但轉軸亦有通直不作鵝項者。　其鷄栖木則安鐵釧，下鑊安鐵鞾，門砧安鐵臼，並用鐵鵝臺。　凡此諸制，仿於何時，雖不可考，然如潛夫論云「欲其門堅而造作鐵樞，」知東漢時已有鐵樞之制矣。　又鐵鐧之名，見急就篇（注七）及釋名（註八），亦爲導源車制之證。

注七　急就篇「釭鐧鍵鉆冶錮鐈」顏師古曰「釭車轂中鐵也，鐧車軸上鐵也，施釭鐧者所以護軸使不相摩𢟍也。」

注八　釋名：「鐧間也，間釭軸之間使不相摩。」

版門名件除上述外，有搕鏁柱者，不明其部位功用。　餘如柱門枴，疑卽清式之栓斗。　襯關楅，或如清式揷關梁之狀，與楅十字相交，增關之功用者。　惟是否如此，尙待考證。

法式版門制度可注意者，計有二點。

(甲)門之比例，多數取正方形，雖間有狹高之例，但不得小於正方形門口闊度五分之一。

(乙)分件之比例，以每尺之高爲標準，積而爲法，似較淸式以柱徑爲標準，及一般迷信門廣尺者較爲合理。

茲將法式名件尺度表列於次，以供參考。(表中A等於門高一尺)

名稱	尺度			附註
肘版	長＝A	廣＝$\frac{10}{100}$A	厚＝$\frac{3}{100}$A	
副肘版	長＝A	廣＝$\frac{10}{100}$A	厚＝$\frac{2.5}{100}$A	
身口版	長＝A	廣隨材	厚＝$\frac{2}{100}$A	
楅	長＝$\frac{92}{100}$A	廣＝$\frac{8}{100}$A	厚＝$\frac{5}{100}$A	
額	長隨面闊	廣(高)＝$\frac{8}{100}$A	厚＝$\frac{3}{100}$A	
雞栖木	長＝額	廣(高)＝$\frac{6}{100}$A	厚＝$\frac{3}{100}$A	
門簪	長＝$\frac{18}{100}$A	方＝$\frac{4}{100}$A		

立　頰	長 = A	廣 = $\frac{7}{100}$ A	厚 = $\frac{3}{100}$ A	
地　栿	長隨面闊	廣(高) = $\frac{7}{100}$ A	厚 = $\frac{3}{100}$ A	
門　砧	長 = $\frac{21}{100}$ A	廣 = $\frac{9}{100}$ A	厚(高) = $\frac{6}{100}$ A	
關	門高一丈者徑 = $\frac{4}{100}$ A			如門增高一尺則徑加 $\frac{1.5}{100}$ A
搕鏁柱	門高一丈者長五尺,	廣六寸四分,	厚二寸六分,	如門高增加一尺，則長加一寸，廣加四分，厚加一分
伏　兎	長 = 兩楅之檣	廣 = $\frac{8}{100}$ A	厚 = $\frac{5}{100}$ A	手栓用
手　栓	長二尺至一尺五寸	廣二寸五分至二寸	厚二寸至一寸五分	門高一丈以下者用
透　栓	長?	廣二寸?	厚七分?	門高一丈以上者用
劄	長四尺?(注)	廣三寸二分	厚九分	門高二丈以上者用
	長同上	廣二寸七分	厚八分	門高一丈五尺以上者用

長三寸五分	廣二寸二分	厚七分	門高一丈以上者用
長三寸	廣一寸八分？	厚六分	門高七尺以上者用

注　法式注有劄之尺度，無劄之用途。依大木作之劄，爲木質釘狀以穩固坐斗之用者。據版門原文『門高七尺以上則上用雞栖木下用門砧』注『若七尺以下則上下並用伏兎』之文疑此處之劄，爲連繫門簪與雞栖木之用者，故劄之尺度，止於門高七尺以上。又門高二丈以上，劄長四尺，但據下文長度均以五分爲遞減數觀之則門高二丈以上之劄應長四寸，不應作四尺。又劄長三寸，應廣一寸七分不應作一寸八分，表據法式原文因並誌之。

圖書介紹

漢代壙甎集錄

著者 王振鐸

發行所 考古學社

定價 國幣三元

漢代空腹壙甎，自曾氏格古要論以來，諸家著錄，不一而足，然致力之勤，無如近人王振鐸所著漢代壙甎集錄一書。書僅二卷。上卷收海內拓本六十餘幅，形制文樣，各不相侔，具見取捨苦心。下卷則為詳部文樣，內分幾何圖案，鋪首，樓樹，人物，動物，騎射，車御，營造，貨幣九類，卷末殿以附說五千餘言，於命名，制造，應用，文樣諸項，頗多申論。（敦楨）

新羅古瓦之研究

著者 濱田耕作 梅原末治

發行所 刁江書院

書係日本京都帝國大學文學部考古學研究所報告第十三冊，專論朝鮮慶州出土新羅時代甎瓦，計有圓形與楕圓形瓦當，及勾滴，瓦模，椽頭裝飾，鬼板，鴟尾，地磚，壁磚多種。其楕圓形瓦當一項，最為稀覯。勾滴形狀，上下緣均用平形曲線，與本社調查之遼代遺物一致。椽頭裝飾有圓形，方形，長方形三種，中央能釘孔，殆係漢璧璫之遺制。鴟尾形制，與西安大雁塔門楣彫刻，極相類似，其外緣鰭狀裝飾，在側面特別突出，亦與遼獨樂寺山門符合。

瓶瓦文樣，有蕨手文，蓮花，寶相花，卷草，葡萄，翼獅，迦陵頻伽(Kalavinka)，蟠絲玉兎，鵝，鸞，獸面，龍，鳳，鱗，飛仙多種。就中蓮花一項，在圓形瓦當內，即有變型八十餘種，意匠之豐富，出入意料以外。此外地磚上所鐫寶相花文，及壁磚上佛像樓閣浮彫，精美異常，純係唐代藝術之反映。

我國瓦當文之變遷，據今日所知者，饕餮文曾盛行於周末，降及秦漢，文字與蕨手文代之而興，其後蓮花文逐漸萌芽，至六朝蔚為極盛，而寶相花，龍鳳文之使用，更在其後。惟漢末以來，文字銘記，漸歸廢棄，故歷來金石家著錄，大都限於秦漢二代，今獲此書，足彌缺陷之一部矣。至於朝鮮藝術之源流，濱田氏於美術研究第十七號新羅畫像瓶一文內，謂慶州瓶瓦，以臨海殿四天王寺等處出土者為最精美，據佛國寺塔之例，疑出唐匠之手，所論最為公允。(敎楨)

欒

著者 奧村伊九良

漢人著述言斗栱者，曰欂，曰櫨，曰楶，曰栭，曰節，後人皆釋為枓；曰㮰，曰開，曰枅，曰楷，曰欒，釋為栱。然兩漢斗栱，種類頗繁，此數者果為同物異名，抑其間尙有若干之區別？自來無人論及。奧村氏原文，見支那學第七卷第四號，引字林『枅，柱上方木也』，謂係直木挑出，為栱之最簡單者。次謂靈光殿賦之『曲枅』，殆與馮煥高頤諸闕所示之栱，兩端向上彎曲者同型。再次引釋名『欒，攣也，其體上攣曲拳然也』，疑其形狀為沈府君闕之花莖形栱。又引同書『斗在欒兩頭，如斗也，斗，負上員檼也』，證『欒』上施斗，斗以承桁，足供術語訓釋之助。(敎楨)

本社紀事

(一)調查河南省安陽縣天寧寺

本年五月，社員梁思成赴河南安陽縣調查，發現城內天寧寺大殿係金代建築，又有磚塔一基，年代稍晚，擬再度詳細調查後，在本刊發表。

(二)調查河北省安平定曲陽等縣古建築

本年五月，社員劉敦楨率研究生陳明達趙法參，自保定南下，經高陽蠡縣至安平縣，調查元聖姑廟及明文廟大成殿。嗣至定縣，調查城內宋開元寺磚塔，明大道觀正殿，天慶觀玉皇殿諸建築。又赴曲陽縣調查元北嶽廟德寧殿及少容山八會寺隋石刻，宋塔與清化寺元幢等。初步報告見本刊河北省西部古建築調查紀略一文。

(三)中國建築參考圖集

本社為普及中國建築起見，將歷年來搜集之像片四千餘幅，擇其與設計圖案有關者，依名件性質分類出版。預定年出四集，每集二十五張，用十六開銅版紙精印，另附簡單說明，由社員梁思成及助理劉致平二君主編。現編竣付印者，計斗栱二集，臺基欄干店面琉璃瓦各一集。

(四)古建築調查報告專刊

本社近年來調查之古建築非彙刊篇幅所能容納者，由梁思成劉敦楨二君另編古建築調查報告專刊行世。其第一二兩集，預定年內出版，內容如次。

第一集 塔 本集內容爲山西應縣佛宮寺遼木塔，杭州宋六和塔閘口及靈隱寺宋石塔，河北涞水縣唐先天石塔，定縣宋開元寺塔，蘇州雙塔寺塔及其他宋遼塔等。

第二集 元代建築 本集專述元代木建築，內計正定關帝廟，山西趙城縣廣勝寺，河北安平縣聖姑廟，定興縣慈雲閣，曲陽縣北嶽廟德寧殿，浙江宣平縣延福寺六處。

(五)參加修理北平古建築

本年一月，北平市文物整理實施事務處，緘聘本社爲技術顧問，參加市內古建築修葺工作。

(六)函請中華教育文化基金董事會繼續補助本社經費

逕啟者 敝社 自受 貴會補助以來六載於茲對於國內古建築之調查研究與文獻故籍之整理業於 敝社 刊物內陸續發表並分期報告 貴會在案年來 敝社 工作更力求有效之發展對於學術上之諮詢與古建築之修理保存無不竭誠服務 敝社 既爲研究斯學唯一機關故國內公私團體凡修理古物計畫多惟 敝社 是詢年來歷受內政教育兩部北平故都文物整理委員會與浙江建設廳等處聘請計劃修葺北平曲阜杭州薊縣應縣各處古建築物多處而國內外學校及

公私團體曾由敝社供給設計或教育用參考標本模型者亦有十餘處之多足徵敝社成績已漸爲社會一般所認識及推重同時此不絕如縷之藝術漸獲重放光輝實復興民族文化之絕好現象此皆 貴會多年獎掖之結果同人等應爲斯界深致謝忱者也惟我國營造學術幾成絕學絕學之整理決非短期間所能奏效敝社數年來之工作以時間論自明清上推遼宋雖已略窺崖岸但上溯漢唐遠窮三代爲期尚遙以空間論則實物調查僅及晉冀兩省尚須遍視全國始能完成初步調查同人等深感使命之重與研究工作之須賡續進行及社會服務之不可一日或緩用敢請求 貴會自下年度起繼續補助本社經費三年每年以國幣三萬元爲度俾本社工作仍能繼續貢獻於社會不勝馨禱之至再本社緊重刊物印刷費係臨時性質不包括在上項經費三萬元內合併陳明此致

中華教育文化基金董事會

中國營造學社社長朱啟鈐啓

民國二十四年二月十四日

附中華教育文化基金董事會覆函

逕啟者查 貴社前向敝會繼續聲請補助一案茲經第十一次董事年會討論以敝會經費受美滙跌落之影響大爲減縮對於補助各款不得不量予節縮因之 貴社請求款項未能全數通過經議決補助國幣壹萬伍千元以爲研究中國建築學之用期限一年等因相應函達並檢附空白預算書一份即希 查收按照補助費數額塡寫於七月一日以前寄送到會以便審核撥款爲荷此致

中國營造學社

中華教育文化基金董事會啟

民國二十四年五月十日

(七)本社經濟狀況報告

本社二十三年度仍由中華教育文化基金董事會補助經費壹萬伍千圓作甲項經常費用其乙項編輯出版調查等費承張漢卿張西卿周作民錢新之張叔誠胡筆江黎重光吳幼權諸先生各捐助壹千伍百圓葉揆初徐新六二先生合捐助壹千伍百圓莊達卿錢馨如二先生各捐助伍百圓中國建築師學會捐助貳百圓共計壹萬肆千柒百圓復承管理中英庚款董事會補助編製圖籍費壹萬圓作爲丙項編印特刊開支茲値本年度終了之際合將甲乙丙三項收支狀況列表於左

民國二十三年度甲項收支表（中華教育文化基金董事會補助費）

甲項收入		甲項支出	
(一)上年度結餘	三六〇・七八圓	(一)辦公費	一二七〇・四四圓
(二)本年度補助費	一五〇〇〇・〇〇圓	(二)職員薪水	一三二四五・〇〇圓
(三)銀行存款利息	六一・四四圓	(三)文具費	二九八・三〇圓
		(四)雜支費	五九三・六〇圓
以上合計收入洋壹萬伍千肆百貳拾貳圓貳角貳分		以上合計支出洋壹萬伍千肆百零柒圓叁角肆分	
		除支結存洋拾肆圓捌角捌分	

民國二十三年度乙項收支表（本社經募捐款）

乙項收入	
(一)經募捐款	一四七〇〇・〇〇圓
(二)銀行存欵利息	一〇一・九一圓
(三)本社刊物售價	四九二・三五圓
以上合計收入洋壹萬伍千貳百玖拾肆圓貳角陸分	

乙項支出	
(一)旅行調查費	一八八九・一七圓
(二)彙刊出版費	五二二七・〇〇圓
(三)臨時整理舊籍費	三六四〇・〇〇圓
(四)繪圖材料	三三七・七九圓
(五)製造模型	一七〇〇・〇〇圓
(六)參考品	八一三・三四圓
(七)設備費	五二八・〇〇圓
(八)雜支（內有上年度不敷七・六二）	四五四・五二圓
(九)清式營造則例印刷費預付金	一五〇〇・〇〇圓
以上合計支出洋壹萬五千零七十八圓捌角二分	
除支結存洋貳百拾伍圓肆角肆分	

民國二十三年度丙項收支表（管理中英庚欵董事會補助費）

丙項收入	
(一)本年度補助費	一〇〇〇〇・〇〇圓
(二)銀行存欵利息	一二四・五七圓
以上合計收入洋壹萬零壹百貳拾肆圓伍角柒分	

丙項支出	
(一)編輯員薪水	二四四〇・〇〇圓
(二)文具照像費	三四・〇〇圓
以上合計支出洋貳千肆百柒拾肆圓	
除支結存洋柒千陸百伍拾圓零伍角柒分	

本社自二十四正月起至六月底止受贈各界圖籍參考品臚列於左敬表謝悃

贈送者	圖籍參考品
國立北京大學	明宮殿罘琉璃正脊獸一對垂脊獸一對合角獸一對
國立清華大學	清華學報第十卷一・二・期二冊
交大唐山工學院	交大唐院週刊十四冊
	交大唐院季刊第三卷三・四・期二冊
國立中央大學土木工程研究會	土木第二卷一・八・期二冊
國立浙江大學土木工程學會	土木工程第三卷一期一冊
震旦大學	震旦大學一覽（二十四年）一冊
理工學院	理工雜誌一卷四期二卷一期二冊
工商學院	工商學院一覽一冊
	工商學誌一冊
廣東省立勷勤大學	建築圖案設計展覽會特刊一冊
嶺南大學工程學會	南大工程三卷一期一冊
安徽大學	安徽大學月刊第二卷三・四・七・八・期四冊
中國國際圖書館	中國國際圖書館概要一冊
安徽省立圖書館	學風第五卷一至六期六冊
商務印書館	出版週刊九冊
人文月刊社	人文第六卷一至五期五冊
中國科學社	科學第十九卷一至六期六冊
中國牛頓社	工業第四卷一至六期六冊
道路月刊社	道路月刊第四十六卷全卷、四十七卷一・二期五冊
中國工程師學會	工程第十卷一至三期三冊
中美工程師協會	中美工程師協會月刊二冊
上海市建築協會	建築月刊第三卷一至四期四冊
國立中央研究院歷史語言研究所	城子崖一冊
	集刊第四本四分一冊
	考古專報第一卷一號一冊
國立北平研究院	興慶宮太極宮拓片各一張
故宮文獻館	清內閣庫貯舊檔輯刊六冊
	史料旬刊八冊
	文獻叢編三十八冊
河北博物院	河北博物院畫刊第八十期至第九十一期各二份
天津美術館	美術叢刊第三期一冊
中央古物保管委員會	各國古物保管法規彙編一冊
中山文化教育館	時事類編第三卷一至十二期十二冊
湖北省立公共科學實驗館	湖北省立公共科學實驗館概況一冊
中華職業教育社	教育與職業第一六一至一六六期六冊
定興縣文獻委員會	北齊石柱拓片叁份
中國水利工程學會	水利第八卷全六冊
華北水利委員會	華北水利月刊第八卷一至四期二冊
廣東治河委員會	廣東水利二十二年第四號一冊
行政效率研究會	行政效率二冊
實業部國際貿易局上海商品檢驗局	國際貿易導報第七卷一至六期六冊
江蘇省建設廳	江蘇建設第二卷一至六期六冊
浙江省建設廳	建設月刊第八卷七・十・十一・期三冊
山西省縣村十年建設促進會	山西建設第一卷一・二・期二冊

瞿兌之先生　漢代風俗制度史前編一冊
劉子植先生　明器照片四張
江申伯劉南策先生　樣子雷氏圖樣文件一百四十二件陵寢模型一座
劉南策先生　東華門城樓天花彩畫二張
朱桂辛先生　熱河月色江聲論文一冊
文獻叢編二冊
清內閣庫貯舊檔輯刊一冊
福氏所藏物品清冊一冊
國立北平研究院院務彙報四冊
國立北平研究院五週年工作報告一冊
燕京大學一覽一冊
燕京學報一冊
國立北平圖書館館刊二冊
建築月刊一冊
湖社月刊一冊
中國鑛冶工程學會月刊四冊
五臺山地圖一冊
頤和園照片一張
熱河風景照片十四張
南洋羣島照片十張
DIE INSCHRIFTEN DER SAMMLUNG BARON EDUARD VON DER HEYDT 1冊
德國 OS. TASIATISCHE ZEITSCHRFTT 一冊
美國建築雜誌社　AMERICAN BUILDING ASSOCIATION NEWS 三冊

蘇聯莫斯哥國家聯合科學技術出版所　建築業一九三四全年十冊
福開森先生　魏李憲墓明器照片三張
明器瓦屋一座
柏爾斯曼先生　柏爾斯曼講演錄一冊
中國文化及佛教論文集一冊
貝爾培先生　遼金時代建築及其佛像一冊
東方文化學院東京研究所美術研究所　美術研究第四年一至六號六冊
東亞考古學會　營城子一冊
內蒙古長城地帶一冊
滿洲學會　滿洲學報一冊
建築學會　建築雜誌第四十九輯五九四至五九九號六冊
日本建築士會　日本建築士第十六卷全六冊
國際建築協會　國際建築第十一卷一至六號六冊
滿洲建築協會　滿洲建築雜誌第十五卷一至六號六冊
滿洲技術協會　滿洲技術協會誌第十二卷七十至七十五號六冊
東洋文庫　岩崎文庫和漢書目一冊
大連圖書館　明治初中葉の滿洲文獻一冊
田邊泰先生　關東現存唐樣須彌壇考一冊
琉球圓覺寺之建築一冊
會津八一先生　法起寺塔婆露盤銘文考一冊
法輪寺創建年代考一冊
法隆寺金堂四天王移入論一冊
飯田須斯賀先生　中宮寺曼羅に關する文獻一冊
長崎に於ける為支那建築一冊
伊九梁先生　瓜茄一冊
支那學第七卷四號一冊

35453

本刊啟事

我國營造術語，因時因地，各異其稱，學者每苦繁駁難辨。年來辱承　閱者垂問質疑，不絕於途，且有旁及史事考據及圖書介紹，本社同人每就可能範圍，與讀者諸君共同商榷討論，圖斯學之進展。如蒙　賜教，無任感禱。

中國營造學社彙刊第五卷第四期勘誤表

文題	頁	行	誤	正
河北省西部調查紀略	一七	一三	闢門	面闢門
	一九	九	斗栱椽簷	斗栱簷椽
	二〇	一二	毬文	毬文
	二六	一一	中央突部出	中央部突出
	三〇	九	Penel	Panel
	四一	一〇	平身科	平身科
	四七	一八	大殿西北	大殿東北
	五〇	一一	附屬數縣	附近數縣
清官式石橋做法	六六	二	卽兩端雁翅	卽兩端橋翅
	九〇	二	順水牙子	順水外牙子
	九四	八	裹觔	裹肋
	一〇二	三	或曰裏板	或曰裹板
		一五	灰土七種	灰土六種
	一〇六	二	鐵鍋	鐵碣
	一一四	三	金剛橋	金剛牆
平郊建築雜錄	一四二	六	註九	註三
	一四六	一一	玄教寺	玄奘塔
	一四八	八	註十一	註四
		九	註十一	註四
識小錄	一五七	一一	爾雖	爾雅
	一五九	八	圖版叁乙	圖版貳乙
		九	圖版叁丙	圖版貳丙
		一〇	門扇	門扉
	一六一	六	戲釋臼	鐵釋臼
圖書介紹	一六五	一五	中央能釘孔	中央開釘孔

本社社員 以入社先後爲序

朱啟鈐 陶　湘 孟錫珏 周詒春 袁同禮 華南圭
葉恭綽 陳　垣 徐世章 郭葆昌 任鳳苞 瞿宣穎
張文孚 洵　洙 劉南策 馬　衡 梁思成 何　遂
吳延清 宋麟徵 關祖章 葉公超 劉嗣春 金開藩
唐在復 馬世杰 張萬祿 林行規 溫　德 程孟生
孫　壯 裘善元 吳其昌 趙　深 林徽因 陳　植
李慶芳 江紹杰 艾　克 柏爾斯曼 彭濟群 汪　申
盧樹森 劉敦楨 瞿祖豫 梁啟雄 謝國楨 周作民
錢永銘 徐新六 葉揆初 翁初白 許寶騤 胡玉縉
張學良 莊　俊 張學銘 胡筆江 黎重光 吳泰勳
錢馨如 任鴻雋 章元善 李四光 李　濟 李書華
林志可 單士元 夏昌世 趙世暹 關頌聲 楊廷寶
鮑　鼎 邵力工 劉儒林 劉致平 馬輝堂

理事會

朱啟鈐 周詒春 葉恭綽 孟錫珏 袁同禮 周作民
錢永銘 徐新六 張文孚 李書華 關頌聲 李四光
李　濟 任鴻雋 裘善元 章元善

職員

社　長 朱啟鈐
法式主任 梁思成 助　理 邵力工 劉致平
文獻主任 劉敦楨 編　纂 瞿宣穎
研究生 莫宗江 陳仲篪 麥儼曾 陳明達 王璧文
會　計 朱湘筠 庶務兼收掌 喬家鐸

中國營造學社彙刊 第五卷 第四期

定價八角 郵費六分

中華民國廿四年六月出版

編輯兼發行者 中國營造學社 北平中山公園內 電話南局二五三六號

印刷者 京城印書局 北平和平門內北新華街 電話南局三五七〇號

製版者 故宮印刷所 北平神武門東北上門 電話東局一六九八號

寄售處
北平沙灘楊本賢廣告部
北平琉璃廠東街琉山書社
北平琉璃廠來薰閣
北平琉璃廠商務印書館
天津大公報代辦部
天津日租界旭街利益書局
南京中央大學對過鍾山書局
上海福州路二七一號作者書社

BULLETIN
OF THE
SOCIETY FOR RESEARCH IN CHINESE ARCHITECTURE

Vol. V, No. 4. June, 1935.

Published by the Society at Chung-shan Kung-yuan, Peiping, China.